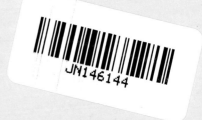

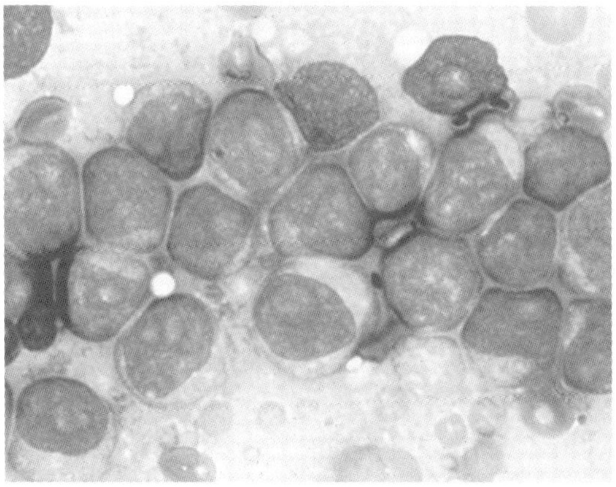

CANINE AND FELINE

Oncology

FROM THEORY TO PRACTICE

Guillermo Couto
Néstor Moreno

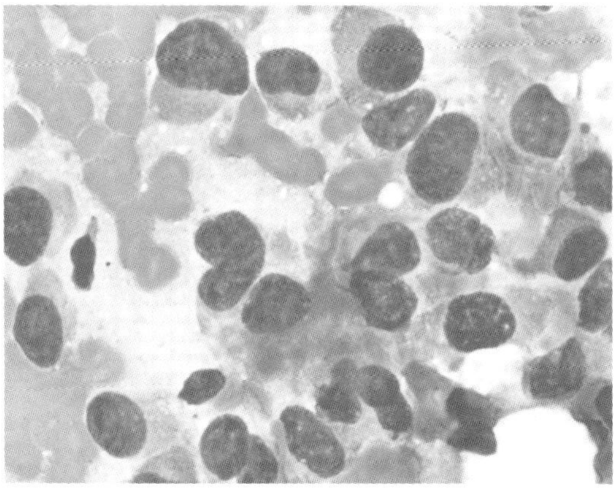

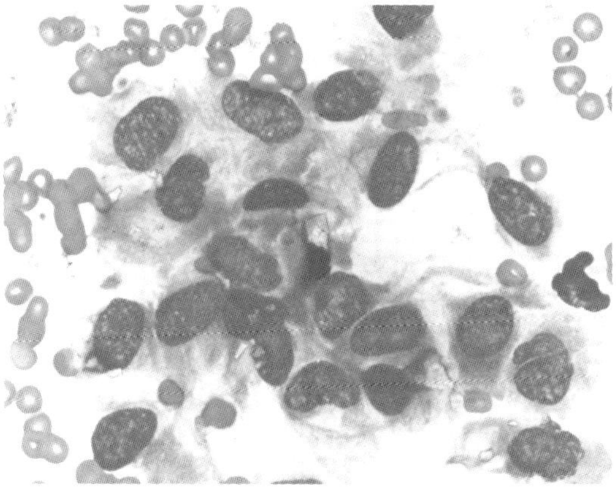

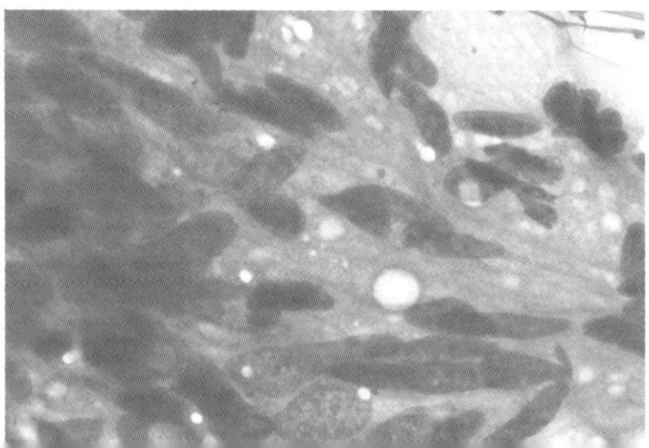

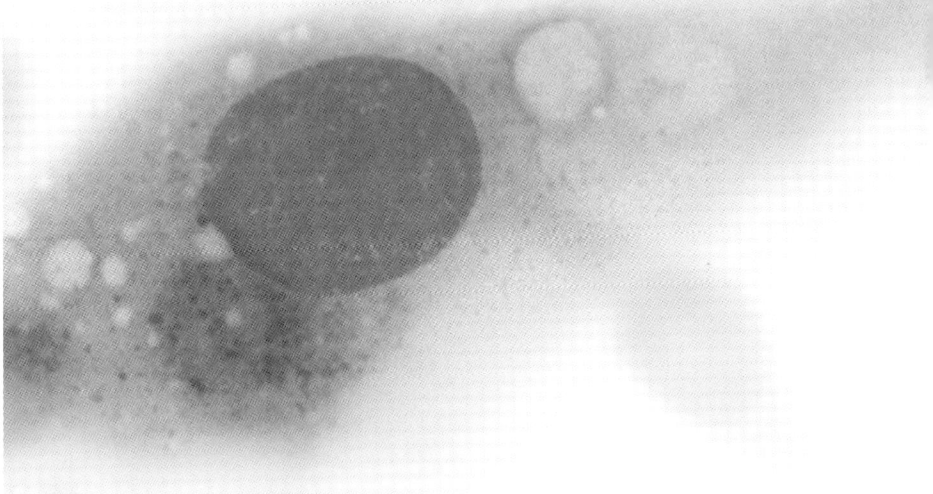

SERVET

Warning:
Veterinary science is constantly evolving, as are pharmacology and the other sciences. Inevitably, it is therefore the responsibility of the veterinary clinician to determine and verify the dosage, the method of administration, the duration of treatment and any possible contraindications to the treatments given to each individual patient, based on his or her professional experience. Neither the publisher nor the author can be held liable for any damage or harm caused to people, animals or properties resulting from the correct or incorrect application of the information contained in this book.

This book has been published originally in Spanish under the title:
Oncología canina y felina. De la teoría a la práctica

ISBN Spanish edition: 978-84-92569-26-7

For this english edition:

Plaza Antonio Beltrán Martínez nº 1, planta 8 - letra I
(Centro empresarial El Trovador)
50002 Zaragoza - Spain

Translation:
Karin de Lange DVM MRCVS
Mette Bouman DVM
Ian Neville BVSc MRCVS

Design and layout:
Servet editorial - Grupo Asís Biomedia, S.L.
www.grupoasis.com

Printing:
Grupo Milán, S.L.
Pol. Alcoz Bajo, C/ Paraíso 5 dpdo., Nave B
50410 Cuarte de Huerva
Zaragoza - Spain

ISBN: 978-84-940402-8-3
D.L.: Z 1456-2013

Japanese translation rights arranged with Grupo Asis Biomedia Sociedad Limitada,, under its branch Servet, Zaragoza, Spain Through Tuttle-Mori Agency, Inc.

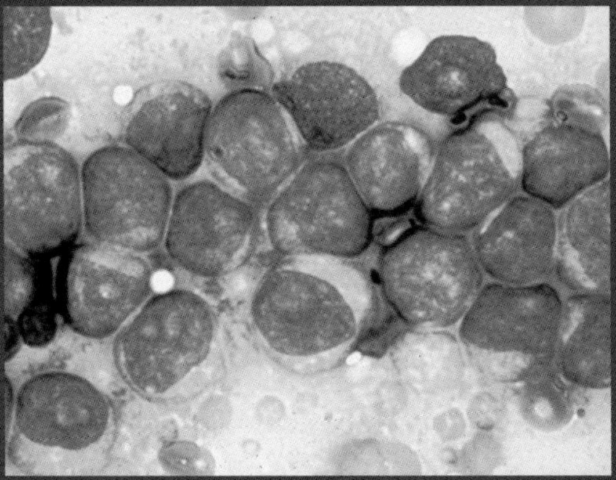

犬・猫の腫瘍学

CANINE AND FELINE **Oncology**

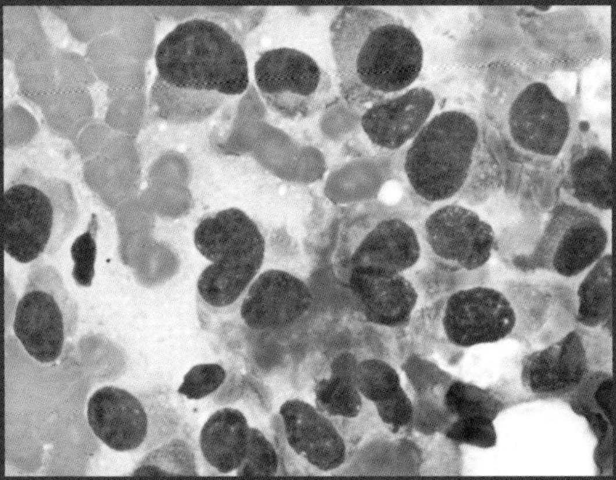

理論から臨床まで

FROM THEORY TO PRACTICE

監訳　瀬戸口 明日香

Guillermo Couto
Néstor Moreno

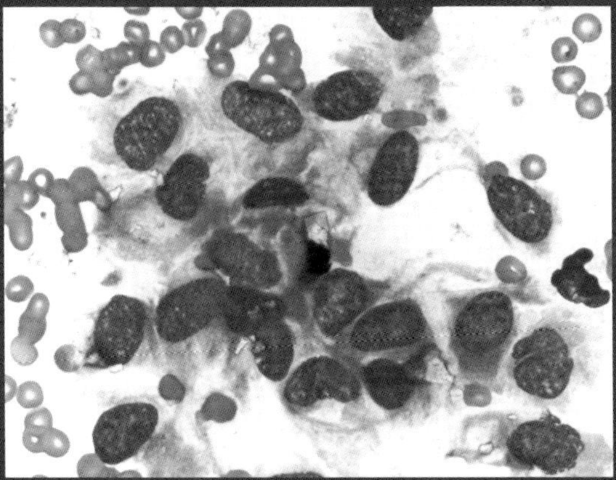

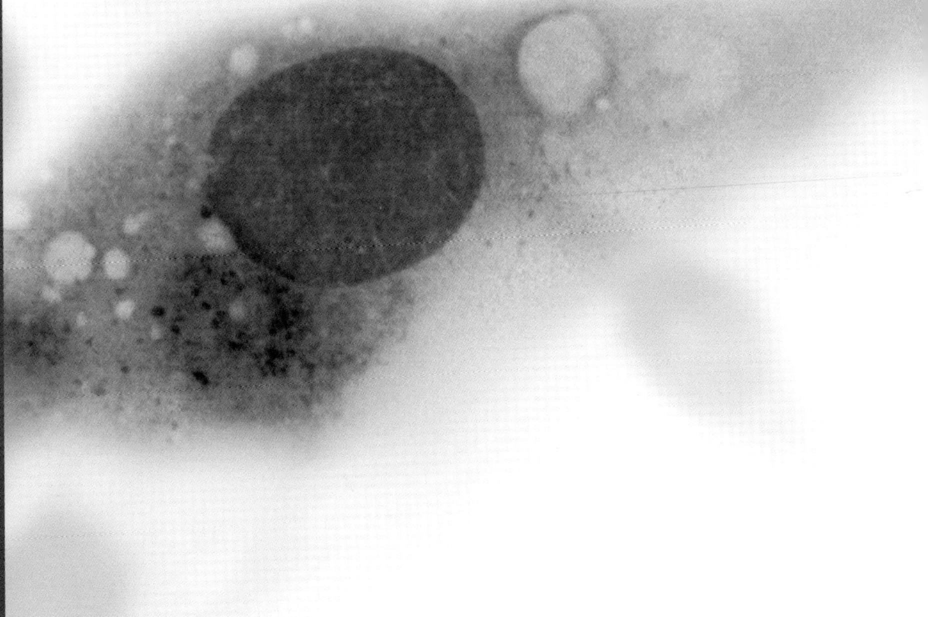

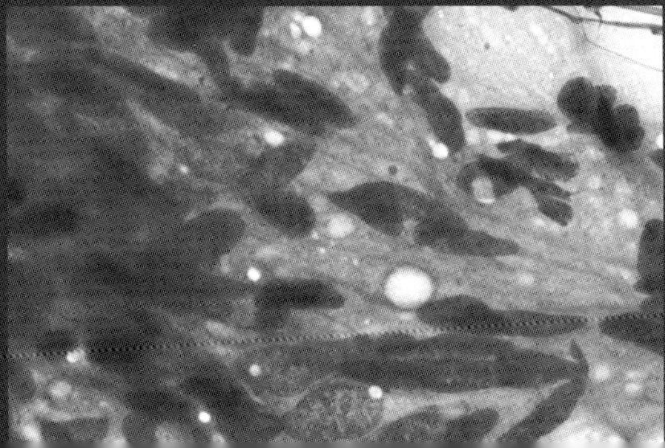

ファームプレス

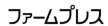

I would like to thank my wife Graciela, my children (and future veterinarians) Jason and Kristen and the team from Grupo Asís, with special thanks to Néstor. This book would not have been possible without their support.

Guillermo Couto

I would like to dedicate this book to Saray and my family for their unconditional support, to Guillermo for his help and confidence in me, to Eva and María Jesús, my workmates at the clinic, and to all my colleagues whose patience and limitless capacity for work made this book possible: Aram, Asun, Israel, Jacob, Mónica, Nieves, Ruth, Tatiana, Yolanda and all the others that played a part.

...and to Chus, my cat, for not having hidden the mouse of my home computer.

Néstor Moreno

THE AUTHORS

Guillermo Couto

Néstor Moreno

Guillermo Couto

Guillermo　Coutoは1976年にブエノスアイレス大学で獣医学の学位を取得し、同大学で1981年まで獣医学部の病理学部門の助教を務めた。1981～1983年まで、カリフォルニア大学デービス校でレジデントとして臨床腫瘍学を学び、1983年から、オハイオ州立大学獣医学部の獣医臨床科学学科の総合がんセンターに始めは助教として、1988～1995年までは准教授として勤務した。現在は、同学科の教授である。

オハイオ州立大学の獣医学センターの腫瘍科と血液科で指導し、同大学の動物血液バンクと輸血科の理事を務めている。彼はそこでグレーハウンドの健康と福祉のプログラム責任者も務めている。

米国獣医内科学アカデミーの専門医であり、腫瘍学専攻の設立専門医である。

1990～1992年の間、獣医がん学会の理事長を務めた。

彼はNorden Distinguished Teaching Award（1986）、オハイオ州立大学のClinical　Teaching　Award（1987、1990）、小動物臨床への彼の多大な貢献に対してBSAVAのBourgelat Award（2000）、OTS service Award（2007）、カンザス州立大学の“Legends of Internal Medicine”（2011）、そして2012年に米国獣医臨床医アカデミーのFaculty　Achievement Awardを受賞した。

彼はSmall Animal Internal Medicine（Mosby、2009）第四版の共著者であり、1993～1998年までthe　Journal　of Veterinary Internal Medicineの主幹を務めた。そして腫瘍学と血液学、免疫学、グレーハウンド医学における300を超える科学論文と本の章を著述している。

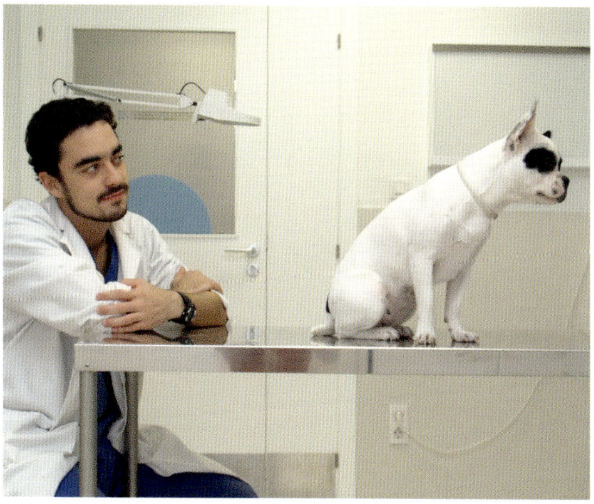

Néstor Moreno Casanova

サラゴサ大学で獣医学の学位を取得し、同大学で獣医鍼治療の修士課程を修了した。

2004 年には、ユトレヒト大学（オランダ）の獣医学部で食品衛生と動物生産の研修プログラムに 1 年参加し、微生物学研究に従事した。2005 ～ 2007 年まで教師養成コースで学び、サラゴサの動物病院でレジデントとして勤務した。

スペイン小動物獣医師協会（AVEPA）と Southern European Veterinary Conference（SEVC：南欧獣医学会議）の国際・国内学術大会に多数の短報を発表しており、2009 年にはバルセロナにおいて SEVC 組織委員会のメンバーを務めた。

2007 年からは Casetas Veterinary Clinic の臨床獣医師をしている。

セビリア大学とブエノスアイレス大学と APeL によって用意された教育課程の中で、もっとも重要な e ラーニング課程の総合計画と教育的 e ラーニングの修士号の課程をオンライン上での研修課程個人指導員として引き受けている。

2008 年からは、Asis Biomedia グループの教育部門において、伴侶動物獣医師のためのオンライン研修過程とウェブセミナー、教材の世話役と発表者そして設計者を務めている。

2008 年から、Guillermo Couto の考案したオンラインの腫瘍学研修課程に設計者かつ世話役として共同で従事している。

序文

PREFACE

「木をみて森をみず」これはGuillermoの著書である本書に関わる際に、私の心に浮かんだ言葉である。細部にこだわりすぎると大局を見落とすことになる。

AVEPA congressに参加すべく向かう途中、バルセロナからそう遠くない高速道路のレストランで朝食をとりながら、我々はこの4年間に小動物臨床医のためのAsis Formaciónを通して行ってきた腫瘍学の教育課程をいかに改善するかについて議論していた。

腫瘍学の教育課程を設立して4年、初期の腫瘍学の教育課程がすでに廃れており、最近の教育課程は非常に専門化され、提案される数多くの治療法を実施することがおそらくできないような獣医師（私のように！）にとって、過度に専門化されすぎていると我々は感じていた。新しい教育課程において何に重点をおくべきか？科学的な知識は進歩しており、プロトコールはもはや廃れている。そこで私たちは最初に立ち返った。

本教育課程の創設者であり世話役を務めたことで、多くの同僚と知己を得、獣医腫瘍学におけるGuillermoの豊富な経験は言うまでもなく、彼らから多くのことを学ぶことができたことは、私にとって貴重な経験となった。

この経験から次のような考えにいたった：本教育課程の内容を編集し、最新の情報へと改善することで、多くの臨床家がコンサルテーションをうけたり、疑念をはらすための情報が得られるようにしよう。これが本書の目的であり、本教育課程に関与する全ての獣医師に捧げるものである。

本書では、各項目は理解しやすいような多くのイラストと図表を用い、明快でシンプルな方法で記載するように心がけた。

さらに本書にはGuillermoが治療した5例の症例について記載されており、読者がそれぞれの鑑別診断リストや治療法、予後について考えが到達するように構成している。それぞれの症例は、現実の症例のように順を追って提示した。

本書の最終的な目標は、臨床家の日々の診療において、同様の症例に遭遇した際や、腫瘍学について学ぶ時、学び直す時、知識をアップデートする時の一助となることである。本書がこれらの目標のうちの一つでも達成できれば、我々の目的は達せられたといえよう。

Néstor Moreno

目次

3 がん症例に起こりうる合併症 37

4 腫瘍の症例 59

監訳者のことば

「小動物臨床腫瘍学」私が学生の時にこのような分野の講義はなく、臓器ごとに発生する腫瘍について少々の解説があるのみであった。それから20年が経過した今、新たな獣医コアカリキュラムにおいても「臨床腫瘍学」が存在し、「腫瘍学総論」「腫瘍学各論」という項目立てで講義が行われるようになっている。しかし、腫瘍学の基本について簡潔にわかりやすくまとめられた教科書は少ないのが現状である。

本書は腫瘍学に初めて取り組む学生や、卒業後まもない獣医師の方々が手に取る本として最適な構成になっている。すなわち、診断や治療の原則についての解説についても十分にページをさき、各論については、枝葉をとりのぞいて、エッセンシャルな情報に絞って解説してある。本書を用いて腫瘍学の勉強に取り組み始めた後、さらに興味がわいてきたら、臨床腫瘍学に関する、より専門化した教科書を用いるとよいであろう。

本書を手に取る臨床獣医師および獣医学生諸氏にとっての「腫瘍学はじめの一歩」のお手伝いができることを光栄に思い、腫瘍に苦しむ犬猫を救う一助となることを祈念しつつ……。

2015年12月吉日

瀬戸口明日香

略語用語集

aAC：腺癌
ALL：急性リンパ性白血病
AML：急性骨髄性白血病
AML-M1-2：急性骨髄芽球性白血病
AML-M3：急性前骨髄球性白血病（APL）
AML-M4：急性骨髄単球性白血病
AML-M5：急性単球性白血病（AMoL）
AML-M6：赤白血病
AML-M7：急性巨核芽球性白血病
AMML：急性骨髄単球性白血病
AMoL：急性単球性白血病
ANBE：α-ナフチルブチレートエステラーゼ
AP：アルカリフォスファターゼ
APTT：活性化部分トロンボプラスチン時間
AT：アンチトロンビン
BCT：基底細胞腫
BSA：体表面積
CAE：クロロアセテートエステラーゼ
CLL：慢性リンパ性白血病
CML：慢性骨髄性白血病
CMML：慢性骨髄単球性白血病
CSA：軟骨肉腫
CT：コンピュータ断層撮影法
DIC：播種性血管内凝固
DT：倍加時間
ECG：心電図
FDP：フィブリノーゲン分解産物
FeLV：猫白血病ウイルス
FGF：線維芽細胞増殖因子
FGFr：線維芽細胞増殖因子受容体
FIV：猫免疫不全ウイルス
FNA：穿刺吸引細胞診
FSA：線維肉腫
GEU：胃粘膜びらん・潰瘍
GF：成長因子
HC/MH：組織球肉腫 / 悪性組織球症
HCT：組織球腫
HAS：血管肉腫
Ig：免疫グロブリン
IM：筋肉注射
ISS：注射部位肉腫
IV：静脈注射
LER：白血赤芽球性反応
LGL：大顆粒リンパ球性リンパ腫
LSA：リンパ腫
MAHA：細血管障害性溶血性貧血
MCT：肥満細胞腫
MI：有糸分裂指数
MPO：ミエロペルオキシダーゼ
MRI：磁気共鳴画像
NDI：腎性尿崩症
NSAID：非ステロイド性抗炎症薬
OSA：骨肉腫
OSU：オハイオ州立大学
PCT：形質細胞腫
PO：経口投与
PT：プロトロンビン時間
SC：皮下注射
SCC：扁平上皮癌
STS：軟部組織肉腫
TCR：T 細胞受容体
TEG：トロンボエラストグラフィー

化学療法剤とプロトコール

AC：化学療法プロトコール（ドキソルビシン、シクロフォスファミド）

ADIC：化学療法プロトコール（ドキソルビシン、ダカルバジン）

CCNU：ロムスチン

CF：化学療法プロトコール（シクロフォスファミド、5-フルオロウラシル）

CHOP：化学療法プロトコール（COP＋ドキソルビシン）

CLOP：化学療法プロトコール（COP＋L-アスパラギナーゼ）

CMF：化学療法プロトコール（5-フルオロウラシル、シクロフォスファミド、メトトレキサート）

COAP；**ALC**：化学療法プロトコール（シクロフォスファミド、ビンクリスチン、シトシンアラビノシド、プレドニゾン）

COD：化学療法プロトコール～猫のCOP～（シクロフォスファミド、ビンクリスチン、デキサメサゾン）

COP：化学療法プロトコール（シクロフォスファミド、ビンクリスチン、プレドニゾン）

CVP：化学療法プロトコール（シクロフォスファミド、ビンブラスチン、プレドニゾン）

D-MAC：化学療法プロトコール（デキサメサゾン、アクチノマイシンD、シトシンアラビノシド、メルファラン）

FAC：化学療法プロトコール（5-フルオロウラシル、ドキソルビシン、シクロフォスファミド）

LAD：化学療法プロトコール（クロラムブシル、デキサメサゾン、シトシンアラビノシド）

LAP：化学療法プロトコール（クロラムブシル、プレドニゾン、シトシンアラビノシド）

LD：化学療法プロトコール（クロラムブシルとデキサメサゾン）

LMP：化学療法プロトコール（クロラムブシル、メトトレキサート、プレドニゾン）

LOMP：化学療法プロトコール（クロラムブシル、メトトレキサート、プレドニゾン、ビンクリスチン）

MA：化学療法プロトコール（メルファラン、アクチノマイシンD）

MAC：化学療法プロトコール（メルファラン、アクチノマイシンD、シトシンアラビノシド）

MAD：化学療法プロトコール（ミトキサントロン、シトシンアラビノシド、デキサメサゾン）

MBC：化学療法プロトコール（ミトキサントロン、ブレオマイシン、シクロフォスファミド）

MiC：化学療法プロトコール（ミトキサントロン、シクロフォスファミド）

VAC：化学療法プロトコール（ビンクリスチン、ドキソルビシン、シクロフォスファミド）

UWM-19：ウィスコンシン大学の化学療法プロトコール

症例が腫瘍かどうかを決定する方法

How to decide if the patient has cancer

1 診断手順

DIAGNOSTIC PROTOCOL

症例が腫瘍かどうかを決定する方法

診断手順

がん症例の管理における第一歩は、可能な限り早く診断にたどり着くことである。早期に適切に診断することで、しばしば予後を大幅に改善する可能性がある。

もちろん、これは口で言うほど簡単なことではない。臨床徴候は多岐にわたるため、早期診断は皮膚腫瘤の観察ほど簡単なことも、明らかな臨床徴候を示さず来院した動物ほど難しいこともある。そのため、すべての症例において厳密な診断手順に従うことが重要である。

多少の経験と運があれば、以下に示す手順に従うことで、腫瘍の検出はより容易になるだろう。

臨床徴候

多くの例外はあるものの、いくつかの典型的な臨床徴候が担癌症例において記載されている。

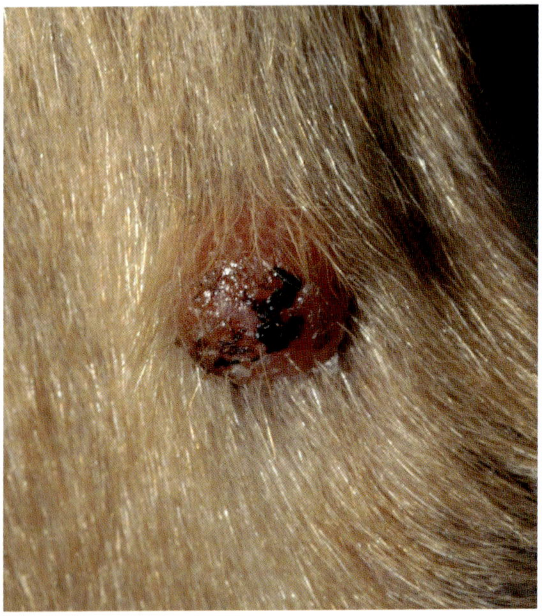

図 1　組織球腫

徐々に成長する腫瘤の存在：
炎症を伴う腫瘍や自然治癒する性質のある腫瘍（図 1）を除く。

難治性の傷：
最初は外傷のように見えるかもしれない。しかし治療に反応しなければ、さらなる検査が必要である。

体重減少：
多くの場合、食欲不振と関連する。

食欲不振

出血や出血性分泌物：
身体の自然孔から排出される。

病歴

どの専門分野でも同様であるが、臨床病歴を完璧に聴取することによって診断を絞り込むことができる。

可能な限り客観的かつ適切な情報を得るために、獣医師が会話を主導することが必要不可欠である。

すべての所見は主観的であり、ある人が重要と考える情報が他者には無関係に見える可能性があるので、家族が少なくとも2人いる場所で問診することが時に賢明である。ペットとの関係や行う世話、ペットと過ごす時間は、家族間で異なるかもしれないこともその理由である。

■初めに、症例の基礎的な事項について聴取する：年齢、種、家族歴、投薬歴など

より詳細に後述するが、品種によって特定の腫瘍に罹患する素因があるので、動物の品種は重要な情報である。たとえば、ジャーマン・シェパードとゴールデン・レトリーバーは血管肉腫の好発犬種であり、大型犬や超大型犬は骨腫瘍にかかりやすい。

多くの腫瘍が遺伝的な側面を有しており、家族歴（親や兄弟）によって臨床診断を下せる可能性があるので、症例の家族的背景も重要である。

診察時の年齢も鑑別診断に役立つ可能性がある。ほとんどの腫瘍は老齢動物で発生しやすいが、組織球腫のように若齢動物で一般的に生じるものもある。

■旅行歴やペットホテルでの滞在歴、散歩コースや就寝場所などの、動物の生活環境を知ることも重要である。

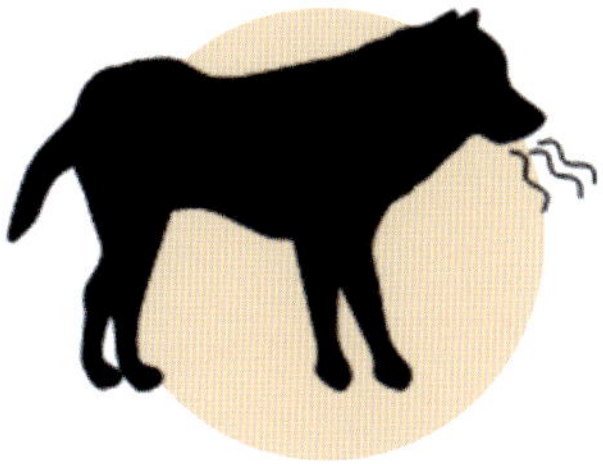

不快臭：
外部に排出される細菌感染のある腫瘤

嚥下障害：
機械的閉塞や重度の衰弱による

運動不耐性：
沈うつ

跛行：
主に筋骨格系腫瘍や神経圧迫による

呼吸困難や排尿困難、排便困難：
腫瘍の部位による

■どのような異常行動でも思い出せるように、飼い主とペットの典型的な1日について把握する。
■症例の食事の様子から、腫瘍の存在を示す可能性のある食欲、食欲不振、嚥下困難を知ることができる。
■症例の行動に関する情報を得た後、消化や呼吸、皮膚など病気の存在する可能性があるそれぞれの臓器での変化が認められたかについて確認する。

年齢と病変の進行は腫瘤の性質と悪性度についての手がかりをもたらすだろう。腫瘤の急速な成長は一般に予後不良に関連する。

検査

身体検査

視診や触診、腫瘤や病変から発生する不快な臭いの検出が、腫瘍の位置や広がりや予後の判断に役立てることができる。たとえば表在性腫瘍では、腫瘍が皮内または皮下、より深部組織にあるかを知るために、触診で可動性があるか否かを調べることが重要である。

これらの所見は、腫瘍の浸潤能や外科的切除を行う際に起こりうる問題といった点に関する情報をもたらすであろう。

びまん性で未分化な腫瘍は境界明瞭な腫瘍よりも合併症を起こしやすいので、腫瘍の輪郭は診断に重要である。原発腫瘍や転移を検出するために、罹患領域に関連するリンパ節を検査することは特に重要である（図2）。

画像診断法

X線検査は特定の腫瘍の位置決めや転移の除外のために、依然として非常に有用である（図3、4、5）。特に骨腫瘍の診断には非常に効果的な方法である（図6）。

胸部X線検査による評価は、たとえば乳腺腫瘍などの肺転移を強く疑うことのできる特定の肺性パターンを可視化することができる。しばしば病変が隠れてしまうので、肺の確実な評価のために、少なくとも3つの画像（左ラテラル像、右ラテラル像、DV像またはVD像）が必要である（図7、8、9）。

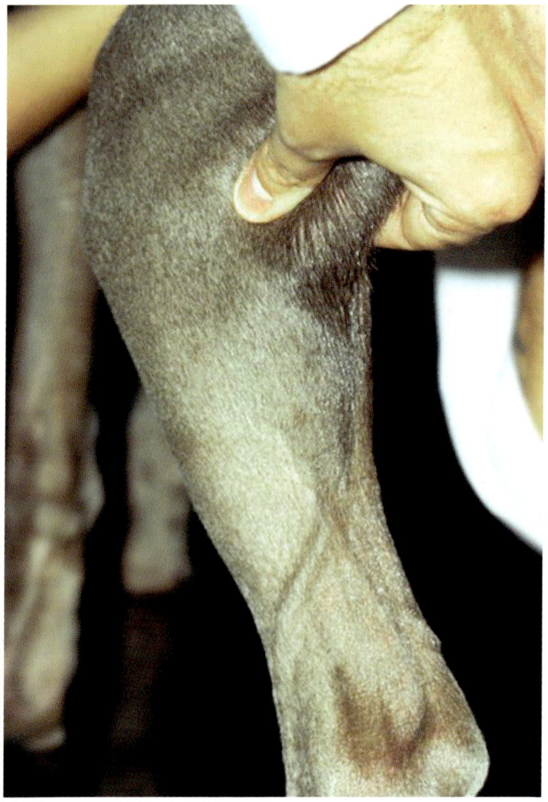

図2　犬における膝窩リンパ節の触診

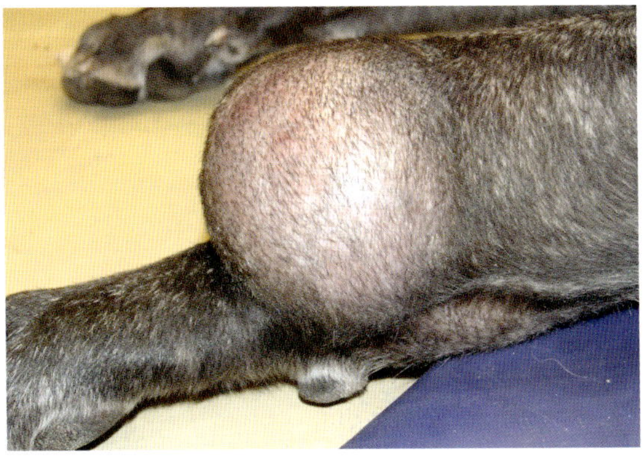

図３　橈骨遠位の骨肉腫

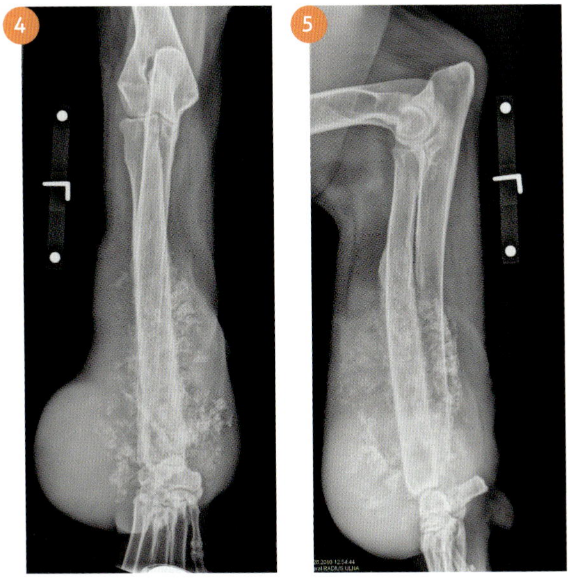

図４、５　図３で示した骨肉腫のＸ線写真

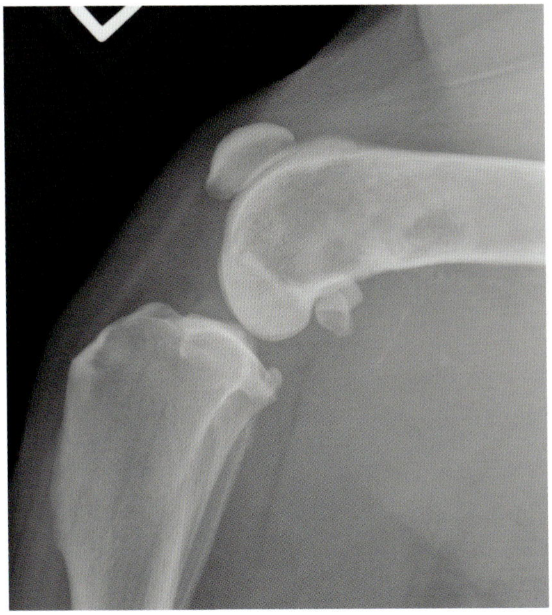

図６　大腿骨遠位の骨肉腫

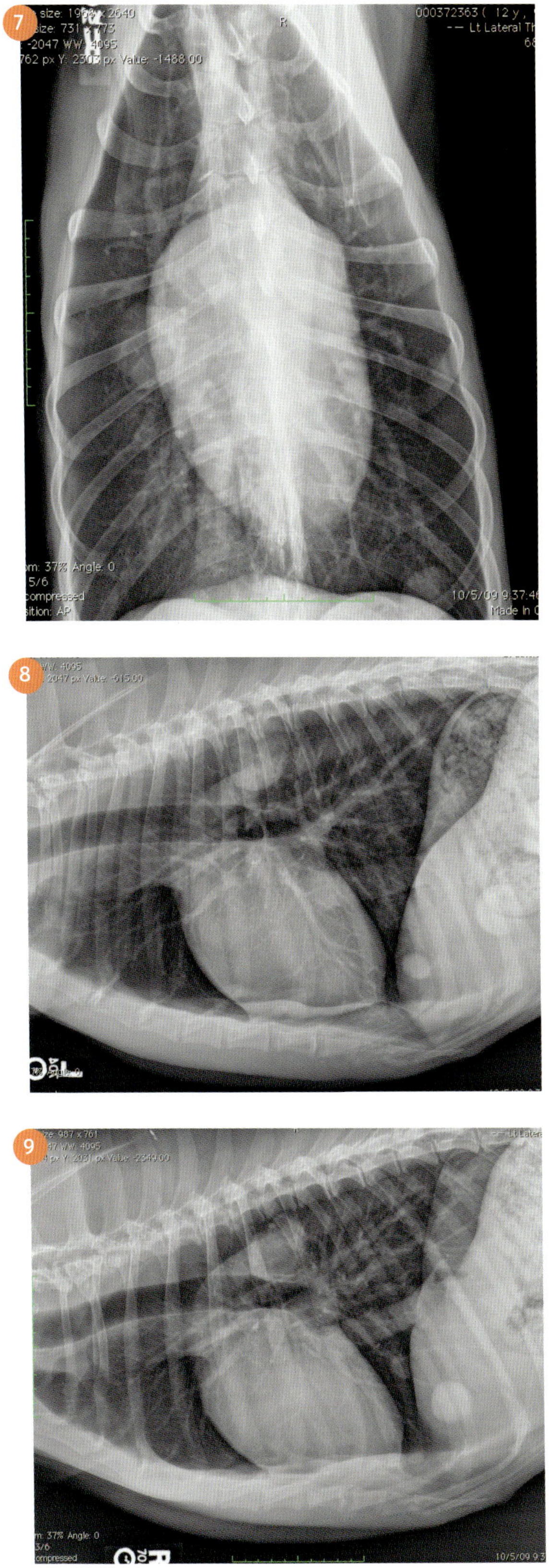

図７、８、９　骨肉腫と肺転移を有する症例の胸部Ｘ線写真。上から、VD像、左ラテラル像、右ラテラル像

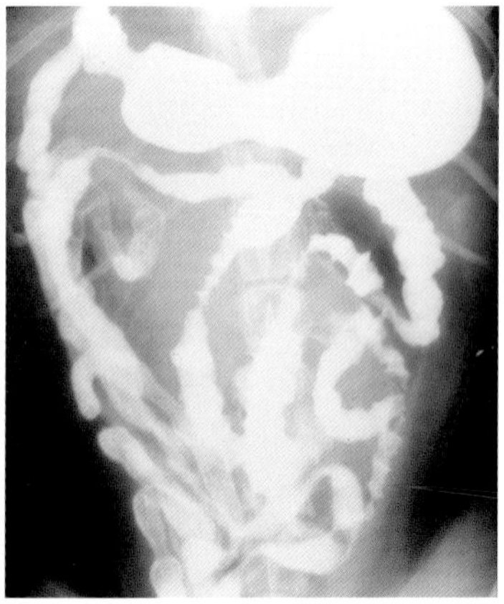

図10　消化器型リンパ腫の症例のバリウム造影検査

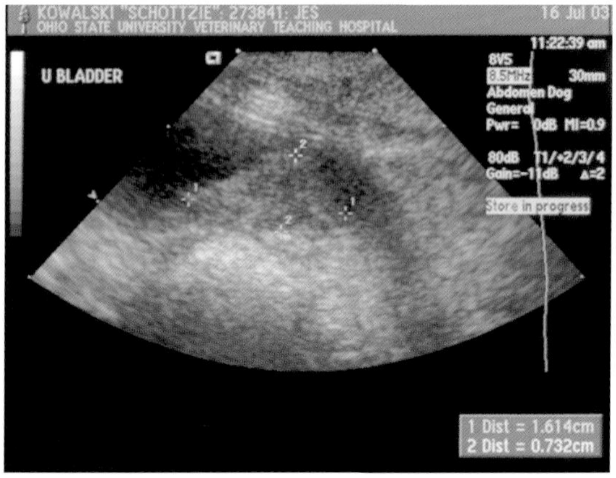

図11　膀胱頚部の上皮性悪性腫瘍と診断された症例の超音波画像

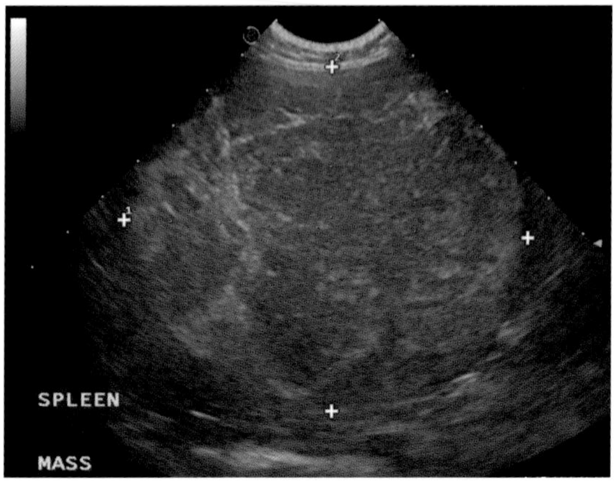

図12　脾臓腫瘤の超音波画像

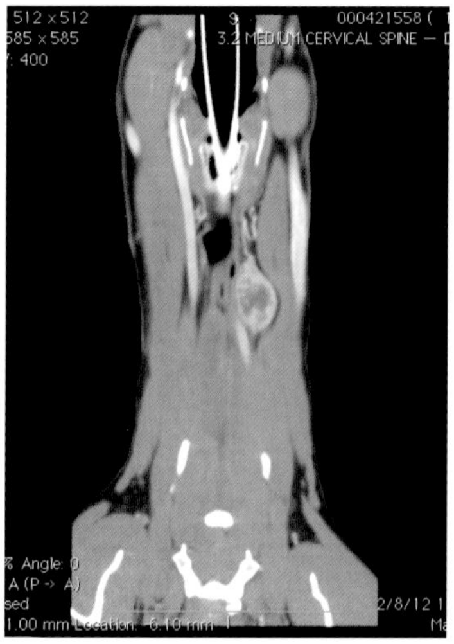

図13　甲状腺癌のCT（矢状断面像）

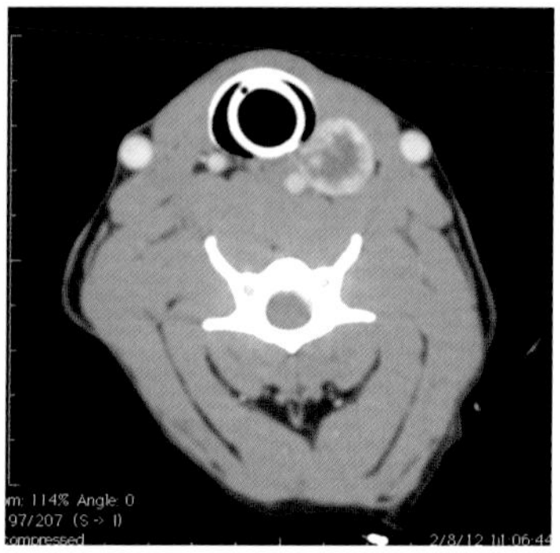

図14　甲状腺癌のCT（横断像）

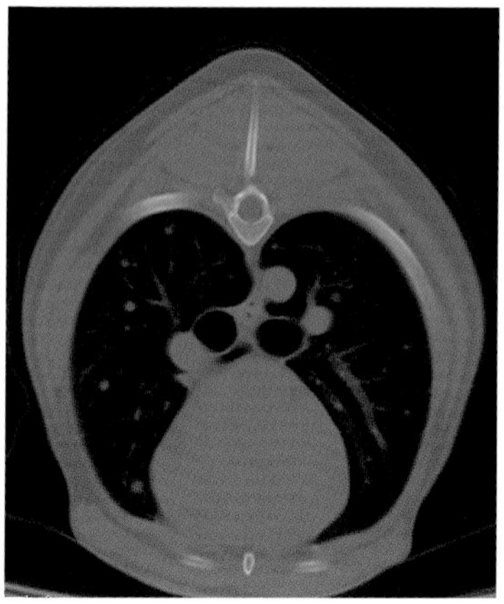

図15　肺転移を示すCT（横断像）

特に造影剤を使用した場合に、消化管のX線検査も有用なことがある（図10）。

超音波検査は、腫瘤が腹部にあることが疑われる場合に選択される方法である（図11、12）。超音波検査は心臓や眼球後方などのアクセスが難しい領域の正確な検査ができる。

コンピュータ断層撮影（CT）と**磁気共鳴映像法**（MRI）は、アクセスできない腫瘍や他の診断手技では検出できない腫瘍の検出に非常に有用であることが示されている（図13、14、15）。

血液検査

血液学的検査と生化学検査は通常診断の絞り込みに役立つ、しかしすべての悪性腫瘍がこのレベルの変化（図16）を示すわけではない。しかし、血液検査の結果が腫瘍を示唆する変化を示しても、必ずしも腫瘍が潜在することを示唆しているわけではない。

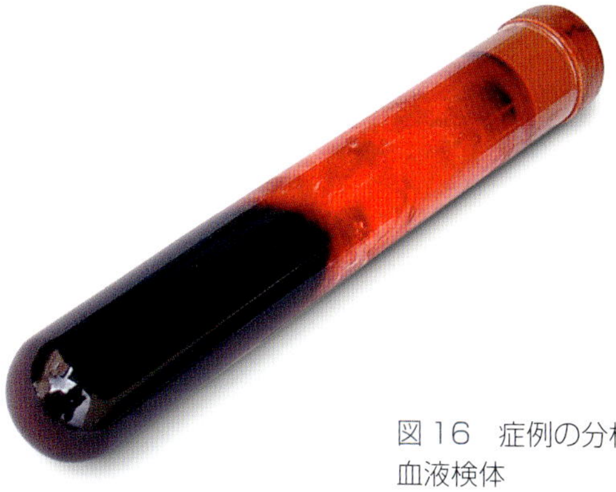

図16　症例の分析用血液検体

血液学的検査

腫瘍に関連したもっとも一般的な変化は貧血と好中球減少、血小板減少、血球増多症である。

生化学検査

腫瘍に関連したもっとも一般的な変化は高カルシウム血症と高タンパク血症、高窒素血症、肝酵素値の変化である。

形態学的診断

病歴を聴取し完全な身体検査を実施した後、通常、獣医師は腫瘤または浸潤性病変が存在することを予測診断できる。

どのようにして悪性病変と良性病変を鑑別するか？

どのようにして悪性病変と良性病変を鑑別するか？

- 形態学的診断の使用：細胞診または生検
- どちらの場合でも、最良の選択肢を選ぶ必要がある

細胞診

皮膚病変や表在リンパ節、深部リンパ節、実質臓器、間質性肺病変、転移性肺病変、体腔内浸出液を含むほとんどの組織が、細胞診を用いて評価できる。

この手法には多くの利点がある。つまり、ほとんどの構造は吸引することが可能であり、簡単な用手吸引を実施するだけで、侵襲性が最小限であるうえ、安価で、迅速かつ信頼性のある結果が得られる。

以下の研究は、細胞学的診断と剖検時の最終診断との間の相違の割合を比較している（表1）。1999年以降に注目すると、腫瘍学において、生前診断と死後診断の間の相違はなくなっている。

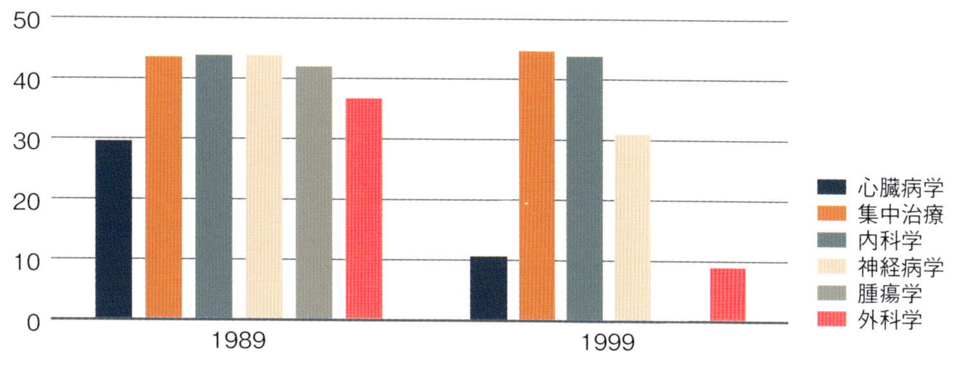

表1　獣医学教育病院における623症例（1989年と1999年）の臨床診断と病理学的診断の一致率。　Kent, M.S. *et al.*, *JAVMA*, Feb 1, 2004, No. 224, p. 403.

カラムは相違率を示す。つまり、たとえば心臓病学における30%の相違とは、心臓病と診断された100症例中30症例が剖検後に最終診断を修正され、残りの70症例の診断は一致していたことを意味する。

興味深いことに、腫瘍学のカラムは1999年に完全に消失している、このことは細胞学的検査による予測診断の高い信頼性を示している。腫瘍学において、死後診断と一致する診断がすべて生前に達成されている。

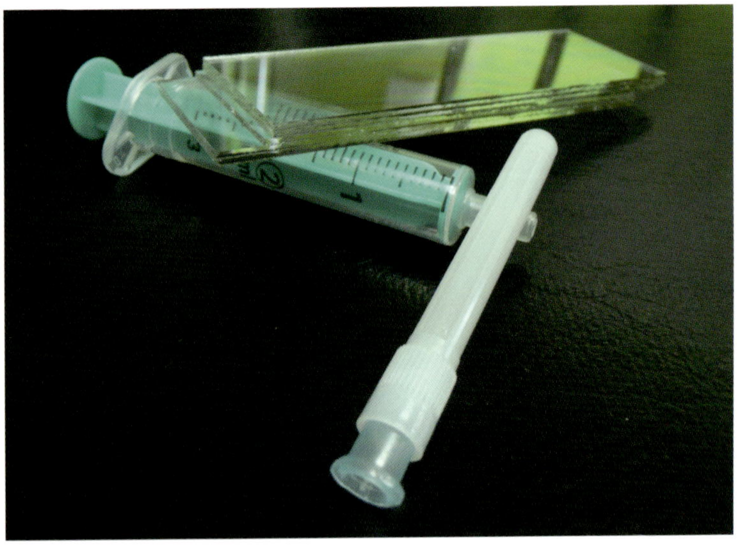

図 17　穿刺吸引（FNA）に必要な基本的な器具

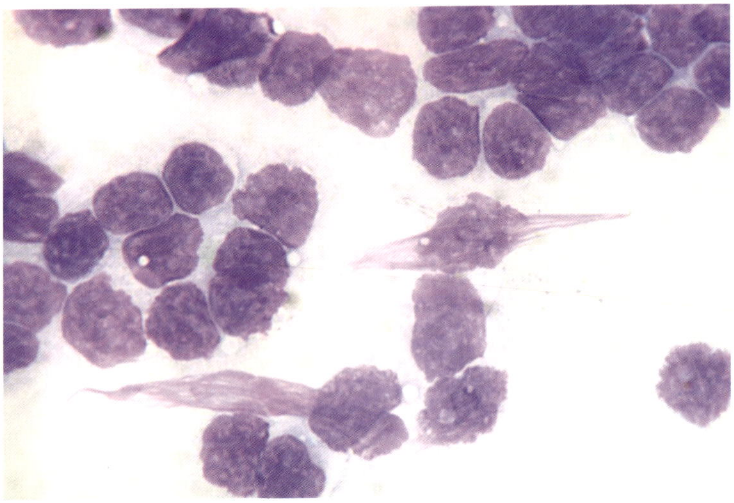

図 18　崩壊した細胞の塗抹標本

細胞診の実施に必要な器具は比較的安価である。必要なものは針とシリンジ、スライドガラス、染色液だけである（図 17）。

この手技の欠点は、リスクは非常に低いものの、腫瘍の検体採取中に針が腫瘍細胞を播種する可能性があることである。検体採取用の針に細いものを用いれば、大量出血はほとんどないが、ある程度の出血は起こりうる。コンタミネーションや量の不足のために、典型的な標本が得られないこともある。

FNA の手技が適切に実施されなければ、間違った診断を導くかもしれない。たとえば、腫瘤の壊死部からの吸引やスライドガラス上での過剰な圧平は細胞が破壊される原因となりうるため、標本の同定がより難しい状態になることがある（図 18）。

細胞診標本を得るためにいくつかの手技がある。標本が得られた場合、同様の方法で塗抹標本を作成する。

腫瘍の壊死部からの FNA

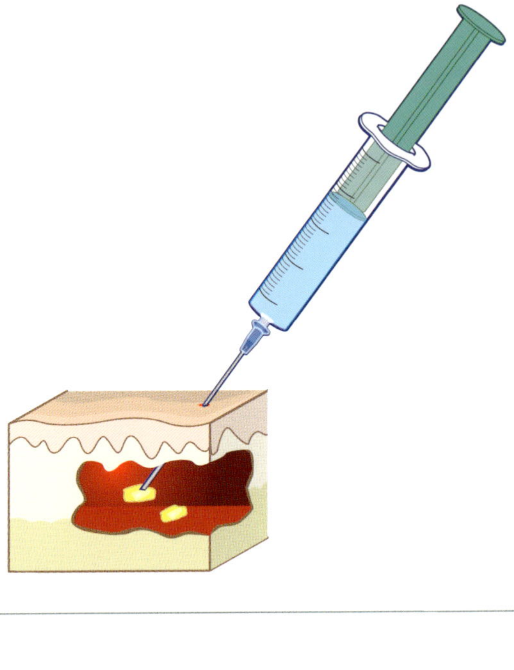

手技

(FNA) 穿刺吸引

この手技を用いることで、単細胞層標本を得ることができる。直径の大きな針は一般的に組織の「塊」を吸引し、その塊はスライド上での標本の広がりを妨げるので、細い22～25G針を使用すべきである。罹患領域に到達するために、症例ごとに適切な長さの針を使用すべきである。

腫瘤や臓器を吸引する前に、外部の汚染を予防するために皮膚の剪毛と消毒を行うべきである。しかしこれはリンパ節と表在性腫瘍では必要がない。

触診で腫瘤を同定し、用手で固定する。超音波検査または他の画像手技によってガイドし吸引することもある。

標本採取のために、腫瘤や臓器に（無菌のシリンジを接続した、または接続していない）針を挿入する。代表的でない領域からの細胞だけを採集することを避けるために、針の向きを穿刺ごとに変える。

シリンジを接続しない場合、腫瘤を針で繰り返し穿刺する。シリンジを接続する場合、3～4回吸引する。

シリンジに入ってくる血液や細胞による標本のコンタミネーションを防ぐために、針を抜く前には吸引を止めなければならない。

検体採取に針だけを使用した場合は、腫瘤から引き抜いた後に空気で満たされたシリンジに針を接続し、内筒を押して針の内容物を1つまたは複数のスライドガラス上に押し出す。

針とシリンジを用いてサンプルを採取した場合は、引き抜いた後にそれらを取り外し、シリンジに空気を入れて針と再度接続し、内容物を1つまたは複数のスライドガラス上に押し出す。

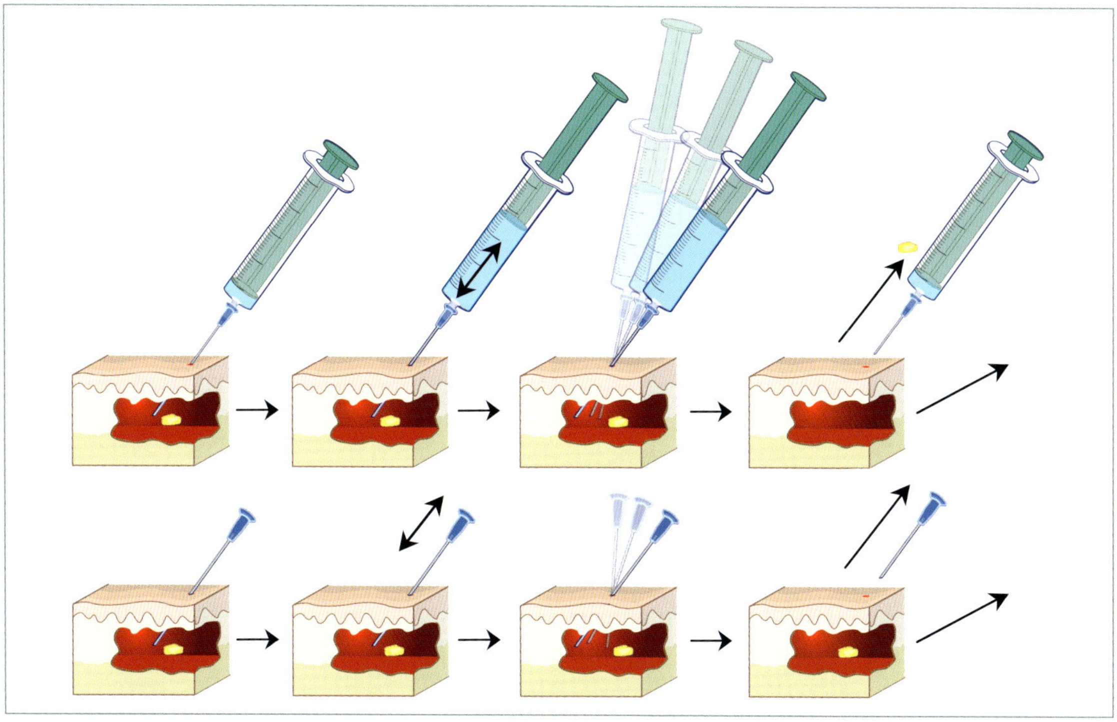

ほとんどの場合、針の中の細胞は連続して4～10枚の（「引きガラス」）塗抹標本を作成するために十分な量である。塗抹標本は風乾し、ディフ・クイックやギムザ、メイ・グリュンワルドで染色する。

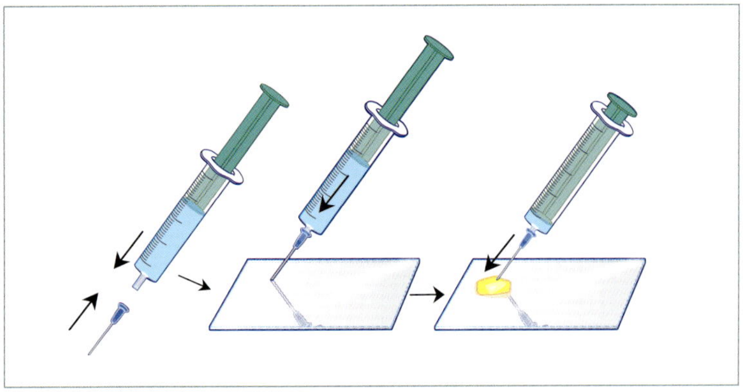

モノジェクト針に接続することができる特別な吸引装置が存在する、この装置でアクセスが難しい領域の吸引を行うことができる。

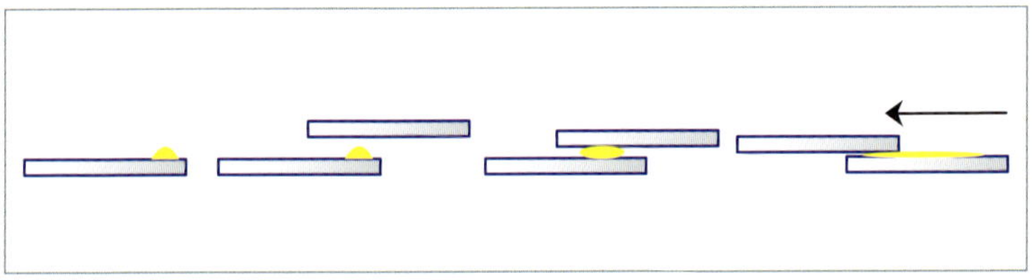

押捺塗抹や擦過細胞診は比較的非観血的で、潰瘍や外科手術中に必要とされる。

押捺塗抹を作成する前に、初めに採取する領域をデブリスや血液を除去するため、滅菌綿棒で拭う。病変の上にスライドガラスを軽く押し付けて標本を作成する。各病変から2～3枚の押捺塗抹を作成することができる。

この手技の欠点は、細菌や炎症細胞によるコンタミネーションが標本の解釈を歪める可能性があることである。

液体標本

液体のサンプルは高濃度のフィブリノーゲンのために急速に凝固することがあるので、液体サンプルは必要に応じて抗凝固剤を加えてチューブに保存すべきである。

液体の生化学的分析を実施することに加えて、標本を細胞学的に評価することが重要である。直接塗抹や5分間低速（1500rpm）で標本を遠心分離した後の別の塗抹を用いて細胞学的に評価する。

染色

診療で使用されるもっとも一般的な染色法は、迅速なロマノフスキー型染色(例：ディフ・クイック)やニューメチレンブルー染色である。多くの検査室では血液学のためにライトギムザ染色も使用する。

ディフ・クイック

- これは一般的に血液塗抹標本や細胞塗抹標本に有用な非常に迅速な染色である。
- 標本は各溶液に10～20秒浸漬し、浸漬の間には余分な溶液を簡単に乾燥させる。
- 第1液は固定液で、第2液は好酸性染色液、第3液は好塩基性染色液である。
- 最後に、余分な染色液を除去する為に、スライドガラスを水で洗い流す。

この手技は良好な細胞の詳細と核/細胞質コントラストを提供する（図19)。染色されたスライドは無期限に保存できるであろう。

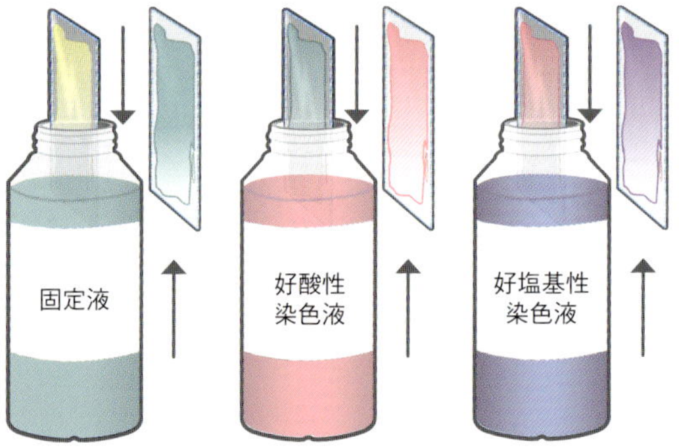

図 19、20　ディフ·クイック（図19）とギムザ（図 20）によって染色した肥満細胞腫の同一標本。肥満細胞中の紫色の細胞質内顆粒がディフ・クイックで染色されないことに注目

19

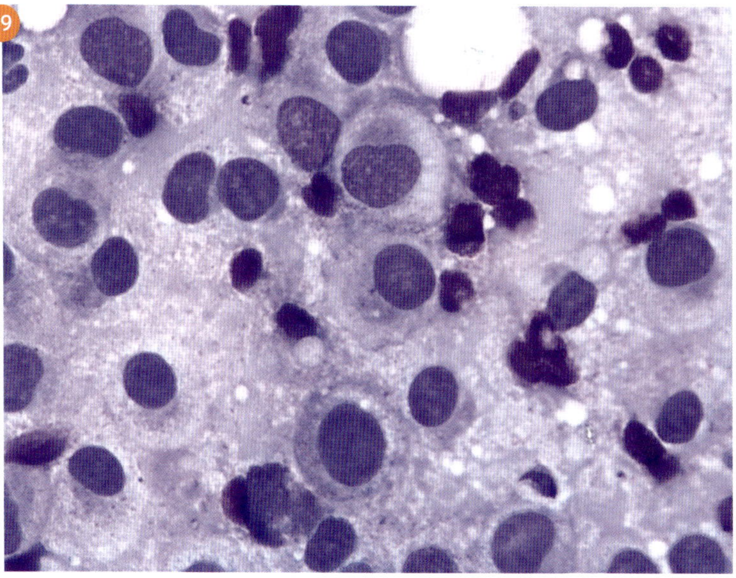

20

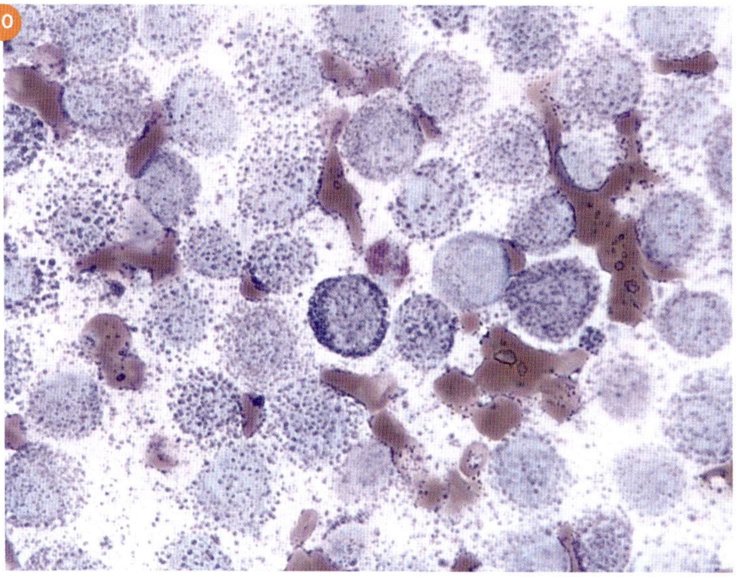

ニューメチレンブルー

■これは非常に迅速な染色であるが、永続的な染色ではない。細部はディフ・クイックほど明瞭ではない。

■DNA と RNA を共に非常によく染色する。そのため正常細胞が悪性に見えるような混乱を招くかもしれない。

メイ・グリュンワルド・ギムザ

■この染色は細胞の核の染色性が明らかに改善された染色法である。しかし容易に沈殿してしまうので、日々の診療で使用することは難しい。

■標本染色には 10 ～ 15 分間要する。

■主な利点は、肥満細胞の顆粒やグレイハウンド（と一部のゴールデン・レトリーバー）の顆粒性リンパ球と好酸球を可視化できることである。これらの顆粒はディフ・クイックでは見えにくい（図 20）。

細胞診

細胞診に基づいて診断に到達するために、10倍の接眼レンズの顕微鏡を使用する。対物レンズは10倍または100倍（油浸）を使用すべきである。

はじめに、全体像を得るために、肉眼でスライドを評価すべきである。そうすることでどの部分が顕微鏡下で観察するのに最良かを判断できる。次いでコンデンサーの位置を合わせ（ケーラー）、標本を100倍（10倍×10倍）で観察する。興味深い領域が見つかった場合は、細胞の細部を見るために倍率を1000倍（10倍×100倍）に上げる（図21、22、23）。

一般的に、細胞診標本は以下の6つのカテゴリーのうちの1つに分類される。

- 正常組織
- 過形成 / 異形成（診断困難）
- 炎症
- 腫瘍
- 嚢胞性病変（液体を含む）
- 混合性細胞浸潤（通常、炎症を伴う腫瘍や慢性炎症による過形成）

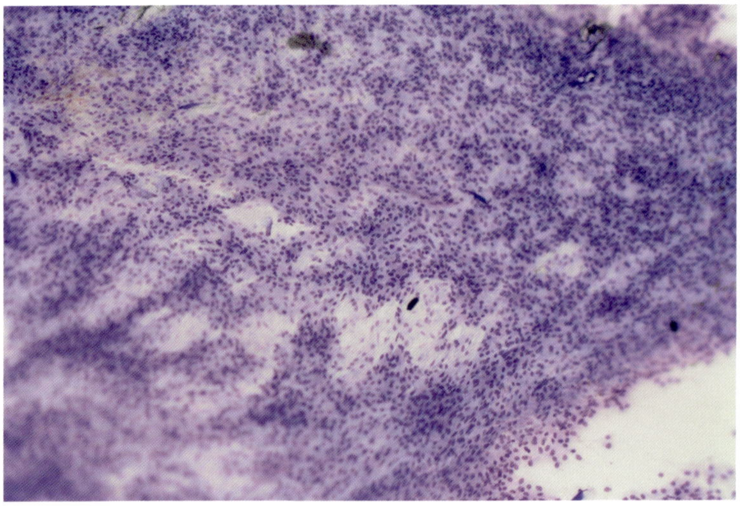

図21　10倍で観察した血管周皮腫

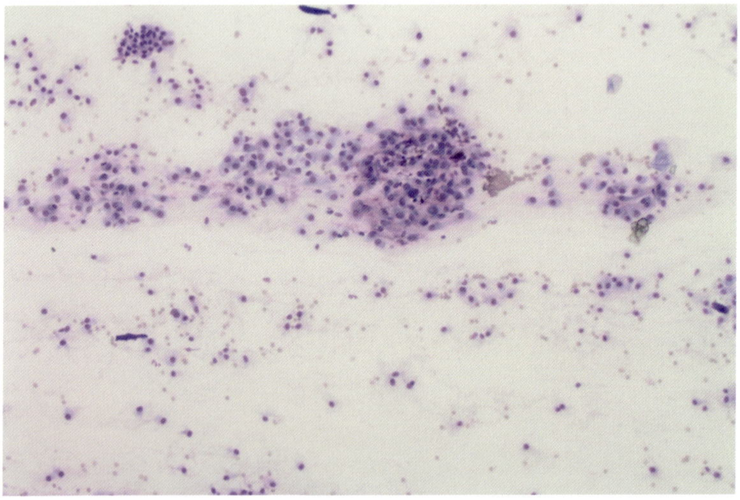

図22　100倍で観察した血管周皮腫

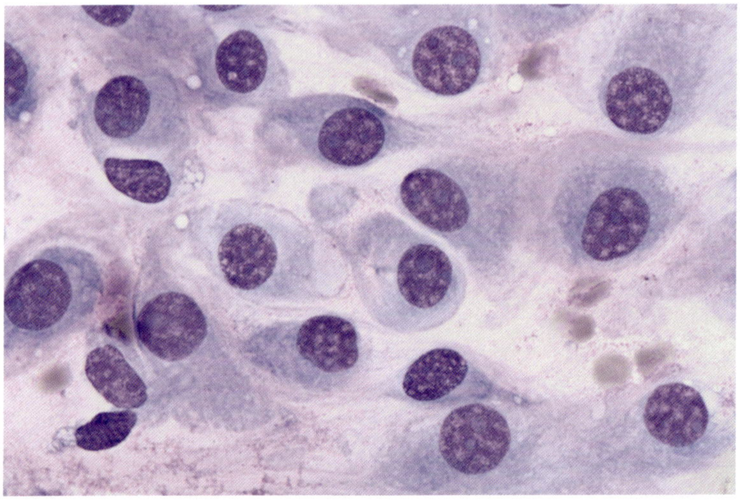

図23　1000倍で観察した血管周皮腫

非腫瘍組織

正常組織

■正常上皮組織：細胞は自身のデスモソームによって接着し、特に腺組織や分泌組織標本では接着したままでいる傾向があるため、集塊や単層を形成する。個々の細胞は、円形または多角形で、核と細胞質の区別が容易である。ロマノフスキー染色において、円形核と青い細胞質が認められる。

■正常間葉組織：このタイプの組織は、自身を取り囲む細胞間基質のために容易に剥脱しない。これがFNAや掻爬によって細胞（線維芽細胞、線維細胞、軟骨芽細胞）が採取されにくい要因である。

細胞は紡錘形または多角形、卵円形であり、核は腫瘍標本でも認められるような不規則性を示し、細胞境界は不明瞭で細胞の範囲を決めることが難しい。しかし、これらの細胞は通常は孤立性で、集団で認められることはない。

■正常造血組織：細胞は円形で、集塊は形成しない傾向がある。骨髄において優位な発生段階（芽球細胞）を対照にしながら正常細胞を識別することが重要である。

過形成

臓器やリンパ節が腫大している場合は、腫瘍のみならず過形成の可能性を鑑別診断に含めるべきである。

正常組織と腫瘍組織の両方の特徴を有しうるので、過形成組織の鑑別は困難である。前立腺や膀胱などの特定の臓器は、腫瘍との鑑別が困難なほどの著しい過形成が起こりうる。

炎症

炎症反応を腫瘍から明瞭に区別することはできないが、細胞診標本における炎症細胞やデブリス、病原体ですら優位に存在していれば診断を導く助けになることもある。

優位な細胞の型は病因に依存している。たとえば、アレルギー性病変や寄生虫病変では好酸球がもっとも優位である一方で、細菌性炎症では好中球が優位である。

細胞群の型も炎症プロセスのステージに依存する。つまり、急性炎症では好中球が優位であり、慢性炎症ではマクロファージが優位である（図24、25）。

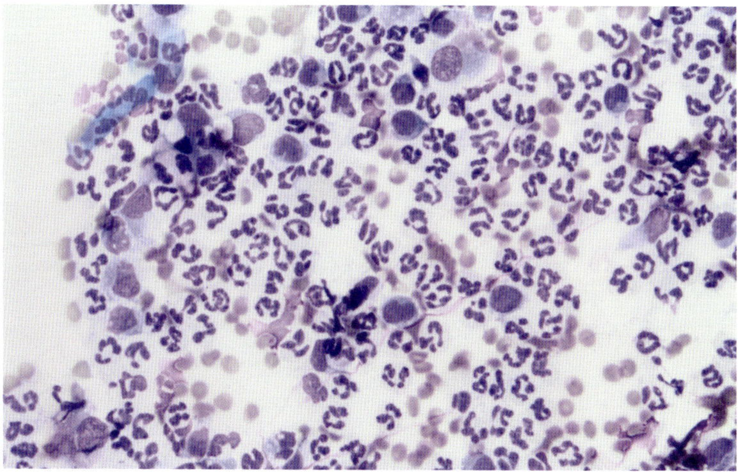

図24　化膿性肉芽腫性炎。40倍。好中球とマクロファージが認められる。

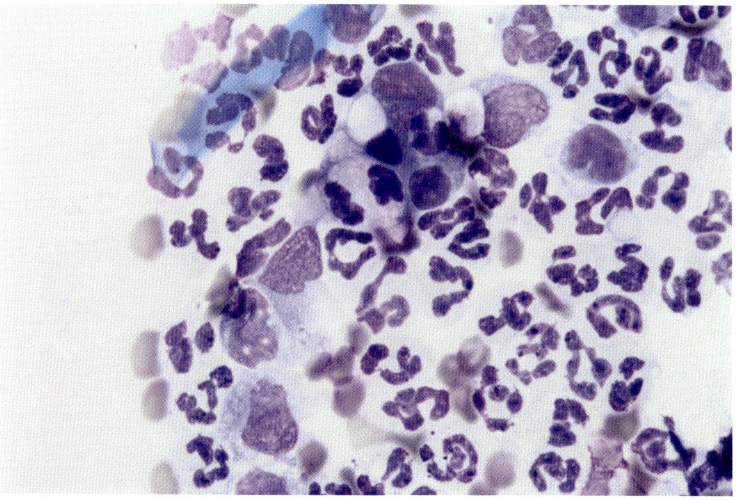

図25　化膿性肉芽腫性炎。100倍（油浸）。好中球とマクロファージが認められる。

単形態性の集団

■好中球（化膿性炎症）

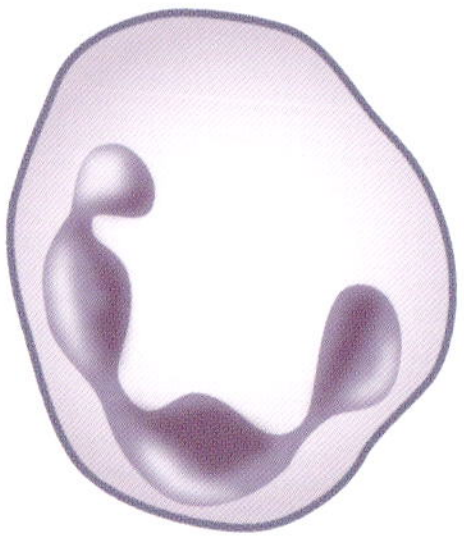

■マクロファージ（肉芽腫性炎症）

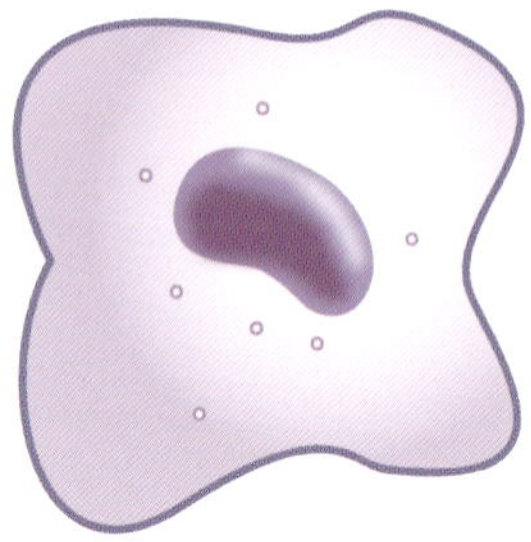

■好酸球（好酸球性炎症）

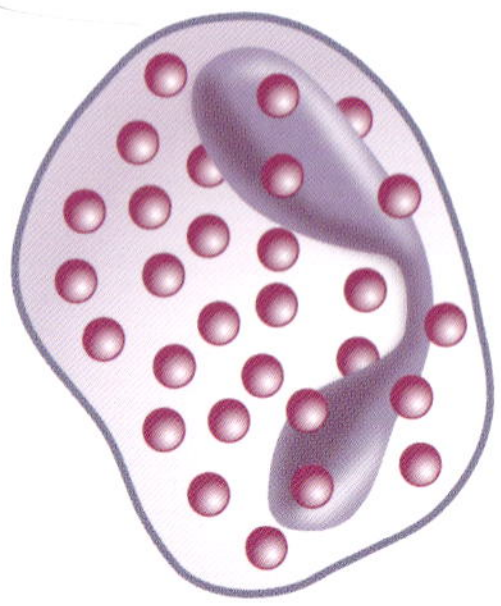

多形態性の集団

■好中球とマクロファージ（化膿性肉芽腫性炎）

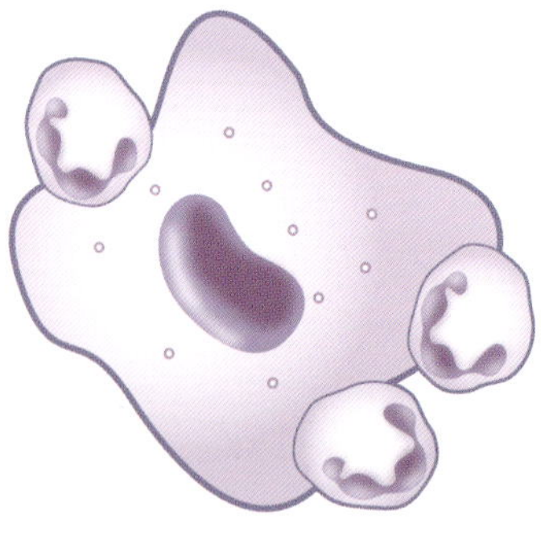

病原体

特定の病原体は細胞診スライド上で認めることができるので、簡単に同定される。つまり、ヒストプラズマ、ブラストミセス、クリプトコッカス、コクシジオイデス、アスペルギルス/ペニシリウム、トキソプラズマ、リーシュマニア、その他のリケッチア、細菌、毛包虫である。

腫瘍組織

骨髄のような複製速度の速い細胞集団を除いて、正常な細胞集団は正常な核細胞質比を有する均一な構造と凝集したクロマチンを有する核をもつ。

悪性の基準

- 腫瘍細胞は以下の悪性所見を1つ以上有する可能性がある（図26、27）。
- **核：**
- 核細胞質比の増加
- 微細なクロマチン
- 核小体の存在
- 核の変形（他の核による核の圧迫）
- 核の大小不同（異なる大きさの核）
- **細胞：**
- 多形性（異なる発達段階にある細胞）
- 細胞の大小不同（異なる大きさの細胞）
- 異所形成（ある領域ではほとんど認められない細胞型の存在）
- 空胞形成と貪食活性（悪性上皮系腫瘍の早期段階）
- 巨細胞の存在

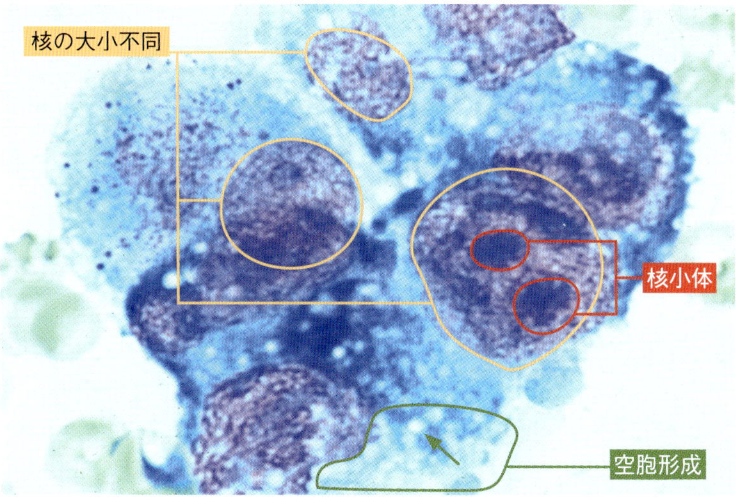

図 26　悪性基準

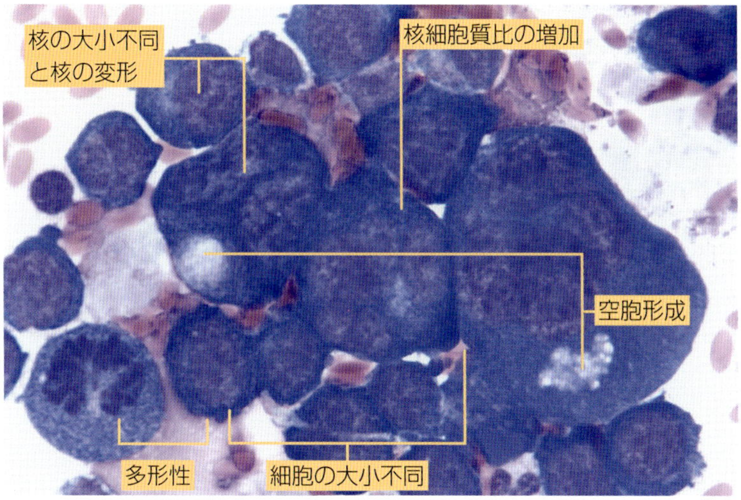

図 27　悪性基準。アルパカからの標本

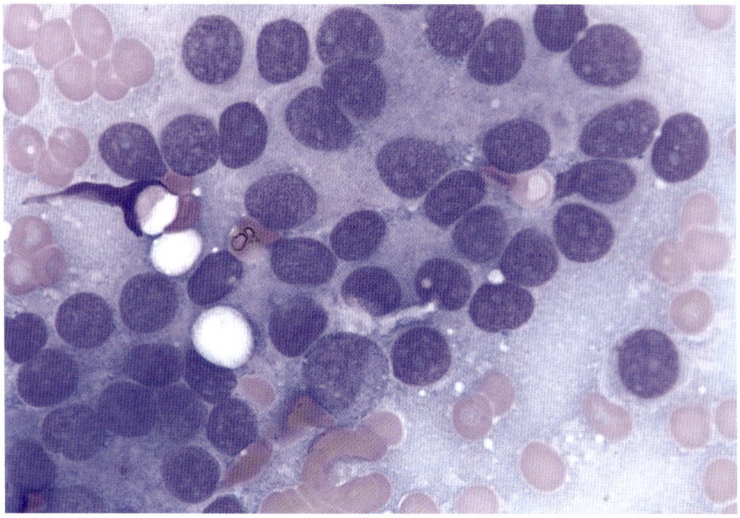

図 28　犬のアポクリン腺癌。細胞間に明瞭な境界のない単形性の細胞集団

細胞と核の悪性所見に加えて、腫瘍細胞はしばしば前駆細胞集団とは異なる形を有する。

原発組織とその特徴によって、腫瘍細胞は癌腫（上皮系起源）か肉腫（間葉系）か円形細胞腫瘍に分類される。

癌腫

ほとんどの癌腫は、集塊を形成する（細胞間相互作用）円形または多角形の細胞を含む。それらは暗青色の細胞質を有し、核は大きく微細なクロマチンと明瞭な核小体を有する（図28）。

ほとんどの腺癌の細胞は明瞭な空胞を有する。扁平上皮癌において、細胞は集塊状に認められ、時に貪食した白血球が含まれる。

肉腫

肉腫の典型的な特徴は、隣接する他の細胞と接着のない紡錘形または多角形の細胞が塗抹標本に存在することである。

紡錘形細胞は通常単独で認められる。しかし押捺塗抹標本では集塊状に認められる可能性がある。その細胞質は赤みがかった青色であり、核は不整である。これらの細胞の大部分は、ベールや尾に似た細胞質突起を有し、核は細胞質からはみ出しているように見える。猫における肉腫は多核の細胞を有する傾向がある（図29）。

血管肉腫の細胞は典型的な紡錘形であり、空胞化した灰青色の細胞質を有する（図30）。対照的に、類骨肉腫や類軟骨肉腫は円形または卵形の細胞で、細胞間基質を有することがある。さらに骨肉腫の細胞は、さまざまな大きさのピンク色の顆粒を有することがある。

一部の肉腫においては、細胞が十分に剥脱せず陰性のFNA結果を導くことに注意する。これらの場合は、外科的生検が必要とされる。

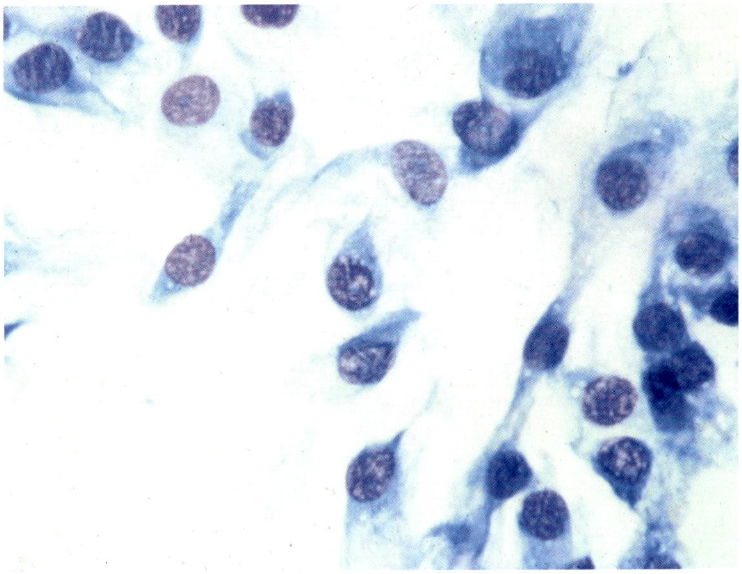

図29　猫におけるワクチン関連性線維肉腫

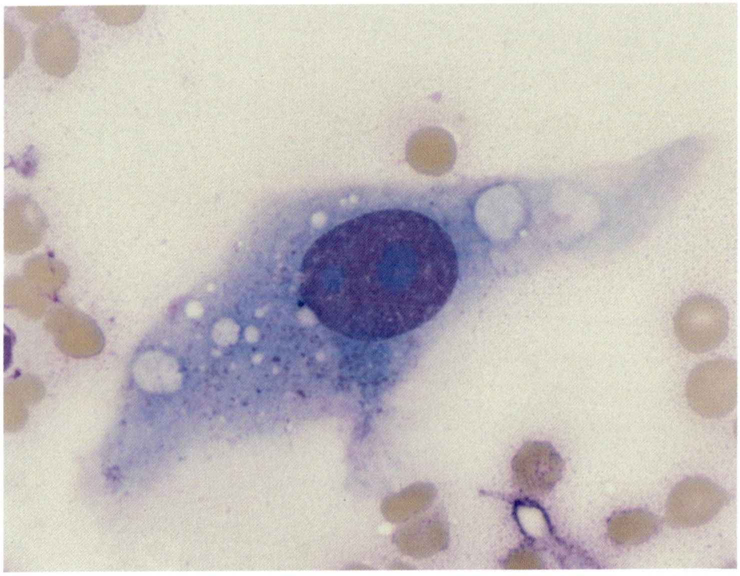

図30　犬における血管肉腫の巨大細胞（30μm）

円形細胞腫瘍

個々の円形細胞が単一形態を有する腫瘍は円形細胞腫瘍と呼ばれる。これらには、リンパ腫と可移植性性器肉腫、組織球腫、肥満細胞腫、形質細胞腫、悪性黒色腫が含まれる（図 31 ～ 37）。

さまざまな腫瘍の細胞学的特徴は以下のとおりである。

- ■悪性黒色腫と肥満細胞腫、大顆粒リンパ球性リンパ腫（LGL）、神経内分泌腫瘍においては、細胞が顆粒を含んでいる。血液学的染色によって、肥満細胞の顆粒は紫色または青紫色に染まる。大顆粒リンパ腫において顆粒は赤く染まるが、悪性黒色腫では黒色または緑色、黄色に染まる。
- ■リンパ腫と組織球腫、形質細胞腫瘍、可移植性性器肉腫では、細胞質内顆粒は認められない。
- ■可移植性性器肉腫と組織球肉腫において細胞質内空胞は一般的に認められる。
- ■組織球腫で認められる細胞は、微細で非顆粒性のクロマチンを有し、細胞質の多くは顆粒で満たされている。これらの腫瘍はしばしば炎症細胞を含んでいる。
- ■大細胞リンパ腫は単一形の細胞集団であり、個々の細胞は未分化な円形細胞であり、クロマチンパターンは粗造で 1 つまたは 2 つの核小体を有する大型の核をもつ。時折、空胞形成も認められる。
- ■小型または中型のリンパ腫は正常な細胞集団と類似するので、見分けることが難しい。
- ■肥満細胞腫は、細胞質に紫色の顆粒を有し、時に核が見えないことがあるのが特徴である。これらの腫瘍では好酸球も認められる。肥満細胞腫の同定に関して、分化の乏しい腫瘍においてディフ・クイック染色では顆粒が目立たない場合がある。

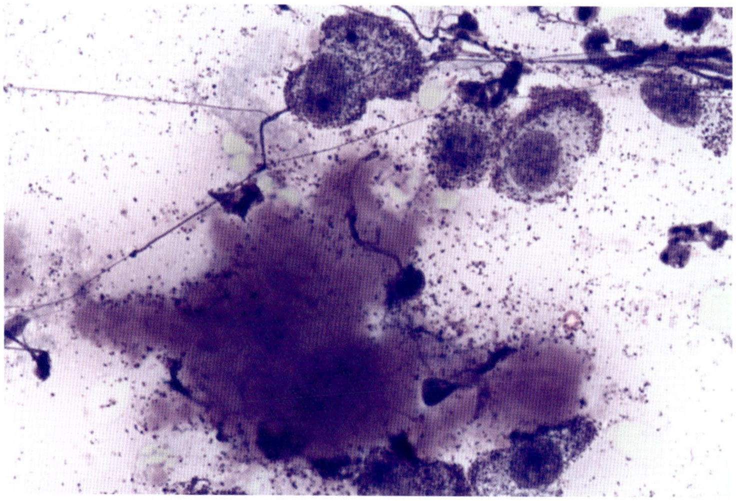

図 31　コラーゲンのヒアリン化を伴う肥満細胞腫

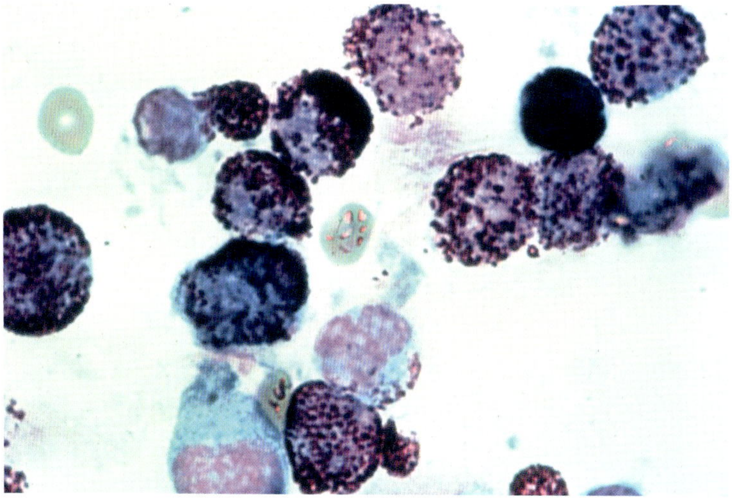

図 32　全身性肥満細胞腫。脾腫と貧血を認めた猫から FNA で得られた細胞集団

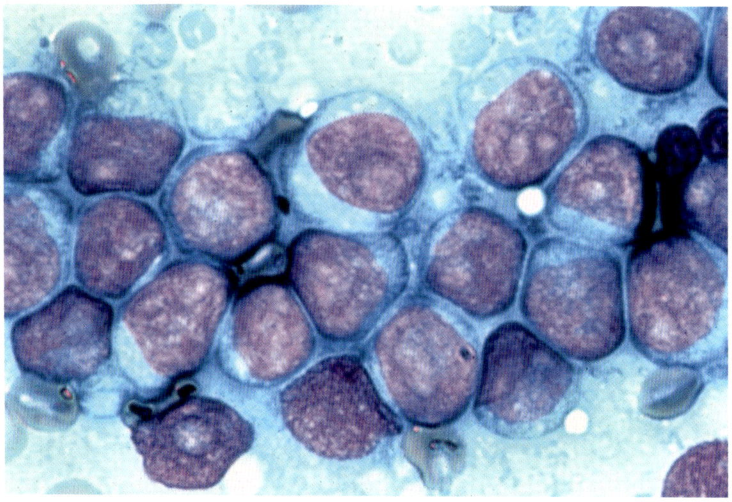

図 33　大細胞リンパ腫。下痢を認めた犬の腸間膜リンパ節から採取した FNA 標本

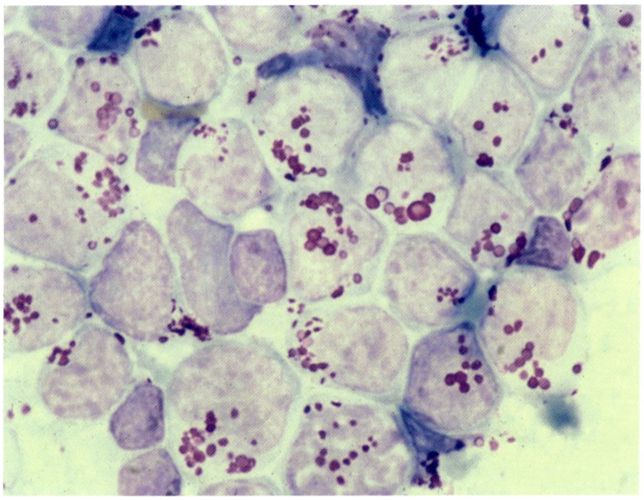

図 34　大顆粒リンパ球性リンパ腫。下痢が見られた猫における腸間膜リンパ節の FNA 標本

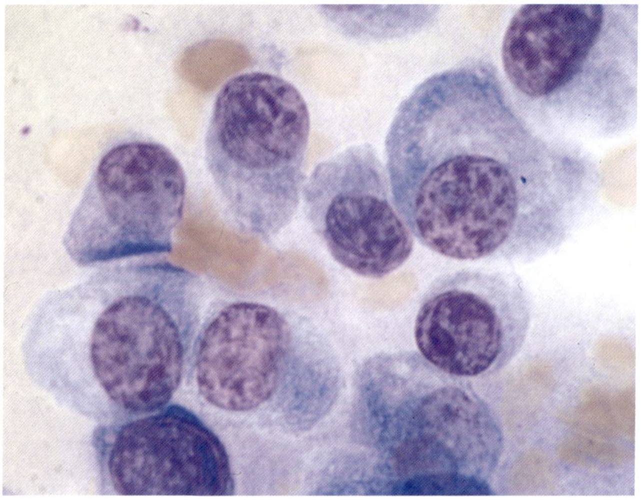

図 35　形質細胞腫または形質細胞腫瘍。5 歳齢のニューファンドランドにおける表皮真皮腫瘤の FNA 標本

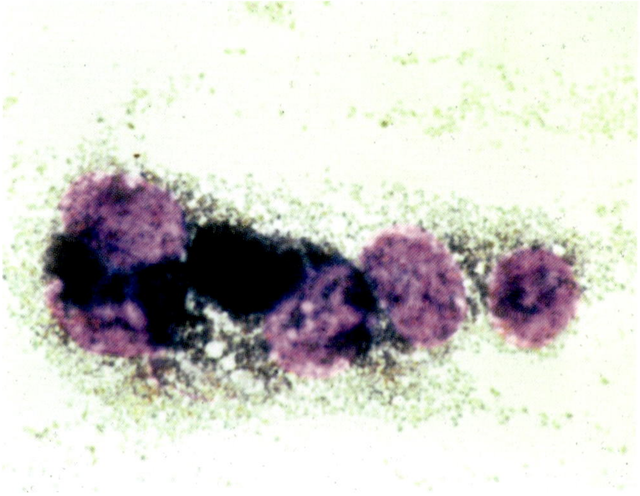

図 36　メラノーマ。12 歳齢のシュナウザーにおける口腔腫瘤の FNA 標本

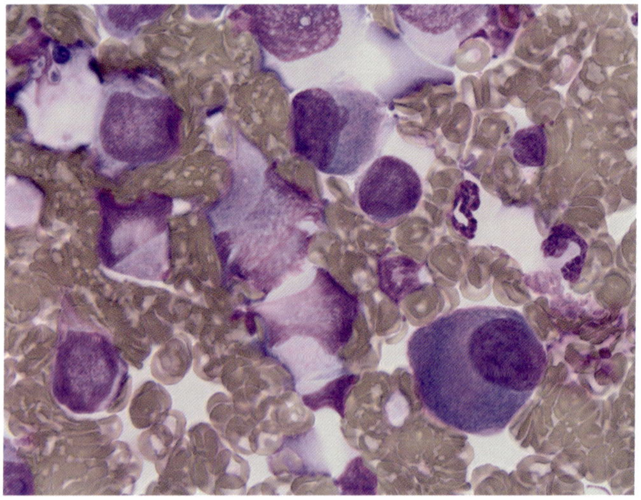

図 37　骨肉腫

リンパ節の検査

正常なリンパ節からの細胞診標本において、一般的に細胞の75～90％は小型のリンパ球であり、残りの細胞はリンパ芽球やマクロファージ、形質細胞などである。リンパ球の直径は赤血球の1～1.5倍の大きさであり、核小体を認めない密なクロマチンパターンを有する。

反応性または過形成性のリンパ節腫大からの細胞診標本は、小型や中型、大型のリンパ球とリンパ芽球、形質細胞、マクロファージを含む。このようなリンパ節腫大は、抗原刺激に対してリンパ組織が反応した際に起こる。異なる発生段階の細胞の存在は、複数の抗原への抗原反応を示している。

猫のリンパ節はしばしば形質細胞を欠き、多数の芽球を含んでいる。そのためにリンパ腫との鑑別が難しくなる可能性がある。

リンパ節炎（反応性リンパ節）は、反応性リンパ節腫大と類似した細胞学的所見を有する。これらのリンパ節は大量の炎症細胞を含み、ほとんどの細胞系統で変性性の変化を認める。時折、スライドガラス上に炎症を誘引した病原因子も検出されるかもしれない。

リンパ節腫瘍は、原発性（リンパ腫）または二次性の可能性がある。二次性の症例では、腫瘍性転移細胞は血行性またはリンパ行性にリンパ節に到達している。

リンパ節は刺激に依存した異なるパターンを示すかもしれない。

- 正常リンパ節
- 反応性または過形成性リンパ節
- リンパ節炎
- 腫瘍

転移性病変の細胞学的所見は、腫瘍細胞の存在を伴う反応性パターンである。転移性の浸潤がより進んだ段階では、腫瘍細胞が細胞集団のほぼ100％を占めるようになることもある。

原発性のリンパ腫では、核細胞質比が低く、粗いクロマチンと核小体を有する大型で未熟なリンパ球の均一な集団が検出される。

生検

生検を行って病理組織学的検査のための組織サンプルを得ることで確定診断が導かれることが多い。

細胞診によって、腫瘤や腫瘍の確定診断ができない場合には、生検を行うべきである。外科的に治療されず、放射線療法や化学療法によって治療される悪性腫瘍も多いため、腫瘤の摘出後の病理組織学的検査が不可能であり、そのため生検は重要である。さらに、外科治療が必要な多くの症例においても、腫瘍の型についての事前知識は外科的プロトコールや医療プロトコールの組み立てに役立ち、一般的によりよい予後をもたらすだろう。

生検手技

切開生検と切除生検

切開生検では臨床家は腫瘤の一部を摘出する。また、切除生検では腫瘤全体が検査室に送られる（図 38、39）。

ほとんどの切開生検は局所麻酔下で（必要に応じて鎮静剤や鎮痛剤も）実施される。生検は Vim-Silverman 型の針（図 40）やメス、皮膚パンチ器具（図 41）を用いて実施される。

どの手技を選択するか

もっとも適した手技を選択する際に従うべき多くの基礎的な原則がある。しかし、臨床家は一般的に場合によって、単に常識的で実用的な判断をするべきである。

たとえば、犬が直径 4mm の表層性皮膚腫瘤を有していた場合に、腫瘤全体を摘出するよりも腫瘍の一部だけを採ってくることの方がおそらくより難しいので、切除生検を実施することがもっとも論理的だろう。

一方で、胸壁に直径 6cm の皮下腫瘤を認める猫では、計画的な外科手術が重要である。なぜなら腫瘍がもし軟部組織肉腫であれば積極的な摘出（肋骨摘出とダクロンメッシュの使用を含む）が必要とされるからである。この場合、どのような外科治療を実行するとしても、それ以前に、切開生検が必要とされる。

検査室へのサンプル提出

サンプルは組織 1 対ホルマリン 10 の比で、10％ホルマリンを用いて固定すべきである。

症例とサンプルに関するできるだけ多くの臨床的情報、つまり動物種や品種、年齢、部位、増殖速度、浸潤、転移の有無などを提供することが望ましい。このことは結果の正確性を向上させるだろう。

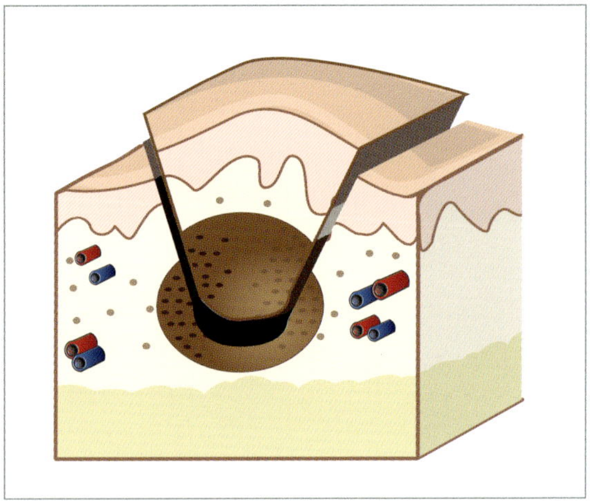

図 38　切開生検

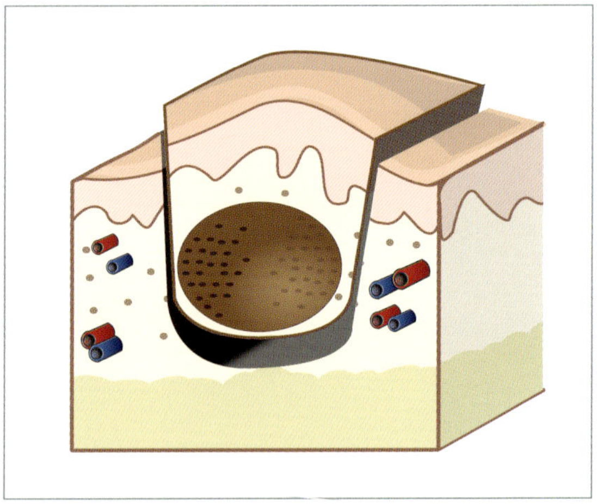

図 39　切除生検

図 40　Vim-Silverman 生検針

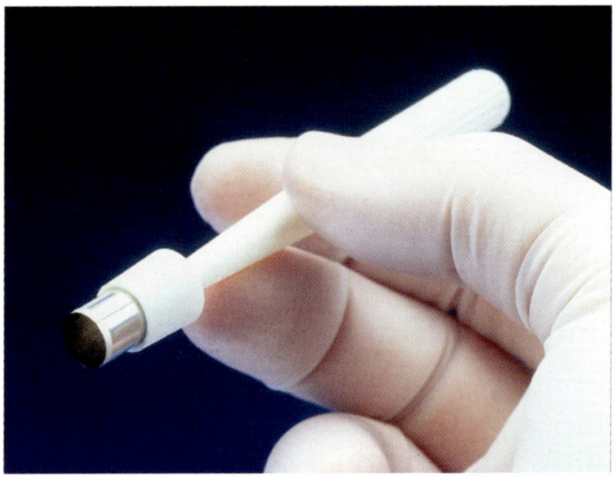

図 41　皮膚パンチ

2 がん症例の治療

TREATMENT of the cancer patient

がん症例の治療

治療に影響する要因

がん治療の計画は、腫瘍の多様な臨床所見、症例の状態、飼い主の意向、および可能な治療法の選択に起因する複雑な作業である。

治療の主な利点と欠点は、次のように要約できる。

■利点：悪性腫瘍は、心疾患（グラフ1）、腎不全、変形性関節症、大部分の内分泌疾患と比較して、回復の可能性のある数少ない慢性疾患の１つである。さらに、(がんの) 治療は、通念に反し、症例に良好な QOL をもたらすことができる。

■欠点：「がん」と「化学療法」という用語は、不安や心配をもたらし、特に、人の患者で起こる可能性のある化学療法の副作用を想起させ、死や毒性を連想させる。大部分の飼い主は、治療を経験した１人あるいは複数の人間のがん患者を知っている。しかし、治療された犬や猫をほとんど知らない。

診断をした後、可能な限りすべての腫瘍細胞を症例から取り除く（根治させる）よう努める。これは「ただ経過を観察する」だけではなく、むしろ即座に対処することを意味する。もし無理な場合、緩和療法を行うことも許容可能である。

悪性腫瘍は、自然に消失することはない。少なくとも理論上では、腫瘍が疑われる、あるいは悪性腫瘍を有する症例において、治療の遅れは腫瘍の局所的な拡散あるいは転移の可能性を上昇させ、それにより治癒の可能性を減少させる。

治療は、根治的治療と緩和的治療に分類される。手術と放射線療法は根治の可能性がある治療法であり、一方、化学療法については、根治可能な割合は腫瘍によりさまざまではあるものの、おおむね緩和的であると考えられている。

グラフ１　リンパ腫と心筋症の症例の生存期間の比較

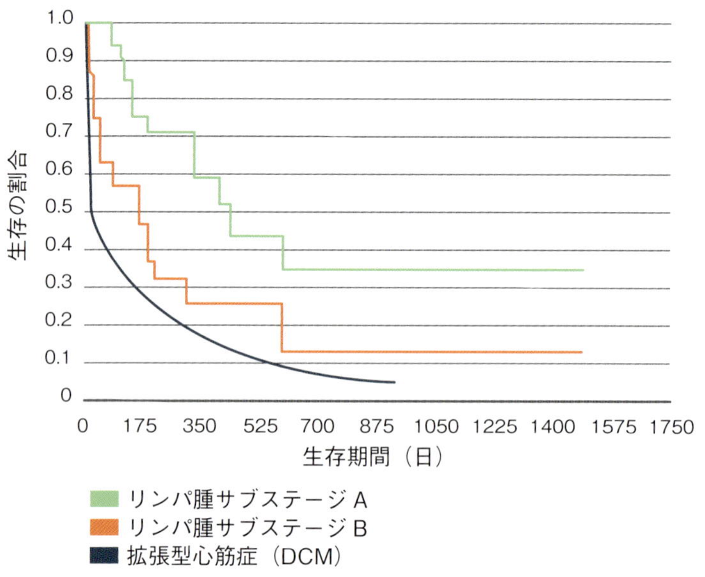

犬の３つのグループの生存（カプラン・マイヤー）
・リンパ腫（LSA）サブステージ A（症状なし、緑線）
・リンパ腫（LSA）サブステージ B（症状あり、オレンジ線）
・拡張型心筋症（DCM）（青線）

リンパ腫の犬の２つのグループは、COP 化学療法プロトコールで治療され、拡張型心筋症の犬はピモベンダンを使用せず従来の方法で治療した。

生存（期間）は、リンパ腫サブステージ B の犬でさえ、拡張型心筋症の犬と比較して長かった。

■**根治的治療**：(転移を伴わない) 限局性腫瘍の大部分の症例と、一部の局所腫瘍の症例は、適切な治療 (積極的な手術、放射線療法、あるいは2つの併用) で根治するだろう。前述の腫瘍の例は犬や猫での線維肉腫、犬の血管周皮腫、および猫の頭部と頚部の扁平上皮癌を含む。

■**緩和的治療**：症例が播種性の腫瘍 (リンパ腫)、あるいは転移性の腫瘍 (骨肉腫、血管肉腫) の場合、治癒の可能性は極端に低い (<10%)。しかし、緩和的治療は、大部分の症例に寛解をもたらすだろう (化学療法を行ったリンパ腫の犬で12カ月、断脚術と化学療法を行った骨肉腫の犬で18カ月)。可移植性性器肉腫は、通常、化学療法 (ビンクリスチン) に反応する。治療は、寛解を延長するばかりでなく、症例のQOL (の向上)、副作用を抑制すること、入院を避け料金を軽減することを目標としている。

過去2、3年間の報告では、メトロノミック化学療法は、進行期のがん症例の緩和療法として用いられ、良好なQOLを維持できている。

最適な治療の決定には、3つの主要因子を考慮する必要がある。

症例に関連する因子

腫瘍に対する理論的な治療指標に関係なく、症例の状態と性質を考慮することが絶対的に必要である (健康状態、静脈穿刺のしやすさ、動物の性格など)。

症例に関連する因子のなかで、もっとも重要な考慮すべき因子は、症例の活動レベルと一般状態である。スケールは、後述するように活動性のグレードを評価するために存在する。

たとえば、著しい活動性の低下と深刻な全身徴候 (つまり一般状態の悪化) を示す猫と犬は、積極的な化学療法または放射線療法で必要となる麻酔をかける対象とならない。

猫と犬の改良カルノフスキー活動性基準

スコア	活動性のレベル
0	**正常**：十分活発 活動性は罹患前と変わらず
1	**限定的**：罹患前よりも低い活動性だが、自分自身のできる範囲内で行動する
2	**制限された状態**：重度に活動性が制限された状態。指定の場所で、食事、排便、排尿のために動くのみ
3	**動けない**：完全に動かない。 症例には強制給餌がされ、指定の場所にたどり着く前に排尿、排便をしてしまう
4	**死亡**

飼い主に関連する因子

飼い主と症例の関係性は、治療を選択する際の決定的要因となることが多い。飼い主の意向 (不安) と、がんと化学療法がもつ非常に消極的な意味合いは、考慮されるべきである。有効な代替案を完全に拒否されることを避けるために、飼い主に悪い (消極的な) 情報を徐々に知らせること、飼い主に理解する時間を与えること、そして決定させることは有効かもしれない。

動物の飼い主は、医療チームの一員として考えるべきであり、飼い主が自宅でできる仕事を分担すべきである。それは、腫瘍サイズ (の発達) を計測すること、体温の計測、動物の活動性を評価することなどである。通常、それらの役割は、治療に飼い主を参加させ、臨床医との連携を向上させるだろう。

獣医師は、いつも飼い主の疑問を払拭し、苦しいときに支援（の提案を）できるべきである。

一方で、提案した治療がうまくいかなかった場合に備えて、安楽死を含めて、すべての選択について飼い主と話し合うべきである。「許容可能な」副作用のレベルについて、すなわち、QOL と予後の改善との引き換えにもたらされる副作用の種類と程度を含め、今後の期待について話し合うべきである。最初にコストは別として、予後とともに、すべての選択が話し合われるべきであるが、経済的な要因も重要な問題となってくる。

腫瘍関連の因子

腫瘍により治療基準が異なるため、最適な治療を決定する前に、腫瘍の位置、悪性度およびステージを評価することが必要である。たとえば、低転移能の浸潤的な腫瘍は、局所治療を必要とする。また、全身性腫瘍や高率に転移する腫瘍では、全身的な治療が推奨される。腫瘍によっては、たとえば軟部組織の血管肉腫、高悪性度の肉腫では、局所治療が失敗した場合、全身的な治療を行うことがある。

治療を計画する際、生じる可能性のある副作用を考慮することが必要である。症例は、病気の状態よりも治療することで楽になると感じるべきである。緩和的治療と治癒的治療の選択は、しばしば困難である。つまり、緩和的治療が治癒的治療となる可能性があり、またその逆の場合もある。したがって、もっともよい考え方は、治療初期に可能な限り積極的に治療し、その後の反応を見て選択することである。

腫瘍の治療に対する反応性の判断基準

完全寛解（CR）：すべての腫瘍の完全な消失

部分寛解（PR）：腫瘍の長軸の 50%以上の減少

不変（SD）　：腫瘍の長軸の 25%未満の変化

進行（PD）　：腫瘍の長軸の 25%以上の増加

犬と猫に使用可能ながん治療

過去10年の間、いくつかの治療法ががんの犬と猫に使用されてきた。しかし、近年、動物では外科手術が主な治療法となっている。切除不能、あるいは転移性の腫瘍は、本章で述べる1つまたは複数の手法で治療されるが、治療が成功する度合いはさまざまである。

外科手術

目標はシンプルである：外科手術の目的は症例から腫瘍細胞を完全に取り除くことである。これは口で言うほど簡単ではない。手術は、特に、限局性でアプローチしやすく、非浸潤性で低転移能の腫瘍に適応とされる。手術はまた、転移性腫瘍あるいは局所での浸潤性の高い腫瘍においては、補完治療になる。

放射線療法

主に、手術を回避する必要がある限局性腫瘍で適応とされる。主な欠点は、特別な設備と知識が要求されることである。ヨーロッパでは、獣医師が放射線療法を行うことができる施設が少なく、その治療は非常に高価である。

放射線療法は、中心静脈ブロビアック型カテーテルまたは末梢静脈カテーテルを使用した一般的な麻酔下、あるいはマスクによる吸入麻酔下で行われる。どちらも麻酔時間は、3～5分である。

化学療法

この治療法は、二次的な影響がほとんどないような、局所または全身治療薬が使用される。前述のように、化学療法という言葉は飼い主には受け入れ難い。化学療法にはいくつかの臨床での使用法がある。

- **単一治療**：薬剤によっては単剤で、他の治療なしである種の腫瘍をコントロールまたは治療できるものがある。このタイプの化学療法は、たとえばリンパ腫、白血病、可移植性性器腫瘍、および転移性腫瘍に用いられる。
- **術前の補助（化学）療法**：転移の可能性が高いため、あるいは腫瘍の浸潤能のために腫瘍細胞の完全な外科的除去が見込めない部分で手術に加えて行われる（血管肉腫、骨肉腫、グレード3の肥満細胞腫など）。
- **（手術前後の）ネオアジュバント法**：最初に大きさをコントロールあるいは減少させることで、腫瘍の外科的治療を可能にする（甲状腺癌、未分化肉腫、軟部組織血管肉腫など）。

目的に応じた手術の種類

- **根治的手術**：すべての腫瘍細胞を取り除くことによって、がんを完全に排除することが可能である。事前に、腫瘍の種類と転移の有無を評価することが不可欠である。もし腫瘍が浸潤している場合は、原発巣を取り除くことによる治癒は期待できない。あるいは、浸潤性が高い腫瘍の場合、事前に積極的な手術が必要なことを知っておくことが重要である。そのため、コンピュータ断層撮影（CT）や核磁気共鳴画像法（MRI）のような高度画像技術が使用される。
- **緩和的手術**：原発腫瘍の主な部位を取り除くのみの手法で腫瘍が残存する可能性が高い。この手技は根知的手術が不可能な場合にのみ適用する。さらに放射線療法や術前の化学療法（たとえば、補助的放射線療法や化学療法）のような別の治療と組み合わせることがある。緩和的手術という用語は、症例のQOL向上のために手術を行った場合に用いられる。それらの例としては以下があげられる。
  - **肺転移を伴う潰瘍性乳癌**：潰瘍化した腫瘍を切除することで、肺転移による呼吸困難が生じるまでの数カ月間、許容可能なQOLを得ることができる。
  - **転移性の腰下リンパ節腫脹を伴う肛門嚢のアポクリン腺癌**：原発腫瘍と転移したリンパ節を取り除くことによってQOLと予後の改善が見込めるであろう。化学療法と組み合わせた場合、1～3年の生存期間が得られる可能性がある。

免疫療法

免疫療法は、がん細胞を破壊または特定するためのモノクローナル抗体の開発に基づいている。現在のところ利用できる商業製品はないが、大きな可能性がある。

遺伝子治療と分子標的（阻害）薬

遺伝子治療あるいは分子標的（阻害）薬による治療は、がんの治療や予防のため、あるいは体細胞と比較して腫瘍細胞がとる異常な代謝段階を選択的に阻害するため、細胞の中へ遺伝子を導入することで行う。たとえば、肥満細胞腫や消化管間質腫瘍における *c-kit* 受容体阻害のために使用されるトセラニブやマシチニブがあげられる。

化学療法の実際

腫瘍の動態

化学療法の効果をより良く理解するためには、正常と腫瘍組織の両方における、細胞生物学および腫瘍細胞動態への基本的な理解が必要である。腫瘍細胞の動態は体細胞のそれと類似し、体細胞と同じ細胞周期を有する。哺乳類細胞は、有糸分裂期（M 期）と休止期（間期）の 2 つの複製期がある。休止期は 4 つの周期に分けられる（グラフ 2、3）。

- Gap1 期（G1）：DNA 産生のために RNA と酵素の合成が必要とされる。
- 合成期（S）：DNA の合成
- Gap2 期（G2）：紡錘体（装置）の形成
- Gap0 期（G0）：これは細胞間接触により誘発される真の休止期であり、細胞分化と抗有糸分裂因子が細胞の不活性状態を保つ。この期間、細胞は最終細胞複製期に入るか、あるいは（特に）マイトジェン（分裂促進因子）、成長因子、および栄養素により誘発されて新たな細胞周期に入る。

体細胞は、成長を止める現象である接触阻止を起こす。しかし、腫瘍細胞は、隣接細胞との接触にもかかわらず（接触阻止現象を示さず）分裂し続ける。腫瘍細胞は、以下のようなメカニズムにより腫瘍組織より消失する。

- 分化（細胞の特性の獲得）。腫瘍では非常にまれ
- アポトーシス（プログラム細胞死）
- 転移（拡散）

定義

- **分裂指数（MI）**：有糸分裂の細胞数
  病理組織で使用される用語
- **増殖細胞分画（GF）**：分裂している腫瘍細胞の割合
  または比率
- **倍加時間（DT）**：腫瘍細胞が倍の数になるのに要する
  時間

グラフ 2　細胞増殖抑制剤の効果が認められる細胞周期。G0（休止期）の細胞は、たいてい化学療法に抵抗性であるが、細胞周期に入ることで化学療法感受性となる。

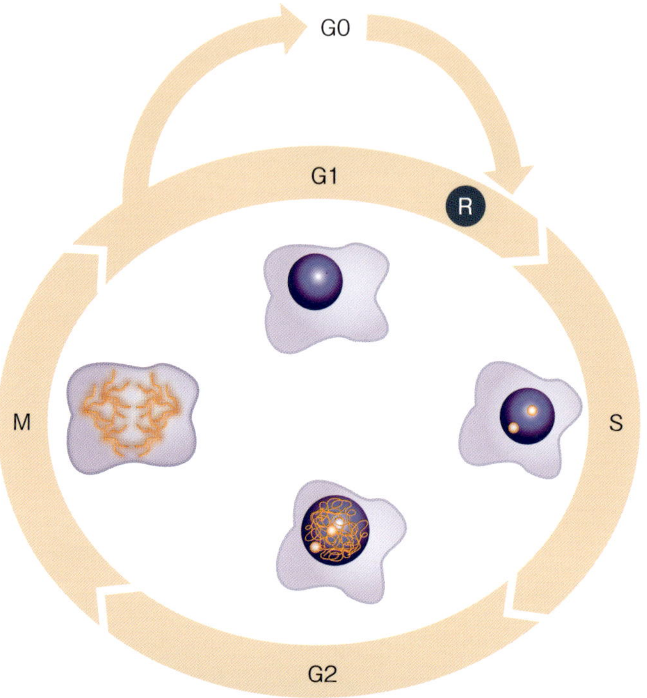

細胞動態とともに考慮すべき点は、薬剤に対する感受性が同等の場合、大きい腫瘍よりも比較的小さい腫瘍の方が化学療法は効果的であるということである。これは、大きい腫瘍より小さい腫瘍の方が分裂指数は高く、増殖細胞分画は大きく、より短い倍加時間を有するためである（グラフ 4、5）。

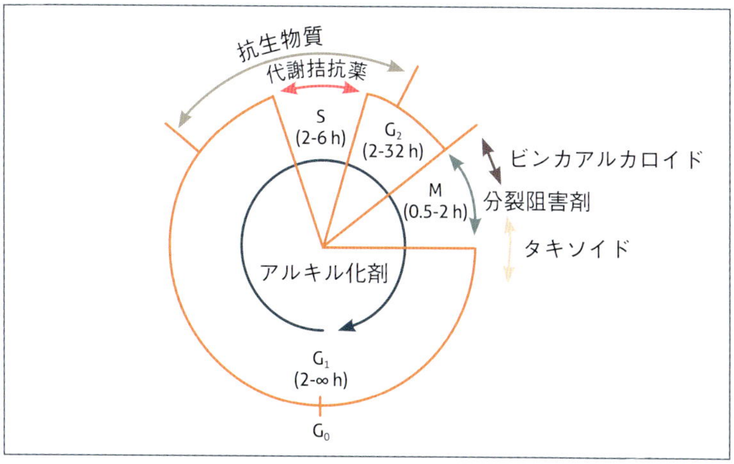

グラフ３　細胞周期におけるそれぞれの薬剤の作用とそれぞれの段階の期間。

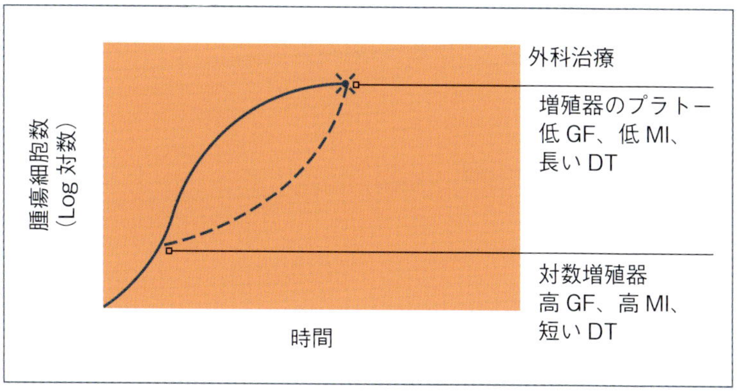

グラフ４　腫瘍細胞の動態

GF：増殖細胞分画
MI ：分裂指数
DT：倍加時間

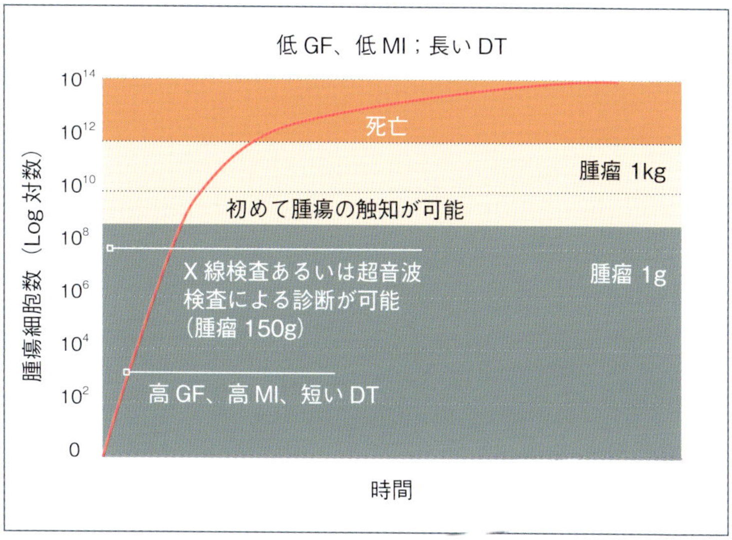

グラフ５　腫瘍成長と臨床的な腫瘍の検出

GF：増殖細胞分画
MI ：分裂指数
DT：倍加時間

化学療法の原理

状況ごとの作用機序を理解するために、化学療法の原理を知っておくことが必要である。一般的に、化学療法剤は細胞を殺す作用を有し、特に細胞分裂スピードの早い組織において顕著である。

化学療法剤は、腫瘍によって用法が異なる。

- 転移性腫瘍：化学療法は切除不可能な転移性腫瘍の療法に用いられる。
- 切除不可能な腫瘍：化学療法は切除不可能で放射線療法にも反応しない腫瘍の治療に使用される。
- 全身性腫瘍（たとえばリンパ腫）：化学療法を一般的に用いる。
- 全身性化学療法
  - 術前の化学療法：手術を容易にするために術前に行われ、術後も続けられる。
  - 術後の補助療法：転移性の高い腫瘍に対し、術後に行われる（骨肉腫）。

一般に化学療法は、手術または放射線療法の代わりとして使用されるべきではない。また、重度の多臓器不全の動物に対しては、全身的な毒性が強く出るリスクを考慮し、投与を控えるべきである。このような症例に化学療法が避けられない場合は、低用量に控えて行うべきである。

化学療法は、手術または放射線療法の代わりとして使用されるべきではなく、多臓器不全の動物にもまた使用されるべきではない。

化学療法の投与経路は、全身性（静脈内投与、経口投与）、局所または限局性投与である。

化学療法剤（抗がん剤）の効果を最大にするために、3種以上の薬剤の作用を組み合わせるべきである（図1）。薬剤は以下の原理に従って選択すべきである：治療対象となる腫瘍にすべて有効である薬剤であること。それぞれ異なる作用機序を有する薬剤を選択すること。そして蓄積毒性を有するべきでない。プロトコールは、一般に使用される薬剤の頭文字で示される。たとえば、VACはビンクリスチン（V）、ドキソルビシン（アドリアマイシン：A）、シクロフォスファミド（C）である。

図1　同じ腫瘍細胞に対する異なる薬剤の複合作用

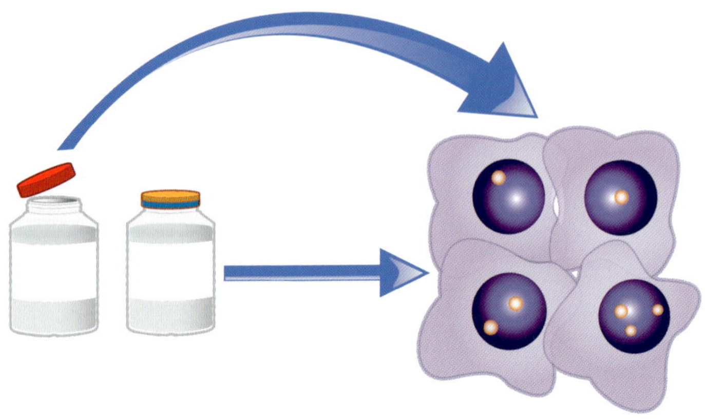

一般に、抗がん剤を組み合わせることで、単剤療法よりさらに長い寛解と生存期間が得られる。それは、多剤併用により薬剤耐性の発現を遅らせるためである（耐性の発現を予防できることもある）。

しかし、例外的に、単剤が最適な治療とされることもある。たとえば、犬の骨肉腫におけるカルボプラチン、ドキソルビシン、犬のリンパ性白血病におけるクロラムブシル、犬の可移植性性器腫瘍におけるビンクリスチンがあげられる。

抗がん剤の投与量は、若干の例外はあるものの、未だに体表面積（BSA）を基準にして算出されており、これには議論が残されている。体表面積に基づく計算は、種間での用量を比較するうえで比較的一定な代謝パラメーターを提供する。

体表面積換算表も存在する（表１参照）。

ドキソルビシンのように、ある種の薬剤では体表面積を基準にして算出した投与量は、小型犬（10kg 以下）や猫において毒性を示すことがある。そのような場合は、体重に基づいた投与量を用いるとよい。

作用機序

腫瘍細胞集団に対する抗がん剤の効果は、一次動態原理に従う。すなわち、単剤あるいは多剤により殺滅される腫瘍細胞数は、使用した投与量に比例する。そのような薬剤（抗がん剤）は、一定の数というよりよりはむしろ、常に一定の割合の（腫瘍）細胞を殺滅する。そのため、薬剤の効果と薬剤の組み合わせは、初期の腫瘍細胞数によって決まる。たとえば、化学療法剤（抗がん剤）の組み合わせが、10^8 個の細胞から成る腫瘍の 99％の細胞を殺滅した場合、およそ 10^6 個の腫瘍細胞が残存することになる。

抗がん剤の作用機序は、非常に多様である。分裂期の腫瘍細胞を殺滅する抗がん剤は、G0 期では細胞を殺滅しない。細胞周期の異なる段階でも作用する抗がん剤は、細胞周期相非特異的薬剤と呼ばれる。一方、細胞周期の特定の時期にある腫瘍細胞を選択的に殺滅する抗がん剤は、細胞周期相特異的薬剤と呼ばれる。細胞周期に関係なく腫瘍細胞を殺滅する抗がん剤は、細胞周期相非特異的薬剤と呼ばれ、重度の骨髄抑制作用（ニトロソウレア）があり、獣医学領域で用いられることはまれである。

体表面積を算出するための計算式

$$\frac{\text{体重(g)}^{2/3} \times \text{K(定数)}}{10^4} = \text{m}^2\text{BSA}$$

K = 10.1（犬）、K = 10（猫）

表1　犬の体表面積（BSA）の換算表

体重 (kg)	体表面積 (m^2)	体重 (kg)	体表面積 (m^2)
0.5	0.06	26	0.88
1	0.1	27	0.9
2	0.15	28	0.92
3	0.2	29	0.94
4	0.25	30	0.96
5	0.29	31	0.99
6	0.33	32	1.01
7	0.36	33	1.03
8	0.4	34	1.05
9	0.43	35	1.07
10	0.46	36	1.09
11	0.49	37	1.11
12	0.52	38	1.13
13	0.55	39	1.15
14	0.58	40	1.17
15	0.6	41	1.19
16	0.63	42	1.21
17	0.66	43	1.23
18	0.69	44	1.25
19	0.71	45	1.26
20	0.74	46	1.28
21	0.76	47	1.3
22	0.78	48	1.32
23	0.81	49	1.34
24	0.83	50	1.36

From: *Manual of Small Animal Internal Medicine*, by Richard W. Nelson and C. Guillermo Couto.

一般的な薬剤（抗がん剤）

抗がん剤は、通常6つの種類に分類される。その多くは、ジェネリックとして入手できる。

アルキル化剤

アルキル化剤は、DNAの架橋結合を作ることによってその複製を阻害する（図2）。アルキル化剤の作用は、放射線様作用薬と呼ばれるとおり、放射線療法の作用に類似している。これらは、高用量で間欠的に使用された場合、特定の段階にのみ作用するのではないので、より効率が良い。毒性は、骨髄抑制と消化管障害に基づくものである。アルキル化剤には、シクロフォスファミド、クロラムブシル、メルファラン、カルボプラチン、CCNU（ロムスチン）がある。

植物アルカロイド

これらは、日々草（*Catharantus roseus*）やアメリカミヤオソウ（*Podophyllum peltatum*）から生成される。細胞周期のM期に対して特異的に作用し、有糸分裂時の紡錘体（装置）の阻害により作用する（図3）。ポドフィルム誘導体は、DNAの架橋結合を引き起こす。アルカロイドは、薬剤を血管外に漏らしたときに血管周囲に壊死を起こす点が危険である。エトポシドはその基剤（Tween80）がアナフィラキシーを起こすため、静脈内に投与すべきではない。例として、ビンクリスチン、ビンブラスチン、ビノレルビン、エトポシド、VP-16がある。

代謝拮抗薬

代謝拮抗薬は、プリンやピリミジンと構造上類似した物質である。これら核酸類似物は細胞周期のS期に特異的に作用する。代謝拮抗薬は、低用量での反復投与、または持続的に（時間をかけて）静脈内に投与した場合により効果的である。主な副作用は、骨髄抑制と消化管障害である。代謝拮抗薬には、シトシンアラビノシド、メトトレキサート、5-フルオロウラシル（猫に使用してはならない）、アザチオプリンがある。

抗腫瘍性抗生物質

抗腫瘍性抗生物質は、作用機序が異なるため細胞周期のどの段階に対しても特異的ではない。主な作用機序は、フリーラジカルによるDNAの損傷である。副作用は、骨髄抑制と消化器障害である。

図２　アルキル化剤はDNAの架橋結合を作る

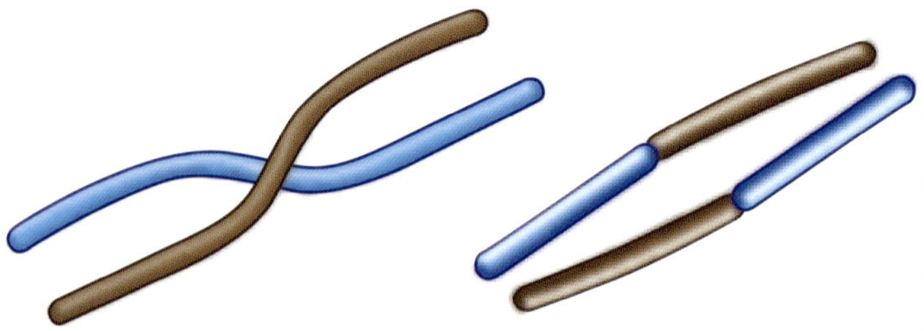

図３　植物アルカロイドは紡錘体（装置）を阻害することで作用する。

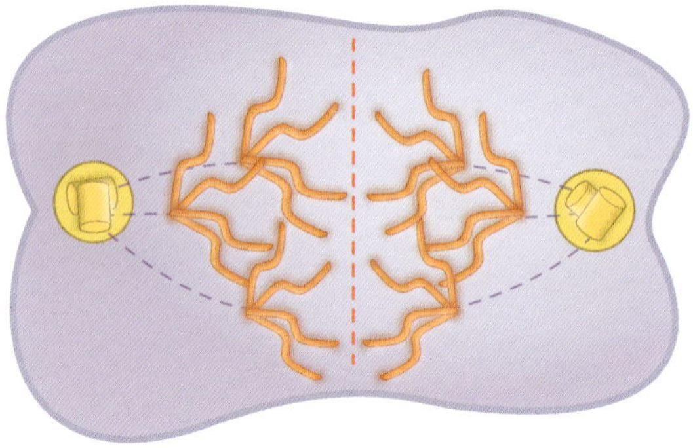

図４　代謝拮抗薬はプリンやピリミジンの類似物質（代替物質）

ドキソルビシンやアクチノマイシンDは、血管外で強い起壊死性を示すことに注意すべきである。またドキソルビシンは蓄積性の心毒性を示す。抗腫瘍性抗生物質には、ドキソルビシン、アクチノマイシンD、ブレオマイシン、ミトキサントロンがある。

ホルモン（製剤）と抗ホルモン（製剤）

これらは血液リンパ系の病気や内分泌腫瘍の治療によく使用される。コルチコステロイド以外は、動物に著しい有害作用をもたらすため推奨されない。プレドニゾンは主にリンパ腫や肥満細胞腫で使用される。そして、タモキシフェン（抗エストロゲン製剤）は、犬の肛門周囲腺腫に使用される。

他の薬剤

この種類は、作用機序が明らかでない、あるいはL-アスパラギナーゼのように上記の薬剤と作用機序が異なる薬剤を含む。

化学療法は現在も常に進歩しており、薬剤に対する腫瘍細胞の感受性を上げることで有効性が改善している。たとえば、ドキソルビシンやカルボプラチンのような薬剤とスラミンを併用すると、それら薬剤の有効性を高める。

新しい作用機序の薬剤として、分子標的薬があげられ、それは腫瘍細胞の膜タンパク阻害により腫瘍細胞の増殖を抑える。たとえば、*c-kit*（細胞表面受容体）遺伝子の変異は、人の慢性骨髄性白血病の発現に関与している。薬剤は選択的にチロシンキナーゼ受容体を遮断し、正常細胞に作用することなく腫瘍細胞のアポトーシスを促すように存在する。例として、トセラニブやマシチニブがある。

抗がん剤の実際の取り扱い

抗がん剤への曝露は、投薬を行う獣医師に有害作用（頭痛、吐き気、肝機能障害、および生殖異常）をもたらす可能性がある。安全な曝露レベルは未だ明確ではなく、抗がん剤の投与の際はあらゆる予防策を講じることが必要である。

凍結乾燥した抗がん剤の調合

場所

人と症例から離れた、風のない静かな場所を選ぶ。多くのスタッフがいる施設内で、利用制限の標示を掲げることは有効であろう。

偶発的な汚染を防ぐために、安全キャビネット内での計量が必要である。

- 安全キャビネット：抗がん剤の調剤は、クラスⅡバイオセキュリティー安全キャビネットの内で調合すべきである。しかし実際には、それらの使用頻度は低く、小動物診療施設でそのような設備の費用は妥当とはいえない。
- PhaSeal® システム：調剤者への曝露をほぼゼロにする比較的安価なシステムで、気流フードキャビネットの代替品となりうる（www.phaseal.org/phaseal.html）。

設備

獣医師への曝露の危険性を最小限にすることは重要である。そのため適当な設備が必要とされる。

- 化学療法用の手袋（厚みのあるラテックス手袋）。用意できない場合は、通常の手袋を2枚重ねで使用（手袋の厚さは組成より重要）。もし可能ならパウダーなしの手袋を使用
- 汚染されたら脱げるように使い捨ての防護衣を用意
- 完全に眼を防護するためのゴーグル
- 微粒子の通過を防ぐフェイスマスク
- 防水のチュニック、スクラブ、またはガウン
- 輸液に必要なすべての道具は、抗がん剤の漏出を防ぐために事前に滅菌生理食塩水を通しておく

安全上の注意

- 抗がん剤の取り扱いと投与のプロトコールは、文書にして治療が行われる場所の目立つ所に貼っておくべきである。
- はねた液体が周囲を汚染するかもしれないので、シリンジを空中に向かって押してはいけない。
- 薬剤をビンに戻す際、過剰に圧力をかけすぎ

ないようにする。圧力をかけすぎると、薬剤が容器から漏れ出すことがある。
- 獣医師または症例を汚染する恐れがあるので、治療台に薬剤をこぼしてはならない。

要するに、常識的に考えて、これは急がず入念に行うべき作業である。

投与

静脈内化学療法は25Gの静脈内留置針または翼状針で投与すべきで、後者がもっとも一般的に使用されている。薬剤を投与する前にカテーテルが正確に留置されていることが重要である。

器具の廃棄

- すべての汚染された器具（ガウン、手袋、輸液セットなど）は、廃棄すべきである。それらは決して再利用してはならない。
- 許可された容器のみ使用
- 焼却処分（または地域の決まりに従う）
- 症例の排泄物（尿、便）は、化学療法後の最初の24～48時間は汚染物質として取り扱うべきである。

代替療法

代替療法は、症例の状態を改善することを目的としている。

緩和治療

この治療の目的は、症例の状態を改善し、原因となる病気や治療による有害作用を緩和することである。緩和治療に用いられる薬剤には、制吐薬、胃粘膜保護薬、抗炎症剤などを含む。

疼痛管理

疼痛管理は、治療期間の症例にとって許容できるQOLを維持するのに役立ち、予後を診断する際に決定的である。そのため、疼痛管理はがんの治療で重要な部分を占める。

使用可能な薬剤は非常に多く、現在の痛み、または予測される痛みのタイプに基づいて薬剤を選択する。

- NSAIDs：非ステロイド系抗炎症薬は幅広く使用されている。実際、フィロコキシブのようないくつかの薬剤は、COX-2選択性に関係なく、ある種の上皮系、非上皮系の悪性腫瘍の治療に使用される。もう1つの利点は、他の鎮痛剤の作用を増強するためにNSAIDsを組み合わせられることである。
- オピオイド：がんの治療において幅広く使用され、NSAIDsとも組み合わせられる。長期間投与した場合に、有害作用として食欲不振、嘔吐、下痢、過剰な鎮痛作用、または落ち着きのなさや便秘が見られることがある。通常使用される薬剤として、経口モルヒネ、フェンタニルパッチ、経口ブトルファノール、舌下/経皮ブプレノルフィンがある。
- 複合作用のある鎮痛剤：たとえば、トラマドールは複数の作用機序を有する。
- コルチコステロイド：ある程度の鎮痛作用と多幸感を示す。NSAIDsと併用してはならない。これら薬剤を化学療法の一部として使用する場合、化学療法のプロトコールに従って使用すべきで、抗がん剤治療開始前に使用すべきでない。それは抗がん剤の効果を低下させる可能性があるためである。
- ビスフォスフォネート：破骨細胞活性を低下させ、原発性あるいは転移性骨腫瘍に有効な場合がある。
- 放射線療法：骨腫瘍に対して非常に有効である。コバルトポンプまたは直線加速装置を用いた放射線療法は、腫瘍のコントロール目的、あるいは原発性または転移性の骨腫瘍症例の疼痛緩和目的に使用される。
- 局所麻酔：一時的に感覚神経または運動神経を遮断する。
- 鍼灸治療：腫瘍の直接的な治療としての使用は推奨されないが、がん症例の疼痛管理に有効なことが証明されている。したがって、鎮痛剤の量を減らす、あるいは鎮痛剤が不要になることもある。鍼灸治療の科学的な仮説は存在するが、十分に証明されてはいない。

コルチコステロイドは抗がん剤治療の開始前に投与すべきでない。それは、化学療法開始前のコルチコステロイドの投与が抗がん剤の効果を低下させる可能性があるためである。

栄養補給

がん症例にとって、適切に栄養摂取することは、健康状態に大きな影響を与えるため重要である。

がん症例が栄養不良になる間接的な要因として、腫瘍や化学療法によって引き起こされる食欲不振、不快感、疼痛またはストレスがあげられる。また、直接的な要因としては、適切に食事ができなくなるような腫瘍（消化管の腫瘍、動物の摂食を困難にする部位に発生した腫瘍、または腫瘍による栄養の吸収）があげられる。

がん症例の栄養補給の目的は、副作用を最小限にし、効果を最大限に得られるよう、より効果的に利用できる十分なタンパク質、炭水化物、脂質およびその他の栄養素の摂取である。

純粋な炭水化物は腫瘍細胞にとって直接のエネルギー源となるため、腫瘍の犬に禁忌とされているが、証明はされていない。

一方、脂質は動物が利用できるエネルギー源で、かつ腫瘍細胞での利用はより少ないと思われる。長鎖多価不飽和脂肪酸はがん治療の効果を高めるのに役立つとの報告もある。がん症例は通常アミノ酸欠乏に陥っており、高い利用価のタンパク質を含む食事を与えることが推奨される。

一般に、「何も食べないよりは何か食べたほうがよい」という格言が用いられる。原則として飼い主は症例に高品質の市販の食事を与えるようにする。

安楽死

進行がんの症例の安楽死は、獣医師という職業において不可欠なものである。症例が許容できるQOLを確保できなくなったときに安楽死を考慮する。

安楽死を選択した場合（飼い主との合意の元)、同意書への署名が必要とされ、依頼者が法律上の犬の飼い主であることを確認すべきである。飼い主に、安楽死の手順を明確に説明し、動物が苦しまないということで飼い主の安心が得られる。もし安楽死を選択した場合、飼い主にとって安楽死という選択を納得するための時間、そして動物に別れを告げる時間を与える必要がある。安楽死の準備が整った時点で、飼い主には安楽死に立ち会うかどうか決める機会を与える。

もし飼い主が立ち会いを望むなら、飼い主が動揺するような死後の徴候（筋肉の震え、死前喘鳴、あるいは括約筋弛緩）についてあらかじめ知らせておくことも考慮する。

動物が安楽死されたら、獣医師は飼い主に対して、動物がすでに回復不能な状態で、安楽死が不要な苦しみを避けるための最善の選択であったことを再認識してもらう。その際、飼い主の話を聞き共感を示すことが非常に大切である。

3 がん症例に起こりうる合併症

COMPLICATIONS that may occur in cancer patients

合併症

化学療法の合併症

抗がん剤はがん治療に絶対不可欠であるが、作用機序から他の薬剤よりも強い毒性を示す。

抗がん剤の毒性の特徴

- 毒性は非選択的である。すなわち、抗がん剤は腫瘍かどうかではなく、急速に分裂する組織を殺滅する。たとえば、消化管の細胞や骨髄細胞も抗がん剤の標的となる。
- 抗がん剤は治療指数が低い。すなわち、治療に使用する用量と毒性量が非常に近いことを意味する。
- それらは一次動態原理に従う。すなわち、殺滅される細胞の割合は使用した用量に正比例し、同様に毒性量とも比例する。

各々の化学療法剤の副作用を理解しておくことは、事故を防ぎ合併症に迅速に対処するために重要である。

留意すべきことは、抗がん剤で治療した動物における副作用の発生率は、同様なプロトコールで治療した人の場合よりもずっと低い。

毒性を生じるリスクは、効果を増強するいくつかの要因によっている。治療開始の時点で症例の状態が悪く、症例の臓器が薬剤に対して感受性が高くなっていることもその要因の1つとなる。たとえば、腎排泄の薬剤(シスプラチン、カルボプラチン、メトトレキサート)は、腎機能が低下した症例に対してより強い毒性を示す。

薬剤のなかには代謝変化を引き起こすことで、非常に迅速に腫瘍細胞を破壊するものもある。その代謝変化は、薬剤の毒性と混同される可能性のある症状(嘔吐、下痢、活動性の低下)を誘発する。これは急性腫瘍融解症候群として知られる。

それぞれの毒性は、以下に示すように影響を受けた臓器や細胞によって分類される。

化学療法による毒性の一般概念

- もっとも障害を受ける臓器は、急速な細胞分裂を伴っている部位である。骨髄抑制や消化管毒性は一般的に認められる。その他の副作用としては、アナフィラキシー反応、皮膚損傷、膵炎、心毒性、肺毒性、神経毒性、肝毒性および腎毒性があるが、それらの発生頻度は低い。
- また動物種も毒性に影響する。たとえば、猫は食欲不振や嘔吐を示す傾向が強いが、犬では骨髄抑制が起こることが多い。
- コッカー・スパニエル、ウエスト・ハイランド・ホワイト・テリア、コリーおよびオールド・イングリッシュ・シープドッグ、そしてそれらの交配種は、有害作用の感受性が高い。

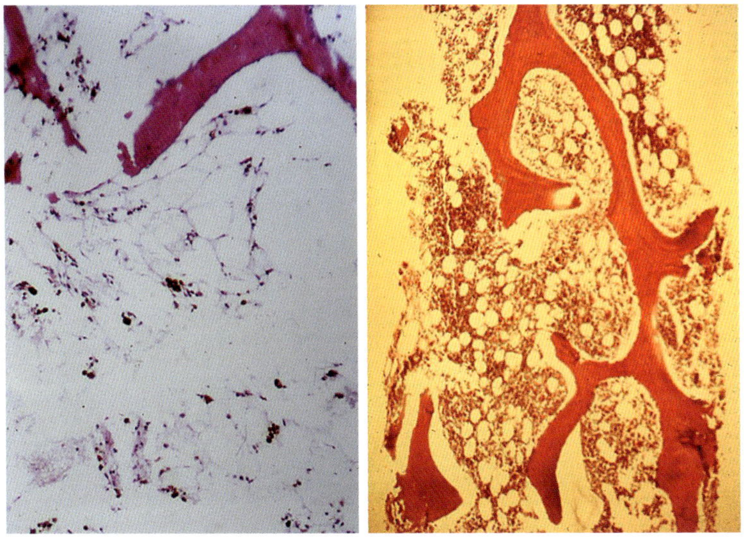

図１　左：誤って化学療法剤を過剰投与された犬の骨髄低形成（抑制された骨髄）。右：正常な骨髄

骨髄毒性

骨髄は高い分裂指数と高い細胞増殖分画（活発な細胞周期の中の 60 ～ 70％の細胞）を有するため、化学療法剤に対しての感受性が高い。骨髄細胞の機能が影響を受けた場合、非常に重度で致死的な血球減少が起こり、化学療法を中断する要因となる（図 1）。

血液毒性

血液細胞の半減期を理解することは、特定の骨髄抑制の影響を理解することに役立つ。

骨髄では芽球細胞から分化した細胞になるのに 5 ～ 7 日要する。それぞれの細胞の血中での半減期を図 2 に示す。

短期的には、赤血球のような長い半減期を有する血中の細胞への影響は少ないだろう。そのため、がん症例の貧血は化学療法によって起こるわけではないだろう。

栄養不良、高齢、実質臓器の機能障害のような症例に関連した因子が、血液学的変化に悪影響を及ぼす可能性がある。

腫瘍に関連した因子には、原発腫瘍または実質臓器に播種した腫瘍による骨髄浸潤が含まれる（図 3）。

図２　循環血液中の血液細胞の半減期

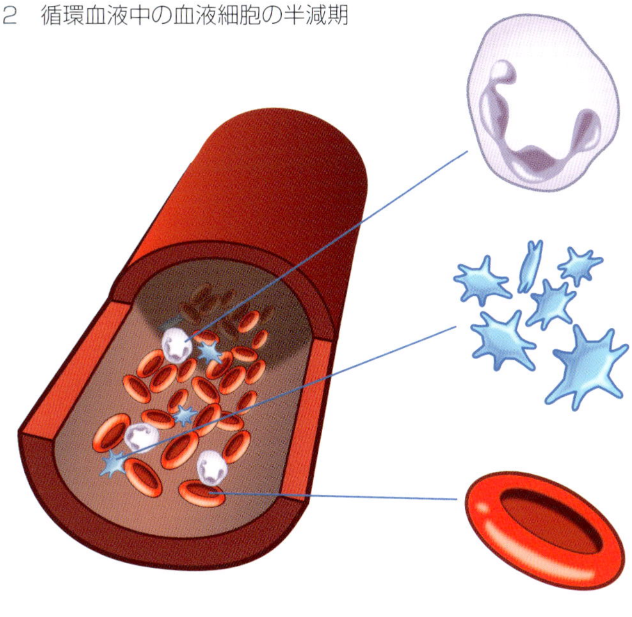

好中球：6 時間。好中球減少は化学療法中の症例によく見られる。
血小板：6 日。血小板減少は一般的ではない。
赤血球：4 カ月。貧血はまれである。腫瘍の犬と猫では、化学療法の間に慢性炎症による貧血が改善するので、通常ヘマトクリット値は上昇する。

図３　骨髄抑制は白血球数、赤血球数、および血小板数を変化させる可能性がある。

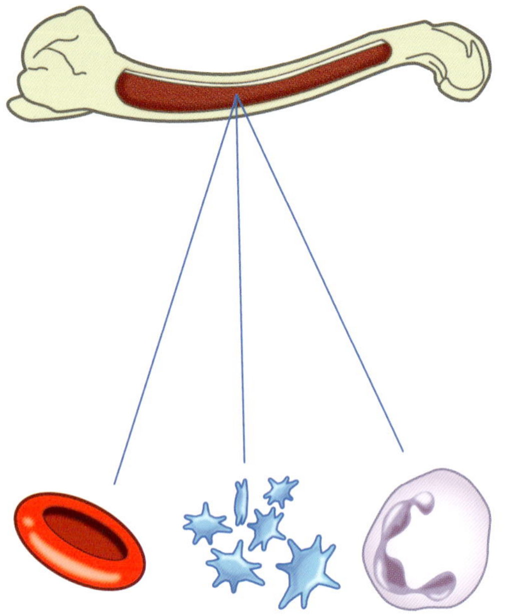

血小板障害（異常）

血小板減少症

これは比較的よく見られるが、自然出血を起こすほど重度なことはまれである。化学療法を受けた症例の血小板数は、通常70,000～80,000／μl（70～80×10^9/l）以上であり、自然出血を引き起こすのは30,000／μl(30×10^9/l)を下回るレベルである。

ロムスチン、ダカルバジン、ドキソルビシン、またはメルファランによる治療を受けた犬において、より重度な血小板減少症が認められる。これらの治療は血小板数を50,000／μl以下に減少させる可能性がある。猫では、血小板減少症は非常にまれである。

血小板増加症

血小板増加症はビンクリスチンまたはプレドニゾンによる治療を行った猫と犬でよく起こる。継続的なビンクリスチンによる治療が終了した後に、血小板数が正常に戻るまでに4～6日程度かかる。

白血球（細胞）の変化

好中球減少症

これは薬剤の投与量を制限する主な毒性である。それは重度の好中球減少症が、致命的な敗血症を起こす可能性があるためである。犬は特に影響を受けやすく、一方、猫では好中球減少は認められるものの、感染症を起こすことはほとんどない。

好中球数が1,000／μl（1×10^9/l）を下回った場合、症例には敗血症の危険性がある。まれではあるが、好中球数が1,000／μl以上でも敗血症が起こる可能性はある。好中球数が2,000／μl以下の犬では、感染症に対する注意深くモニタする必要がある（図4）。

抗がん剤投与後の好中球減少の底値（もっとも好中球数が少ない状態）は、抗がん剤投与後6～8日で起こる。カルボプラチンによる治療では、14～21日後に同様の状態が起こる。その状態の後、通常36～72時間以内に正常な状態に戻る。好中球減少症は、細菌移行の増加を伴う腸細胞の損傷と同時に起こる。好中球減少症は菌血症や敗血症の原因となり、主にグラム陰性の腸内細菌によって引き起こされる（図5）。

図４　骨髄抑制は菌血症につながる好中球減少症の原因にもなる。

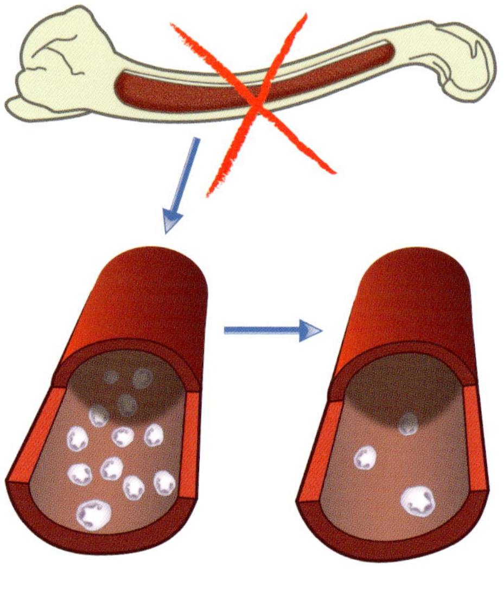

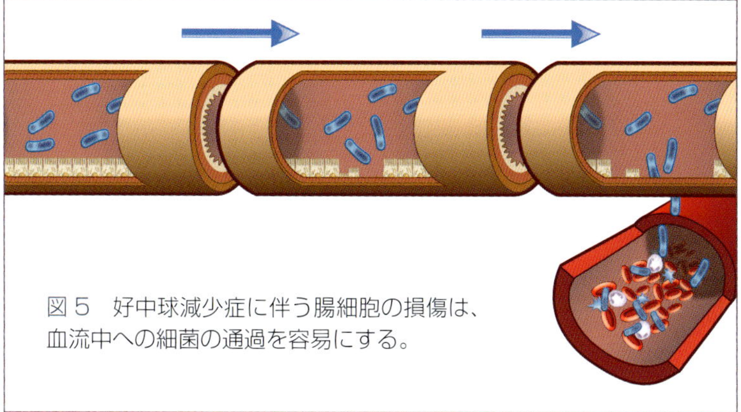

図５　好中球減少症に伴う腸細胞の損傷は、血流中への細菌の通過を容易にする。

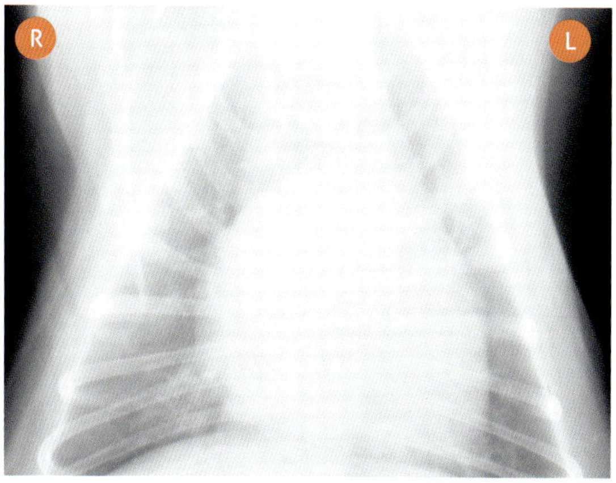

図６　ドキソルビシンとダカルバジンによる治療（ADIC 化学療法）を受けていた多中心型リンパ腫のボストン・テリアで、両側から、わずかな鼻汁、活動性の低下、発熱を呈していた。それらの症状を示したときに、その犬は白血球数の低下（1,500 / μl）を示していた。Ｘ線写真で変化は見られなかったが、気管洗浄で *E.coli* の存在が明らかになった。

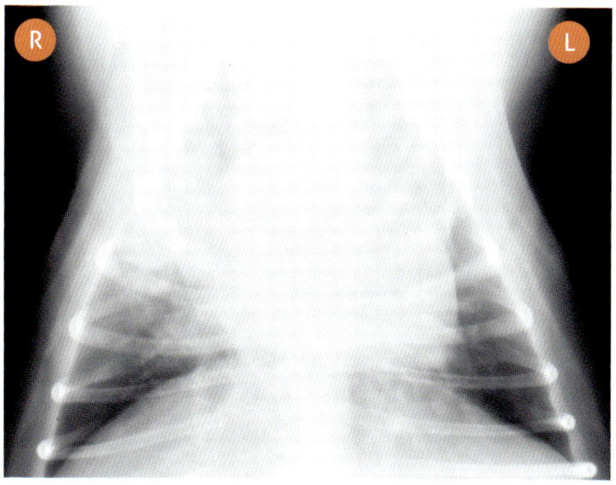

図７　２日後、好中球数が 16,300 / μl になり、局所肺炎の徴候が見られた。Ｘ線写真では、硬化した右肺中葉を認めた。

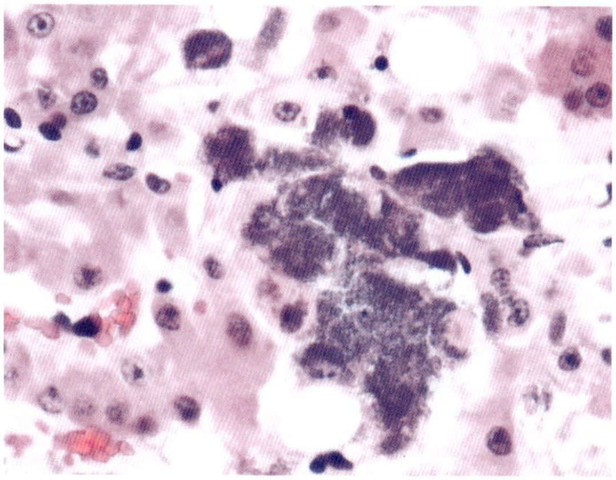

図８　好中球減少症に続く敗血症で死亡した猫の組織像。肝臓内の細菌集塊に着目。

臨床徴候に関しては、好中球減少症の症例は発熱または低体温といった臨床症状を示す。発熱のある症例は顕著な臨床症状を示すことが多く、敗血症に対して緊急に治療すべきである。敗血症の場合、炎症所見を示さないこともある。これは、検出可能な炎症反応を生じる程十分な白血球が存在していなかったり、Ｘ線検査または超音波検査で明らかな所見が常に存在するとは限らないためである（図６〜８）。

好中球減少症の症例は、臨床症状によって２つのグループに分けられる。

■無症状の好中球減少症

- このような症例は注意深い監視が必要である。
- 予防的な抗菌薬投与を行うべきである。たとえば、サルファ-トリメトプリム（13〜15 mg/kg 12 時間毎）、フルオロキノロン系（10 mg/kg 24 時間毎）がある。この治療は好気性腸内細菌叢を殺滅するが、他の菌の成長に対して局所防御の役割を果たす嫌気性菌は殺滅しない。これらの抗菌薬は血中および組織において治療濃度に達し、がん症例で見られる多くの病原菌に対して有効である。
- 飼い主には症例の定期的な体温測定を指導し、体温の上昇や動物が病気の徴候を示した場合はすぐに獣医師に連絡するように伝えておくべきである。
- 獣医師と飼い主は化学療法の利点と欠点について話し合い、化学療法を続けるかどうか決めるべきである。

■症状を呈する好中球減少症
（好中球数＜500／μl、発熱＞40℃）
■症状を呈する好中球減少症は救急疾患である。
■輸液と抗生剤投与のために静脈カテーテルを留置する。
■敗血症病巣を探す必要がある（ほとんどが肺炎）。
■敗血症の場合、化学療法は中断する。ただし、アジソン病予防のため、コルチコステロイドは徐々に減らして使用すべきである。
■ヘマトクリット値と生化学検査のために採血を行い、尿検体は細菌培養のために採取すべきである。ただし、血小板減少症の動物では、出血を防ぐために膀胱穿刺は避ける。
■抗生剤の選択は経験に基づき行うことが多い（ほとんどがグラム陰性菌であり、これらに作用する抗生剤を選択する）。または採取した検体の培養検査と薬剤感受性検査により決定される（長期治療中の症例では、好気および嫌気培養と薬剤感受性検査のために血液検体を2～3度採取する）。化学療法は白血球数が正常に戻るまで1度中断すべきである。

もっとも多い病原菌である腸内細菌とブドウ球菌に対して、オハイオ州立大学（OSU）で用いられている方法

- **エンロフロキサシン**：5～10 mg/kg IV 24時間毎
- **アンピシリン**：22 mg/kg IV 8時間毎
- 化学療法後に内毒素血症によって上昇する可能性がある**体温のモニタリング**および臨床症状の管理

■臨床症状が消失し、好中球数が正常に戻ったら（約72～96時間）抗生剤による治療は中止する。
■外来症例の治療は、経口サルファ-トリメトプリム（3～15 mg/kg 12時間毎）またはエンロフロキサシン（5～10 mg/kg IV 24時間毎）を5～7日間投与する。
■化学療法剤の用量を15～20％減らして化学療法を再開する。

好中球減少症を伴わない発熱症例から分離されるもっとも多い病原菌

- *Streptococcus* 属
- *Staphylococcus* 属
- *Enterobacter* 属
- *Klebsiella* 属
- *Escherichia coli.*

好中球減少症を伴う発熱症例から分離されるもっとも多い病原菌

- *Klebsiella* 属
- *Escherichia coli.*
- *Staphylococcus* 属

原則として、化学療法を行っている症例でも感染防御のためのワクチン抗体価が必要で、追加接種は続けるべきである。免疫抑制下の動物では生ワクチンの病原性回帰のリスクのため、その使用は議論されている。

化学療法を行っている症例に推奨されるモニタリング。
■毎週または隔週（化学療法のプロトコールに基づき）CBCを実施する。
■（使用する薬剤により異なるが）1～3回の治療期間中に好中球数が1,500～2,000／μl、または血小板数が50,000／μlを下回った場合、化学療法は中断すべきである。
■治療は好中球数が正常に戻った時点で再開する。その際、初回投与量の75％に減量し、最大投与量に到達するまで、または著しい血球減少を起こさない投与量まで2～3週かけて徐々に増やす。

化学療法の中断は腫瘍の予後に逆効果であることに注意し、そのため投与量と投与間隔のバランスを調整すべきである。

消化管毒性

これは骨髄抑制に比べるとそれほど多くなく、人での発生よりもかなり少ない。消化管毒性の発生は通常短期間で、入院を必要としないことが多い。

消化管毒性は吐き気、嘔吐と胃腸炎という2つの形で現れる。

吐き気と嘔吐

- ダカルバジン、プロカルバジン、ドキソルビシン、シスプラチン、アクチノマイシンD、または5-フルオロウラシルを投与されている犬によく見られる。
- シクロフォスファミドまたはドキソルビシンで治療されている猫によく見られる。食欲不振は吐き気の徴候である。それらの場合、シプロヘプタジン（用量1～2 mg/kg　PO　12～24時間毎）が有効である。
- 予防：化学療法剤の静脈内投与は緩徐に行う。
- 治療：制吐薬の投与
  - メトクロプラミド：0.1～0.3 mg/kg PO、SC、IV 8時間毎
  - オンダンセトロン：0.1 mg/kg 化学療法前にIVまたはPO その後6時間毎
  - ブトルファノール：0.1～0.4 mg/kg IV 6～8時間毎
  - マロピタント：2 mg/kg PO 24時間毎

胃腸炎

- メトトレキサート、5-フルオロウラシル、ドキソルビシン、およびアクチノマイシンDを含む化学療法プロトコールでよく見られる。
- 症状を示しやすい犬種：コリー、シェットランド・シープドッグ、ウエスト・ハイランド・ホワイト・テリア
- 症状：出血性大腸炎、たいてい治療後3～7日で出現する。
- 予防／治療：次サリチル酸ビスマス

過敏症

I型過敏症はエトポシドの静脈注射またはパクリタキセル（タキソール®）による治療を受けた犬でよく見られ、それらの可溶化剤（Tween80）が原因である。そして、L-アスパラギナーゼ（SCかIM）あるいはドキソルビシンを投与した犬において、I型過敏症はまれに起こりうる。また、エトポシドは犬では静脈内投与に変えて経口投与が可能である。

ドキソルビシンに対する生体の反応は本当の過敏症ではないようである。これは薬剤がIgEとは無関係に直接肥満細胞の脱顆粒を起こしているためであろう。

I型過敏症の犬は主に皮膚と消化管に症状を示す。その典型的な症状は薬剤の投与中または直後に現れ、頭を振る動作(耳の掻痒が原因)、全身性の蕁麻疹と紅斑、不安が認められ、嘔吐または下痢が時折認められる。まれに低血圧による虚脱が認められることもある。

猫の過敏症はまれである。

ほとんどの全身性アナフィラキシー反応は、H_1抗ヒスタミン剤（ジフェンヒドラミン：用量1～2 mg/kg　IM、抗がん剤投与の20～30分前）の投薬によって予防でき、L-アスパラギナーゼのようなある種の化学療法剤は静脈内投与ではなく、皮下投与あるいは筋肉内投与を行うことで予防できる。他の経路で投与できない薬剤（たとえばドキソルビシン）の場合は、希釈してゆっくりと静脈内投与すべきである。

急性の過敏症の治療は、まず化学療法を中断することで、ジフェンヒドラミン（0.2～0.5 mg/kg　緩徐にIV）のようなH_1抗ヒスタミン剤とデキサメサゾンリン酸ナトリウム（1～2 mg/kg　IV）の投与を行い、必要ならば輸液も行う。全身性の過敏症が重度な場合、アドレナリン（エピネフリン）の1,000倍希釈液を0.1～0.3 mlの用量で静脈内または筋肉内に投薬すべきである。

1度過敏症の症状がなくなったら、ドキソルビシンのようなある種の薬剤の投与は再開できるだろう。

猫で H_1 抗ヒスタミン剤の静脈内投与は急性の中枢神経系抑制と無呼吸を起こす可能性がある。

皮膚毒性

皮膚毒性は非常にまれではあるが、組織壊死、脱毛症、または色素沈着を起こす可能性がある。

組織壊死

組織壊死はほとんどが抗がん剤の血管外漏出によって起こる。その発症機序はよくわかっていないが、フリーラジカルの放出による作用と考えられている。ビンカアルカロイド、アクチノマイシンD、およびドキソルビシンで認められることが多い。猫では極めてまれである。薬剤によってその影響は異なる（図9～12）。

- ビンクリスチンまたはアクチノマイシンDは最初の週に炎症と壊死を引き起こす。
- ドキソルビシンでは炎症と壊死が2週目に起こり、最長4カ月まで続く。

この事故を防ぐために静脈内カテーテルまたは翼状針を常に使用すべきである。ゴールデン・レトリーバーのような犬種では、これらの薬剤が静脈内に投与された場合でも強い局所性掻痒を起こす。そのため投与後の自傷を防ぐために、投与する部分に包帯を巻いたり、エリザベスカラーを使用することが推奨される。

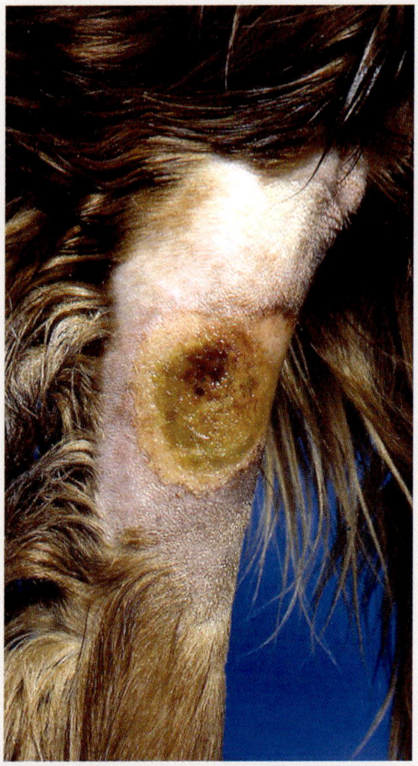

図9　ビンクリスチンによる病変

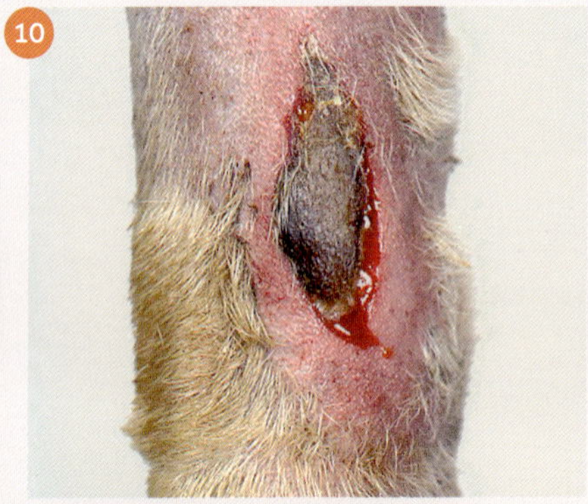

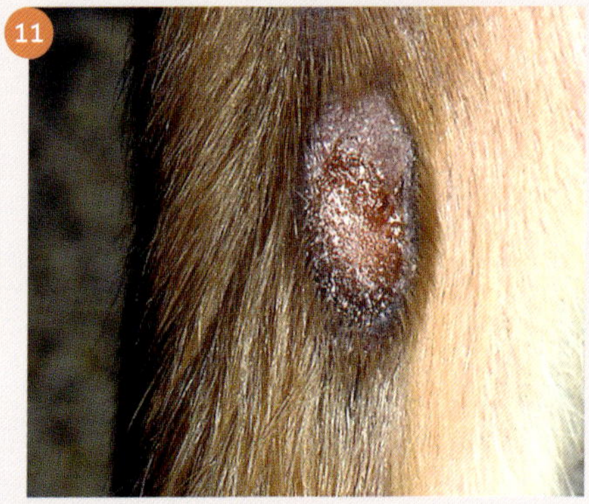

図10、11　ドキソルビシンによる病変

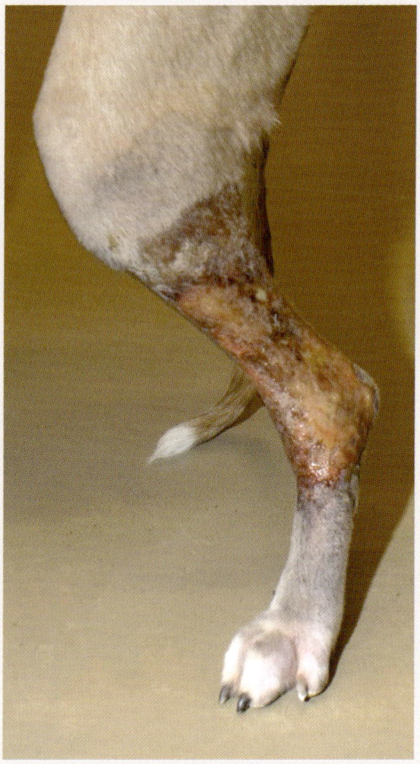

図12　アクチノマイシンDによる病変

血管外漏出の症例に対する一般的な推奨事項

- 静脈内カテーテルを抜かない。
- 10 ～ 50 ml の滅菌生理食塩水をそのカテーテルから注入する。
- 25G 注射針を用いて 10 ～ 20 ml の滅菌生理食塩水を患部に注入する。
- リソソーム膜と形質膜の安定化のために 1.4 mg のデキサメサゾンリン酸ナトリウムを患部に皮下注射する。
- 血管を収縮させ、薬剤の拡散を制限し、そして局所の組織代謝を減少させるため、患部に冷湿布を 48 ～ 72 時間あてる。

ビンクリスチンまたはアクチノマイシンDに対する解毒剤はない。ドキソルビシンに対しては、血管外漏出後、最初の6～8時間以内にデクスラゾキサンを（使用したドキソルビシンの量に対して5：1の割合で：ドキソルビシン投与量の5倍量で）投与する。カルベジロールにより（用量:0.1 ～ 0.4 mg/kg 12 ～ 14 時間毎）この有害作用を最小限に抑えられるかもしれない。

臨床症状は患部における疼痛、掻痒、紅斑、湿性皮膚炎、および壊死であり、皮膚は脱落する可能性がある。

脱毛症と毛の成長遅延

化学療法は急速に分裂する細胞に影響するため、成長期の毛包細胞は影響を受けやすい。シュナウザー、プードル、およびケリー・ブルー・テリアのような羊毛質の被毛の犬種で起こる。脱毛が起こる薬剤はシクロフォスファミド、ドキソルビシン（図 13）、5-フルオロウラシル、6-チオグアニン、およびヒドロキシウレアが該当する。

脱毛症はほとんどが化学療法を中断すると改善する。

皮膚の色素沈着

犬ではまれであり、猫においては非常にまれである。皮膚の色素沈着は、ドキソルビシン（図 14）またはブレオマイシンで治療している犬で認められることがあり、そのほとんどが顔面、腹部、または側腹部に影響がでる。

膵炎

犬において副作用としての膵炎を発症した例がいくつか報告されている（猫での報告はない）。それらはL-アスパラギナーゼまたは

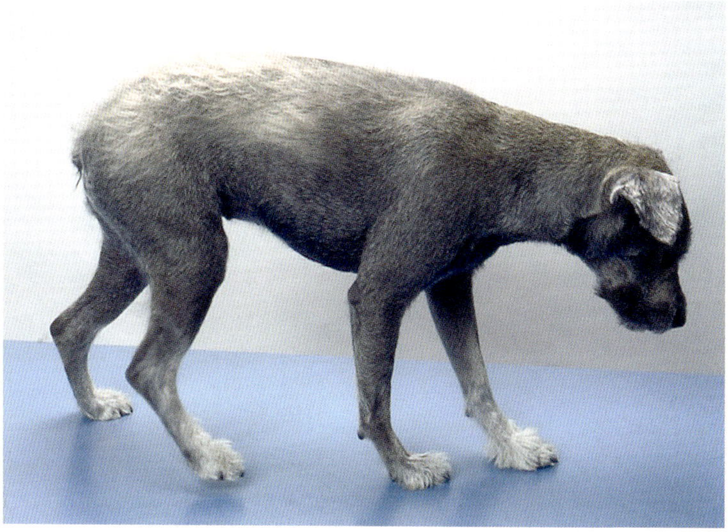

図 13　ドキソルビシンによる治療を受けたシュナウザー

図 14　ドキソルビシンによる治療を受けたゴールデン・レトリーバー

COAP（シクロフォスファミド、ビンクリスチン、シトシンアラビノシドおよびプレドニゾン）、ADIC（ドキソルビシンとダカルバジン）、またはVAC（ビンクリスチン、ドキソルビシン、シクロフォスファミド）のような併用療法による治療を受けていた例である。

臨床症状は治療開始から通常1～5日で現れ、症状は食欲不振、嘔吐、および倦怠感が認められる。その症状のほとんどは3～10日間の静脈内輸液で改善する。

膵炎の予防は困難であり、膵炎のリスクが高い症例（中年齢または高齢の肥満犬）にはL-アスパラギナーゼの使用を避ける方がよい。膵炎を起こす可能性がある薬剤を投与した犬に対しては、低脂肪食を与えるべきである。

心毒性

これは主にドキソルビシンの長期投与で起こり、不可逆的な拡張型心筋症を引き起こす可能性がある。ドキソルビシンの使用量がおよそ180 mg/m^{2}を超えると蓄積し始めるが、この毒性は予防策がとられていれば防ぐことができるだろう。

- 心調律または心収縮能に障害がある症例には使用しない。ドキソルビシンの3周期ごとに、薬剤投与後、心エコーで心収縮能を検査する。
- この毒性は最大血漿濃度に関係しているため、ドキソルビシンは希釈して緩徐に（0.5 mg/ml、20～30分以上かけて）静脈内投与すべきである。
- デクスラゾキサンとカルベジロールは心筋症になるリスクを減少させる。
- ドキソルビシン投与中に不整脈が起こる可能性がある。投与を始める前と3回投与後に心エコー検査を行うこと、そして左室内径短縮率（FS）を計測することが望ましい。短縮率が低下している場合は、ドキソルビシンの投与を中止するか、またはカルベジロール（0.1～0.4 mg/kg　PO、12～24時間毎）の投薬を始めるべきである。

泌尿器毒性

伴侶動物において非常にまれである。腎毒性と無菌性出血性膀胱炎が報告されている。また、犬ではシクロフォスファミドを用いた長期治療によって移行上皮癌を発症する可能性がある。

腎毒性はドキソルビシンによる治療を受けた猫（これは極めてまれではあるが）、またはシスプラチンかメトトレキサートによる治療を受けた犬で起こりうる。

他に腎毒性のある薬剤による治療を受けている症例では、特に注意を払う必要がある。利尿剤を使用することで、毒性の発現を減少しうる。

無菌性出血性膀胱炎はシクロフォスファミドによる長期治療を行っている犬によく認められる毒性である。急に症状（尿培養陰性の出血性膀胱炎）が発症することもある。

コルチコステロイドまたはフロセミド（2 mg/kg　12時間毎）の同時投与は強制的に利尿することで泌尿器毒性のリスクを減少させ、膀胱壁の炎症を軽減する可能性がある。家庭での治療法としては、食事に塩分を加えることも有効かもしれない。

出血性膀胱炎が起きた場合、シクロフォスファミドの投与は中止すべき、2度と使用してはならない。

泌尿器毒性を示す症例に対する治療

- フロセミド（2 mg/kg 12時間毎）
- 二次的な細菌感染予防のための抗菌薬（サルファートリメトプリム：13～15 mg/kg 12時間毎、セファレキシン：22 mg/kg 12時間毎）
- 膀胱壁の炎症軽減と利尿促進のためのコルチコステロイド（プレドニゾン 0.5 mg/kg　PO　12時間毎）
- 重症例では、DMSO（ジメチルスルフォキシド）の膀胱内投与も必要なことがある。
- 1%ホルマリン液の膀胱内投与も有効な可能性がある。

肝毒性

非常にまれである。潜在的に肝毒性を有する化学療法剤は、犬におけるコルチコステロイドと、メトトレキサート、シクロフォスファミド、ロムスチン、アザチオプリンである。

実際に薬剤に関連した肝毒性を起こす可能性があるものはロムスチンだけであるが、その発現率も低い。最近の報告では、ロムスチンによる治療を受けたリンパ腫または肥満細胞腫の犬が肝障害に陥るのは10%未満であるとされている。

肥満細胞腫または肉芽腫性髄膜脳炎に対してロムスチンによる治療を行っている犬では、肝酵素アラニンアミノトランスフェラーゼ（ALT）値の著しい上昇（＞1,000 UI/l）が認められる。同様にアルカリホスファターゼ（ALP）のわずかな上昇（＜500 UI/l）も認められる。治療間隔を延長し1回の投与量を減らすことで、ALTとALPの濃度は減少する。肝臓保護薬のなかには、ロムスチンによる治療を受けている犬の肝毒性の発現率を低下させるものもある。

その他の毒性

この種の薬剤(抗がん剤)による神経毒性は、猫における5-フルオロウラシルによるものを除いてまれである。このため猫での5-フルオロウラシルの使用は推奨されない。シスプラチンによる肺毒性の誘発も同様であり、この薬剤を猫に使用すべきではない。

播種性血管内凝固

播種性血管内凝固（DIC）はかつて消費性凝固障害として知られていた。これは原発性疾患ではなく、多くの病気に続発する症候群である。

猫よりも犬でよく見られ、ほとんどが急性である。それは適切に診断、治療がされた場合、必ずしも一般的に考えられているような深刻な状態に陥るわけではない。

いくつかの報告では予想よりもはるかに低い死亡率であり、生存率は30～50%にまで達することを示した。ほとんどのDIC症例は血栓症や臓器不全によって死亡する。

図15　凝固経路の段階

1 血小板による血栓形成、一次凝固（一次止血）の期間

2 フィブリン網が血小板血栓を強固にすることによる血餅の安定化、第2段階（二次止血）の期間

3 血管修復後の血栓の分解、第3段階（線維素溶解）の期間

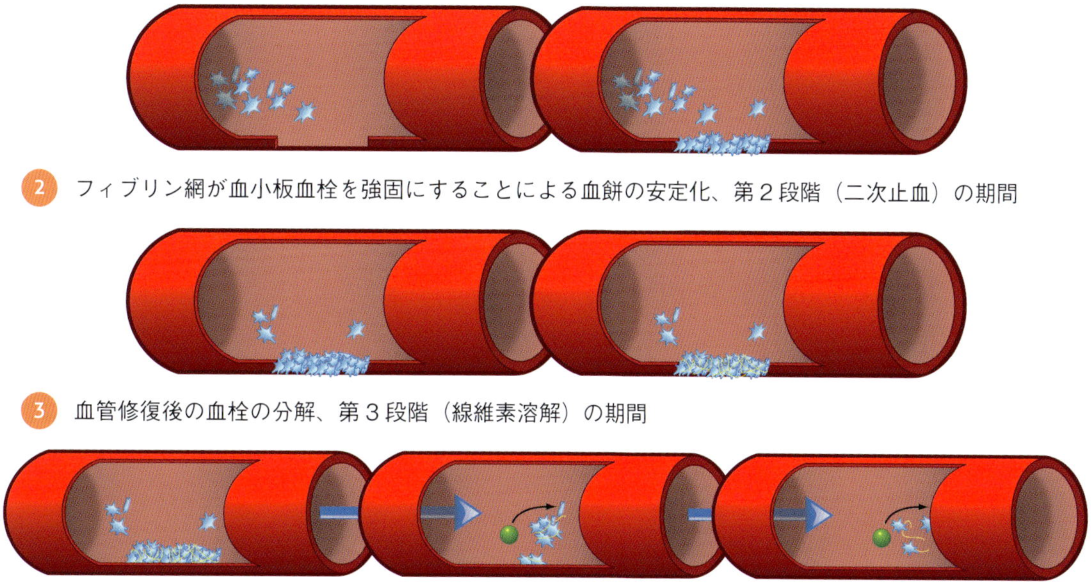

生理

凝固の正常な生理は非常に単純である。正常な状態の動物では、凝固と止血は3つの主要な段階に従う（図15）。

生理的に正常な凝固状態において、出血と血栓形成のバランスは保たれている。

発症機序

DICは凝固因子と血小板の活性化、血管内皮損傷により引き起こされる。同時に血管内凝固を起こす。

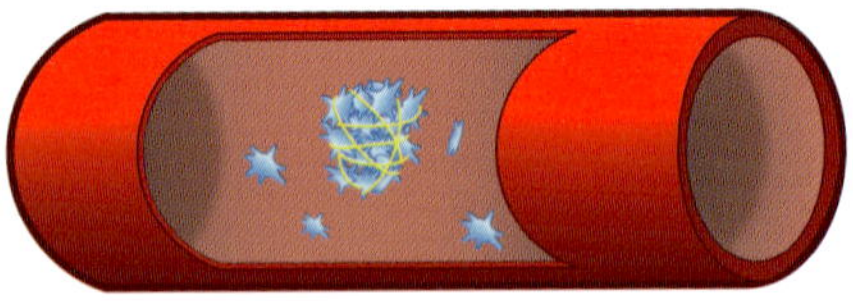

DICは次の3点で要約される。

1. 微小血管血栓は虚血を起こし、血管への血流を阻害する。
2. この過程は凝固因子を枯渇させる。
3. 線維素溶解が活性化されると、血餅の溶解と血管病変部の再疎通が生じ逆に出血が起こるだろう。

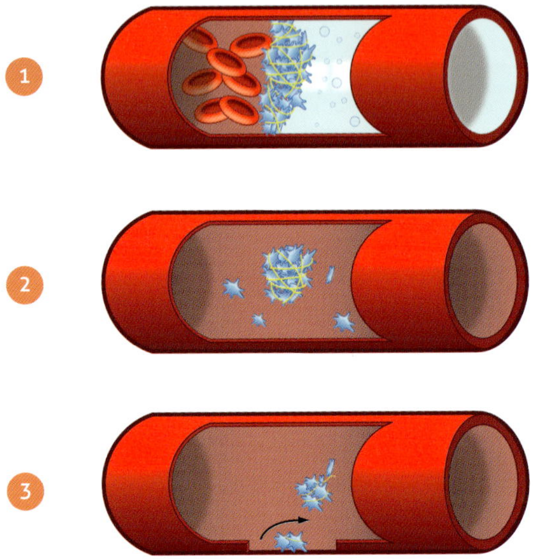

虚血と凝固因子の枯渇を招く微小血管血栓が1度起こると、線維素溶解の活性化が逆に出血を引き起こす。

原因病理

Roger Bick（1992）は「DICを媒介する機序は、通常明確な臨床的障害（特定の病気）に関連して見られる」とこの症候群を定義した。

一般にDICに関連するいくつかの状態がある。

- 血管肉腫、膵炎、外傷、または自己免疫溶血疾患は凝固系カスケードの過剰活性化の一因となる。
- 他に、ウイルス感染（FIP）または感染の過程は、血小板活性の増加によってDICの一因となる可能性がある。
- 最後に、感電、熱中症、または感染症のような血管損傷を生じる条件はDICの原因となる可能性がある。

DICを起こすのはどのような条件だろうか。

これは種によって決まる。引き金となるような病気は猫よりも犬で多く見られる（表1参照）。

表1　犬と猫のさまざまな病気によるDICの発生率

犬	
疾患	発生率
肝疾患	14 %
腫瘍	18 %
感染症	10 %
免疫介在性疾患	10 %
胃拡張-胃捻転	6 %
膵炎	4 %

猫	
疾患	発生率
肝疾患	33 %
腫瘍	29 %
感染症	19 %

臨床所見

DIC には2つの異なる型が存在する。

- 慢性型（無症候型）：原発疾患ごとの特徴的な症状を示す。
- 急性型（劇症型）：基礎疾患にかかわらず、急性型 DIC の症例はたいていおびただしい自然出血を伴っている。自然出血は一次的な出血（点状出血、斑状出血、粘膜出血）または二次的な出血（体腔内出血）のどちらかである。

また、臓器機能不全を示す臨床的証拠および病理学的証拠がある（生化学的変化、不整脈など）（図 16、17）。

DIC、特に急性型は、猫よりも犬でよく見られる。

診断検査

猫の DIC は非常にまれであるため、DIC の診断は犬での診断法に基づく。

血液学的検査

考えられる血液学的所見を示す。

- 溶血性貧血は通常再生性であるが、慢性疾患症例では非再生性となることがある。
- 血管内溶血によるヘモグロビン血症
- 分裂赤血球増加症（または赤血球断片化）
- 血小板減少症
- 網状赤血球増加症、まれではあるが好中球減少症

生化学検査

生化学検査の結果を示す。

- 溶血と肝血栓症による高ビリルビン血症
- 重度の腎臓の微小血栓症の症例における高窒素血症と高リン血症
- 肝酵素活性の上昇
- 重度の出血の症例における汎低タンパク血症
- 代謝性アシドーシスによる CO_2 の高値

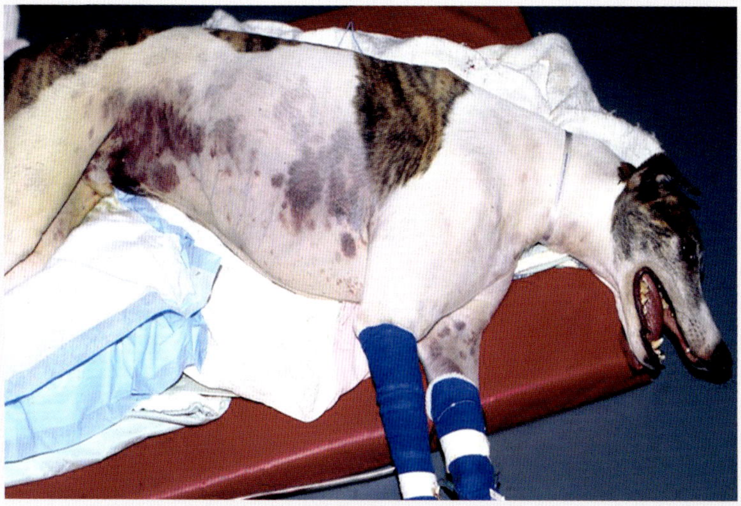

図 16　犬の DIC

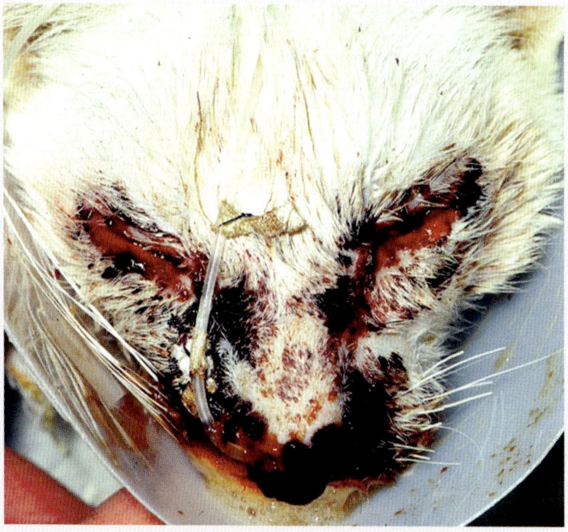

図 17　猫の DIC

尿検査

急性型DIC症例の尿検体は、膀胱内出血または膀胱壁内出血のリスクがあるため膀胱穿刺で採取してはならない。以下に所見を示す。

■ヘモグロビン尿
■ビリルビン尿
■タンパク尿と円柱尿（円柱）（時折、認められる）

心電図検査

心電図は多源性心室性期外収縮の不整脈を示す。

病理組織学的検査

DICは血栓により生じた虚血によって組織壊死を起こす。

凝固系検査

血液はそれぞれの検査項目を評価するため、抗凝固剤（クエン酸塩）入りのチューブに採取すべきである。所見は臨床症状との関連をふまえて正しく解釈されるべきである。この表はDICの症例が示す異常な結果の条件を示している。

DICの診断は、これら所見のうち少なくとも4つ満たせば確定的と考えられる。特に、末

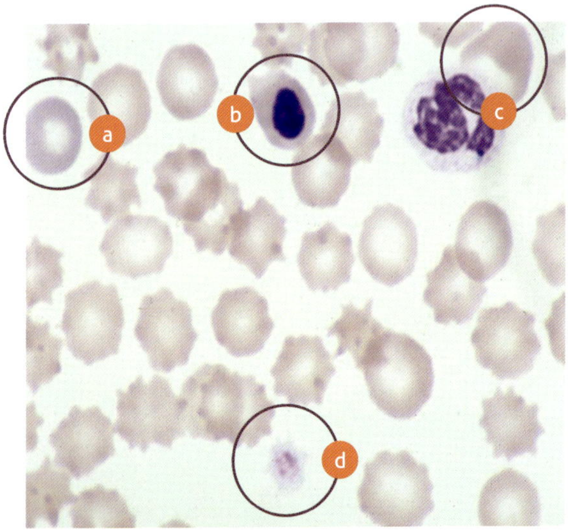

図18　血液塗抹は赤血球の前駆細胞（a、b）、分裂赤血球（c）、血小板減少症（c）を示している。

凝固検査
• 塗抹（図18）
• 再生性貧血の徴候（赤血球の前駆細胞）
• 塗抹上で容易に検出できる分裂赤血球増加症（図19）
• 血小板減少症
• PT/APTT
• プロトロンビン時間（PT）：延長
• 活性化トロンボプラスチン時間（APTT）：延長
• アンチトロンビン（AT）
• ATの低値
• 血小板
• 血小板減少症
• FDP/D-ダイマー
• FDP（フィブリノーゲン分解産物）とD-ダイマー検査は陽性で、フィブリノーゲン濃度は正常または低値
• 線維素溶解
• トロンボエラストグラフィー（TEG）を使用することで凝固能の低下または亢進を評価でき、線維素溶解は高値を示す例もある。

図 19　分裂赤血球の発現

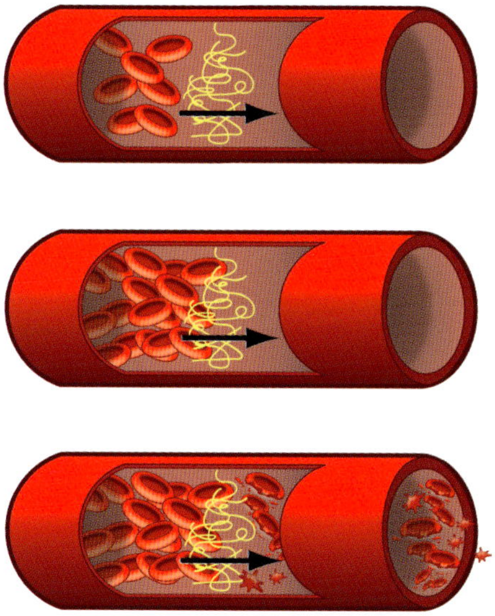

梢血液塗抹で分裂赤血球が認められたときは、DIC が考えられる。
　凝固機構は非常に複雑である。

　止血栓が形成される際、一次止血栓を形成している間中、すべての因子（PT、APTT、ACT、TT、フィブリノーゲン値など）は評価されていない。止血栓が最大に達し、最終的な強度をもち、さらに溶解が始まるまでの反応速度は考慮されていない。要するに、従来型の凝固系検査のパラメーターは固定された終点を評価しているため、血栓形成の原動力、血栓の強度、または安定性についての情報がない。これがトロンボエラストグラフィーの発達した理由である（図 20）。

図 20　トロンボエラストグラム

これは血栓形成の反応速度と安定性を評価するために考案された装置である。必要な血液はわずか 0.36 ml である。

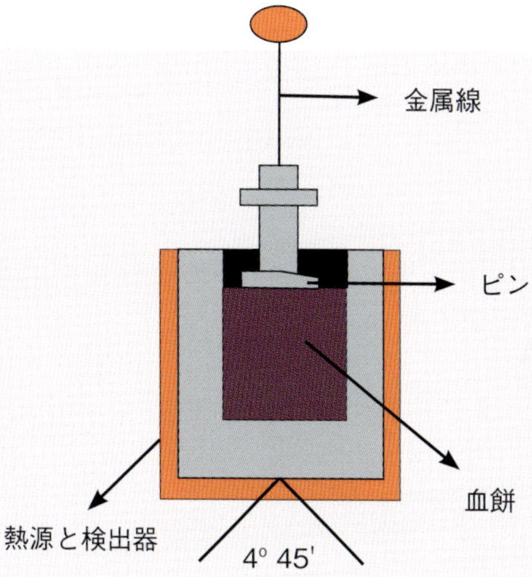

　トロンボエラストグラフィーは血液検体の全体の凝固過程を評価するものである。つまり、凝固の成立から線維素溶解までを評価し、役立つ臨床情報を約 30 分で提供してくれる。この装置は検体を取り入れ、生理的温度に保ち、そして軸角度 4°45' で回転するカップから成る。その上部はトランスデューサーとつながる検出器のシャフトでできており、それは血栓の形成と溶解の間の変動を収集している。それらの条件（パラメーター）はトロンボエラストグラムを作成する際に利用される。

　それらパラメーターの変動は特定の凝固障害を検出するのに役立つ。
- R 値（反応時間）：ヘパリンの存在または凝固因子の欠損
- K 値、角度 α：血小板減少症、血小板機能異常症、フィブリンの欠損
- MA（最大振幅）：フィブリノーゲン濃度、血小板数、血小板機能、第Ⅷ因子または第ⅩⅢ因子の異常
- CLT（血栓溶解時間）と Ly30（30 分溶解）：他の線維素溶解

図 21　凝固と線維素溶解をグラフで示した図（トロンボエラストグラム）

変数を示す
R：血栓形成開始までの反応時間
K：血栓形成時間
角度 α：血栓形成の速度
最大振幅（MA）：最大の血栓とフィブリンの強度
A30：30 分での振幅
TMA：MA までの凝固時間
CLT：血栓溶解時間または線維素溶解時間

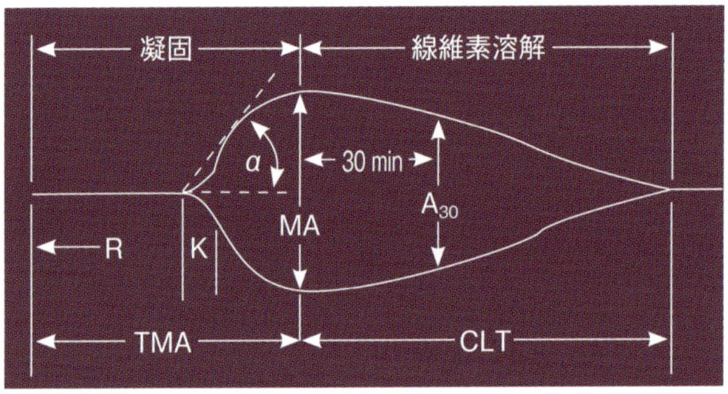

臨床的評価としては、不十分な血栓形成を生じることなく失血を防ぐために必要とされる機械的強度と安定性を血餅が有するかどうか決定することがもっとも重要である。

この点は2つの報告で図示されている。Gravlee らによる報告では、出血の予測が従来型の凝固系検査ではできないことが証明され、もう1つの Spies らによる報告では、TEG 装置により心肺バイパス手術に関連した血液凝固障害の高い確率（87%）での発生を予測できることを証明した。

次の例に着目
■健康な犬 ❶
■健康なグレーハウンド ❷
■凝固能亢進。❸グラフは、短い凝固時間（短い K）と高い最大血餅強度とフィブリン強度（高い MA）から、凝固速度（角度と振幅）が速いことを示す。
■凝固能低下。❹グラフは、血餅とフィブリンの強度の減少（低い MA）と延長した凝固時間（長い K）により、結果としてゆっくりとした血餅形成（急な α 角度）を示す。

1
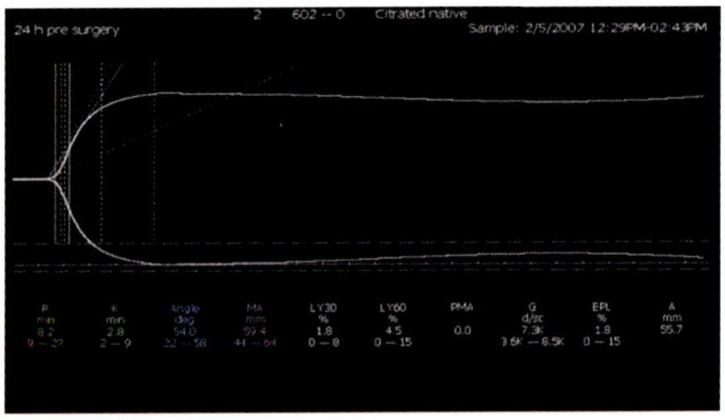

2
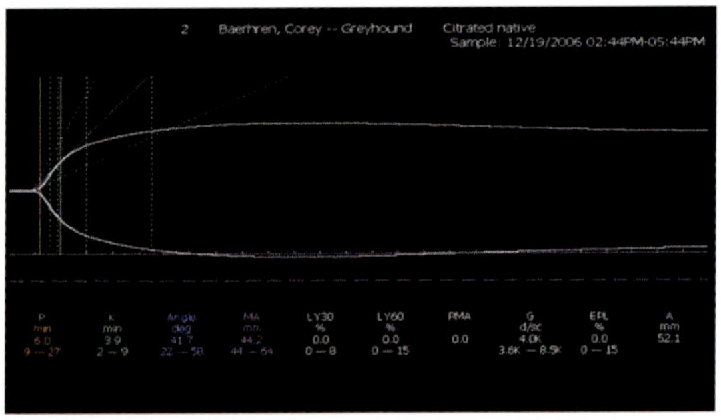

3
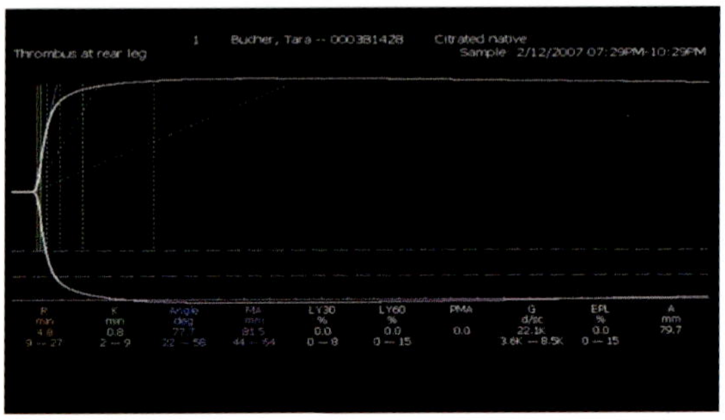

4
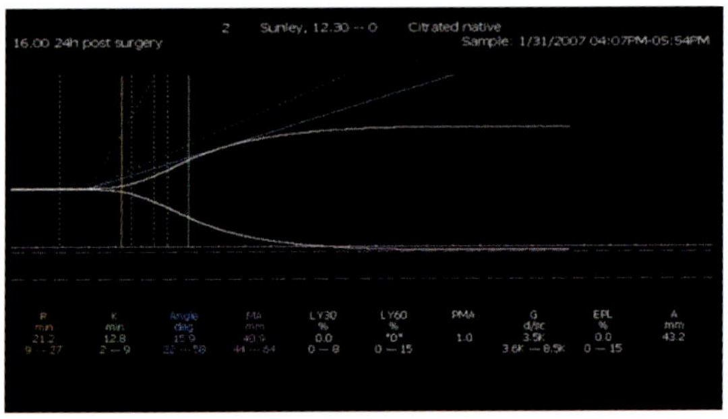

治療

1988 年に Rodger Bick は「多くの DIC 治療の報告は事実よりもむしろフィクションに基づいている」と提言した。しかし今日、DIC についてよく理解されているため、より治療が奏功するだろう。

可能であれば、DIC の原因疾患は取り除くべきである。たとえば、血管肉腫は外科的に摘出し、転移を伴う症例では化学療法を行うことが必要とされる。敗血症は抗生剤で治療すべきである。溶血性貧血は免疫抑制剤で治療すべきである。

感電、熱中症、または膵炎のように原因疾患を取り除くことができない場合は、凝固の過程をアンチトロンビン（AT）の投与によって管理すべきである。ヘパリンは最小量、低用量、高用量で使用するか、使用しない（実際には、50 ～ 75 Ul/kg SC 8 時間毎）。

二次性の合併症を予防するために、適切な輸液療法を行い、組織灌流量を維持すべきである。逆説的ではあるが、凝固因子、AT、赤血球、または血小板のような成分を含む輸液は、臨床症状を悪化させる可能性がある。

予後

予後は原発疾患によって決まる。重大な合併症ではあるが、思われているほど高い死亡率ではなく、生存率は約 30 ～ 50 %に達するようである。

高カルシウム血症

高カルシウム血症は多くの腫瘍の病態の進行過程で見られる状態であり、そのため診断上の指標であり複雑化させる要因（合併症）でもある。この所見の解釈の方法を以下に示す。

総血清カルシウム濃度が 12 mg/dl 以上の場合、高カルシウム血症が存在する。子犬ではアルカリフォスファターゼの上昇、尿素窒素とクレアチニン値が正常である場合、血清カルシウム（＞ 13 mg/dl）とリン（＜ 10 mg/dl）の中等度の増加は正常である。

カルシウム値の解釈

犬で、血漿タンパク濃度の変化は総血清カルシウム濃度に影響し、一方でイオン化カルシウムは影響を受けない。したがって、総血清カルシウム値を算出するために、血清アルブミンと総タンパクの値も測定しておくべきである（図 22）。

補正血清カルシウム値の算出式

補正カルシウム（mg/dl）＝
血清カルシウム（mg/dl）
－血清アルブミン（g/dl）＋ 3.5

補正カルシウム（mg/dl）＝
血清カルシウム（mg/dl）
－［0.4× 血清総タンパク（g/dl）］＋ 3.3

図 22　血中のカルシウムは、血漿タンパクに結合しているか、または遊離イオン化カルシウムとして存在する。

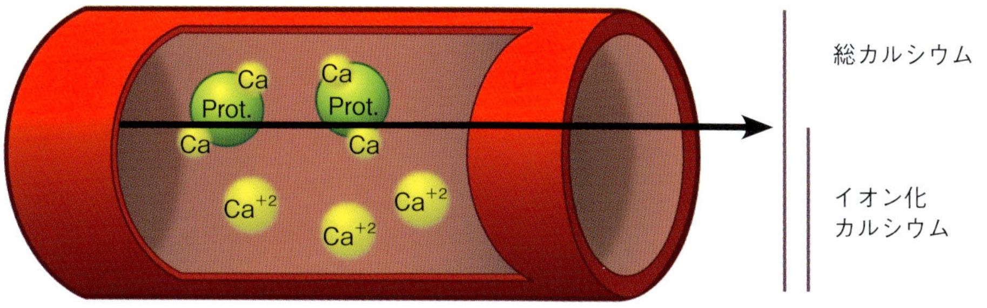

血清アルブミン値と総カルシウム値に密接な関係があることから、アルブミン値に基づく式は信頼性が高い。

別の方法としては、臨床検査機関で生物学的活性を示すイオン化血清カルシウム分画の測定が可能であり、それにより総血清カルシウムに対する血漿タンパクの影響を回避できる。イオン化カルシウムの測定は、検体の準備と分析が特殊である。さらに検体の pH は、この分析の正確さを確保するために調整すべきである（高い pH、低いイオン化カルシウム値）。

高カルシウム血症の臨床症状

生化学検査の所見に関して、臨床症状の程度は血清カルシウム値に関係している。

- 12 ～ 13 mg/dl：臨床症状を示すことはまれである。
- ＞ 14 mg/dl：臨床症状が現れる。
- ＞ 18 ～ 20 mg/dl：深刻な臨床症状（心不整脈）を示す。

腎臓、消化管、筋神経系および心臓に関連した臨床症状。それら症状の存在と重症度は高カルシウム血症の程度、発現速度、期間によって決まる。

よく起こる臨床症状は**腎臓の変化**による多飲多尿である。

腫瘍による高カルシウム血症の臨床症状は、腎性尿崩症（NDI）を起こすような腎機能の異常によるものである。高カルシウム血症は抗利尿ホルモン（ADH）の集合管内受容体への結合を妨げる。それは自由水の再吸収を減少させ低張尿を生じる。したがって、高カルシウム血症は最初に機能性の多尿を起こし、二次的に多飲を起こす。高カルシウム血症が重度で持続する場合、それは高窒素血症と腎不全を引き起こすだろう（Rosenthal, 2001；Ogilvie, 1996）。しかし、がん症例でこの症状はまれである。

消化器症状は食欲不振、嘔吐、および（排便時の）怒責である。高カルシウム血症は（消化管の）蠕動運動を低下させる。犬が多飲多尿により過量の水を飲んだ場合、空の胃の機能は低下しているためほとんどが飲んだ水を嘔吐する。

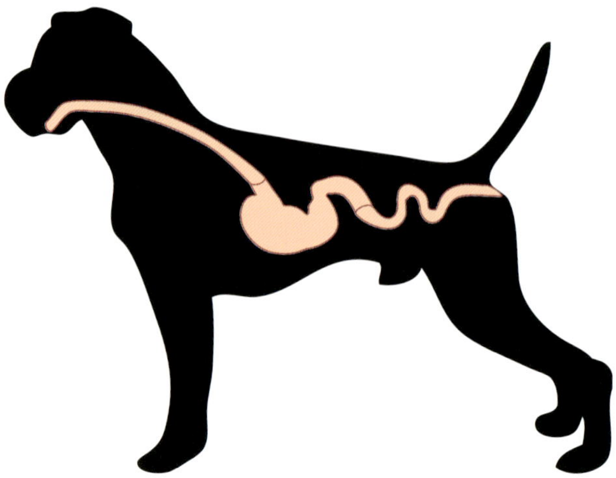

筋神経症状は元気消失、衰弱、まれではあるがてんかん発作である。

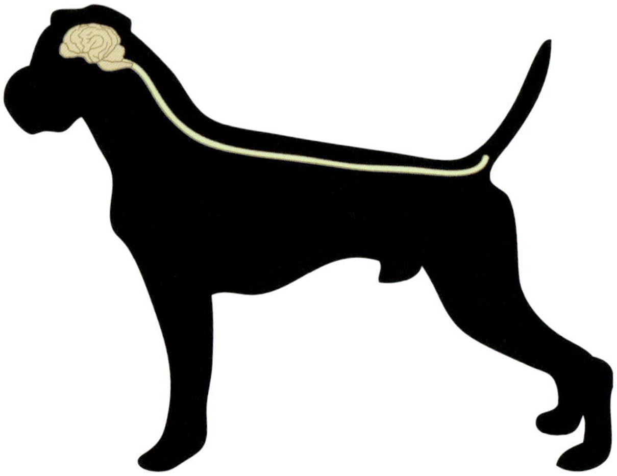

重度の高カルシウム血症（＞18 mg/dl）の症例では不整脈がまれに起こることがある。持続する高カルシウム血症は心電図でPR間隔の延長と短縮したQT間隔を生じることがある。

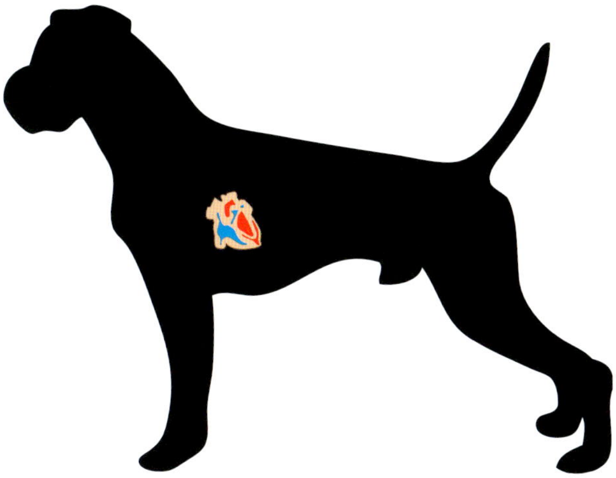

鑑別診断

高カルシウム血症は犬で比較的よく見られるが、猫ではまれである。一般的に高カルシウム血症は、骨または腎臓からのカルシウム再吸収の増加、もしくは腸管からのカルシウム吸収の増加の結果として起こる。

犬の高カルシウム血症の鑑別診断

- 中毒
- 上皮小体機能亢進症
- 腫瘍
- 慢性腎不全
- 副腎皮質機能低下症

中毒

血清カルシウム値の増加はビタミンD、カルシポトリエンなどの過剰摂取によるものである。

上皮小体機能亢進症

原発性または二次性に起こる。原発性上皮小体機能亢進症と二次性上皮小体機能亢進症の臨床症状は似ており、両方とも高カルシウム血症によって起こる。一般的に尿路結石か下部尿路感染症を引き起こす（図23）。

図23　上皮小体機能亢進症における血清カルシウムの増加の過程を示した図

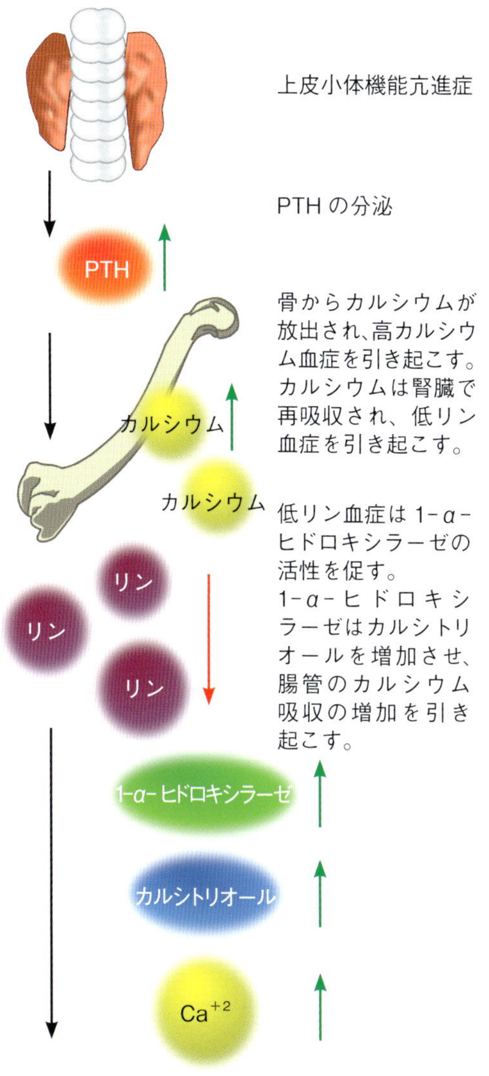

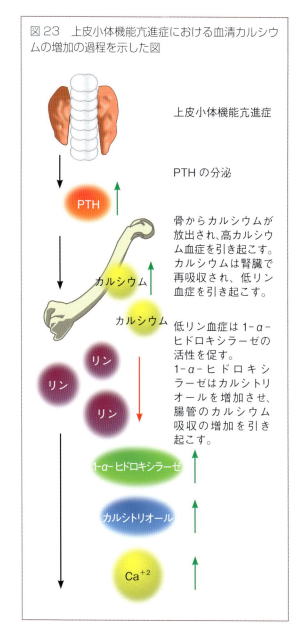

腫瘍

犬で高カルシウム血症の一般的な原因として腫瘍があり、以下の機序の 1 つが原因である。

- 腫瘍は、上皮小体ホルモン（PTH）、PTH 関連ペプチド（PTH-rP）、1,25-ジヒドロキシビタミン D、サイトカイン（インターロイキン -1、腫瘍壊死因子）、プロスタグランジン、および腎臓 1-α-ヒドロキシラーゼを刺激する液性因子などの物質を産生する。それら物質は、破骨細胞活性と腎臓のカルシウム再吸収を促進する。
- 腫瘍の骨転移では局所的な骨融解の活性により高カルシウム血症が起こる（図 24）。これは非常にまれである。

図 24　骨転移は骨融解の活性によりカルシウム値が上昇する（カルシウムの放出）

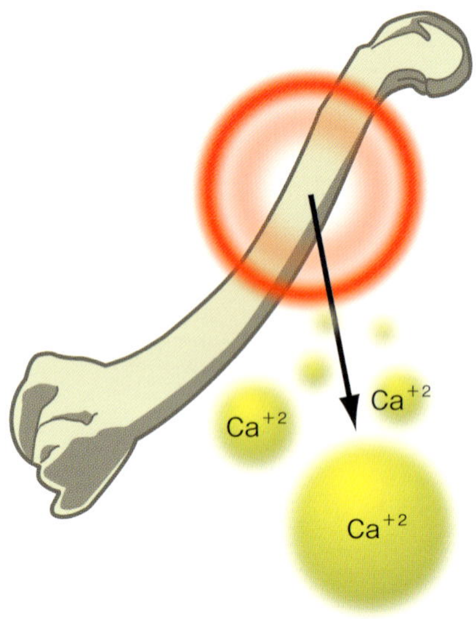

- 異常なカルシウムの排出は、糸球体での濾過の低下、または脱水症例における血漿量の減少によるものである（図 25）。これは極めてまれな原因である。

図 25　低下した糸球体濾過（a）、あるいは脱水による血漿量の減少（b）は異常なカルシウム排出を引き起こす。

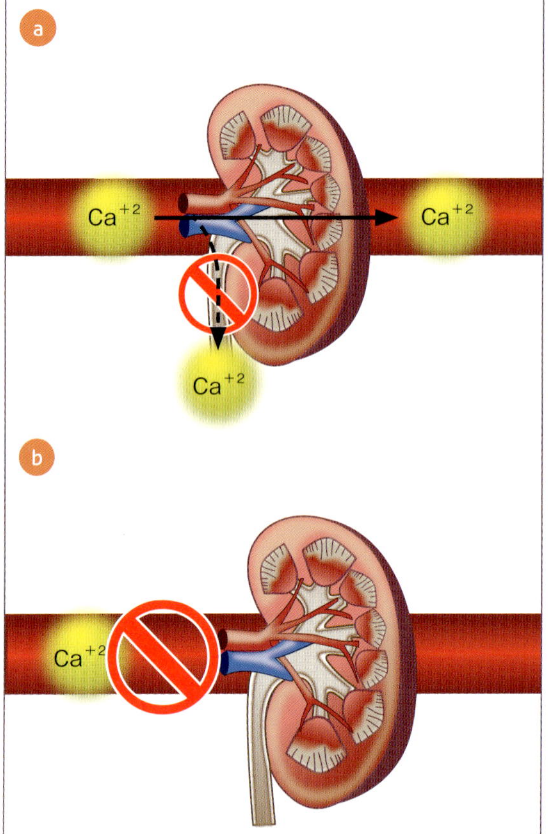

高カルシウム血症を起こす頻度の高い腫瘍は、カルシウム値の著しい増加を特徴とする（T 細胞型）リンパ腫、腺癌、そして骨髄腫である。

高カルシウム血症の原因として腫瘍が疑われた場合、以下の検査を行う。用手による直腸検査、胸部 X 線検査（T 細胞型リンパ腫ではたいてい縦隔腫瘤が存在する）、腹部 X 線検査、腹部エコー検査を行う。

慢性腎不全

慢性腎不全は二次的な高カルシウム血症を引き起こす可能性がある。

腎不全と高カルシウム血症の両方が存在する場合、いくつかの疑問が提起される。

■腎不全が高カルシウム血症を引き起こしたのか。犬の高カルシウム血症は慢性腎不全で現れる。急性腎不全ではあまり見られない。

■高カルシウム血症が腎不全を引き起こしたのか。慢性的な高カルシウム血症で、特にリンの値が正常上限または上昇していている場合、腎不全や高窒素血症を引き起こすだろう。

■腎前性高窒素血症に関連した高カルシウム血症なのか。イオン化カルシウム値の測定は、高カルシウム血症が腎不全により生じたのか（この場合イオン化カルシウムは正常から低値を示す）他の病気により生じたのかを区別するのに役立つだろう。また、腎前性高窒素血症で輸液療法は助けとなり、尿毒症の改善、解消は腎前性高窒素血症の存在を意味する。

■低比重尿が示すものは何か。通常、尿比重は高カルシウム血症を伴う犬の腎機能評価に有用ではない。それは尿細管でのバソプレッシンの作用によるカルシウムの干渉のためである。高カルシウム血症により誘発される腎性尿崩症の症例の尿は低張尿である。

副腎皮質機能低下症

本症は尿細管でのカルシウム再吸収の増加により高カルシウム血症を引き起こす可能性がある。

検査結果により腫瘍を特定するための精査

椎骨または長骨に骨融解が存在する場合、または高タンパク血症、タンパク尿、骨髄内に浸潤した形質細胞が存在する場合は、多発性骨髄腫の可能性を示唆する。骨髄の生検または吸引は確定診断のために必要である。

リンパ腫を除外するために、末梢リンパ節（図26）または骨髄の細胞診が必要とされ、脾臓または縦隔腫瘤の針吸引も必要とされる。しかし、これらのサンプルにおいて、腫瘍細胞が検出されなくても、リンパ腫の存在は除外できない。

PTH、PTH-rP（PTH関連ペプチド）または1,25-ジヒドロキシビタミンDの血中の値を測定することは高カルシウム血症の原因を明らかにするのに役立つであろう。

高カルシウム血症の治療

対症療法を始める前に、高カルシウム血症の原因を特定することが重要である。それは不適切な薬剤投与が、代謝性疾患の正確な診断の妨げになり、その過程をさらに悪化させる可能性があるからである。

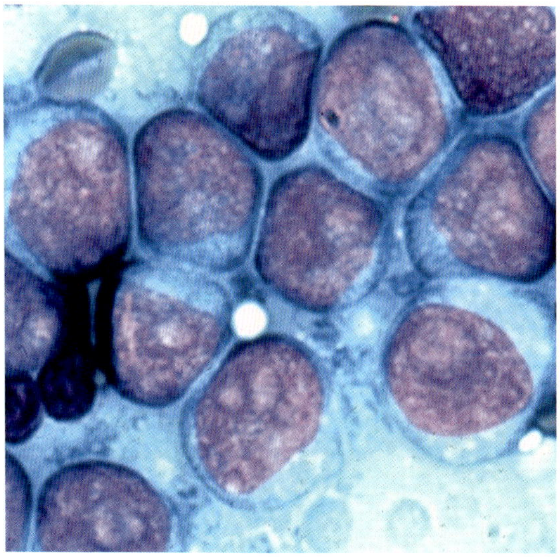

図26　リンパ腫の典型的な細胞診所見

治療の目的は原因疾患を管理することである。また以下に示す症例ではカルシウム値を下げることを目的とすべきである。

- 重度の臨床症状の存在
- 血清カルシウム値＞16 mg/dl
- カルシウム × リン＞60（軟部組織の石灰化を示唆）
- 高窒素血症の存在

急性治療

ほとんどの治療が脱水の補正と生理食塩水による利尿であり、フロセミドとコルチコステロイドが投与される。フロセミドは症例の脱水症状が改善されてから投与すべきである。それは高カルシウム血症と脱水の症例にフロセミドを投与すると腎毒性のリスクが増加するためである。

高カルシウム血症の犬では、多飲多尿を気にした飼い主による水分摂取制限のため腎前性高窒素血症がみられる。上記のように利尿剤は体液喪失の補正前に投与すべきでない。

一般的に、生理食塩水の投与による利尿は診断的治療法として治療の妨げとなることなく開始できるだろう。

高カルシウム血症の一般的な原因の1つとしてリンパ腫があげられるため、グルココルチコイドは原因がわかるまで投与すべきでない。これは化学療法におけるグルココルチコイドの効果を抑制する可能性があるためである。

カルシトニンは重度の高カルシウム血症の動物において診断や治療に役立つであろう。またカルシトニンは、確定診断がつかない高カルシウム血症の動物の治療のためにプレドニゾンの代わりとして投与できる。コレカルシフェロール（殺鼠剤）中毒の犬では、サケカルシトニンと他の骨融解活性を阻害する薬剤で治療されている。カルシトニンは高カルシウム血症を急速に改善させるが、その効果は短期間（短時間）である。

ビスフォスフォネート（パミドロネート：1 mg/kg、緩徐にIV　3～6週間毎）は骨融解を介した骨再吸収を阻害し、重度の犬の高カルシウム血症に有効である。

4 腫瘍の症例

SPECIFIC NEOPLASMS

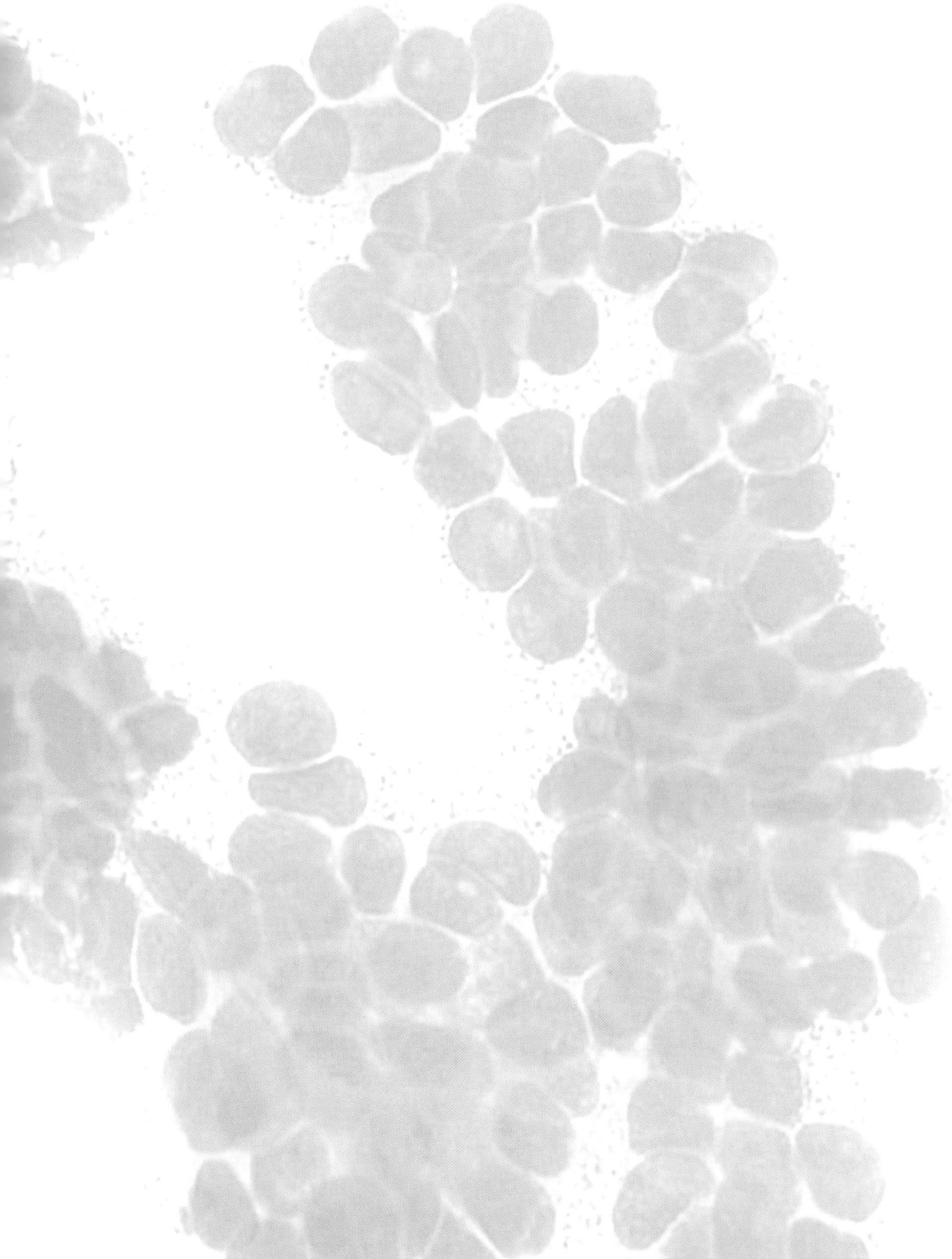

皮膚と皮下組織の腫瘍

TUMOURS OF THE SKIN
AND SUBCUTANEOUS TISSUE

皮膚と皮下組織の腫瘍

皮膚の腫瘍は非常に一般的であり、飼い主によって容易に発見され、獣医師に相談されやすい腫瘍である。初期腫瘤に対して適切にアプローチすることで、後の段階までより侵襲的な介入を回避することができる。

皮膚腫瘍を有する症例には、異なる方法でのアプローチが可能である。すなわち「経過観察」をし、腫瘤が消失またはサイズが縮小するかどうか待ち、肉眼的検査や細胞診断、組織診断を実行する。またはCBCや生化学検査、X線検査などを含めた総合的な検査を実施する。

どちらの選択肢を採るかを決める際に、皮膚腫瘍は猫において犬よりも悪性であることが多いことに留意する。

どのような腫瘤の存在もすべてが異常であり、検査することが一般的なため、「経過観察」アプローチは現実的な選択肢ではない。一般的に、炎症性病変や若齢犬の組織球腫、可移植性性器肉腫などは例外として、ほとんどの腫瘍が自然退縮することはない。

肉眼的検査

病変の肉眼的検査は非常に重要である。たとえば犬では、一部の犬の皮膚腫瘍は解剖学的な好発部位があるので、症例の簡単な検査が鑑別診断を非常に容易にする。猫では、もっとも一般的な腫瘍のいくつかが頭頚部に認められる。

触診は腫瘤の局在部位の同定の補助となる。すなわち、皮膚とともに腫瘤が動けば表皮真皮の腫瘤であり、もし腫瘤の上で皮膚が自由に動けば、皮下またはより深部の腫瘤である。

転移を検出するためには、リンパ節の検査が有用であり、サイズや硬さが変化していないかを評価する。

もっとも一般的な発生部位を以下に記載する。

もっとも一般的な皮膚腫瘍の略称

- SCC：扁平上皮癌（squamous cell carcinoma）
- ACA：腺癌（adenocarcinoma）
- BCT：基底細胞腫（basal cell tumour）
- PCT：形質細胞腫（plasmacytoma）
- HCT：組織球腫（histiocytoma）
- MCT：肥満細胞腫（mast cell tumor）
- STS：軟部組織肉腫（soft tissue sarcoma）
- LSA：リンパ腫（lymphoma）
- MH：悪性組織球症（malignant histiocytosis）

犬

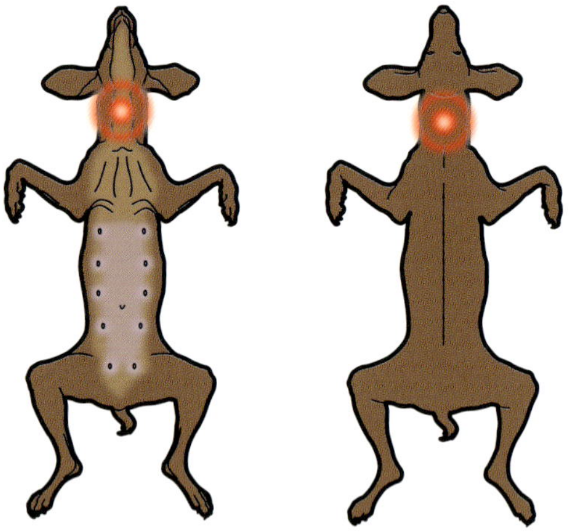

基底細胞腫

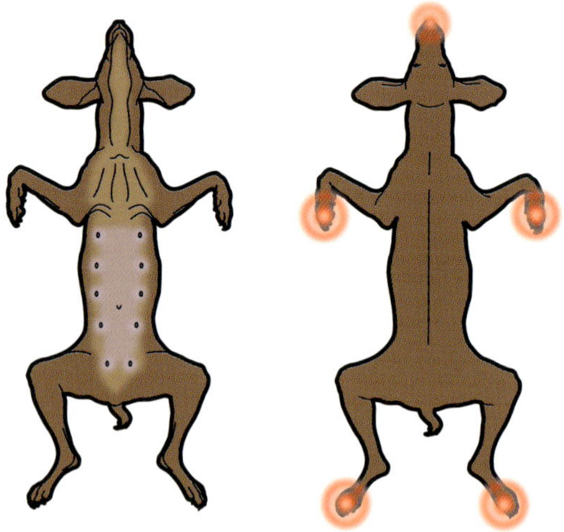

扁平上皮癌

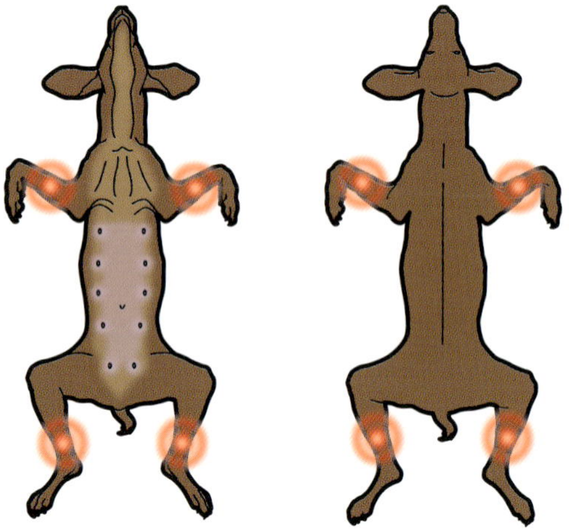

血管周皮腫

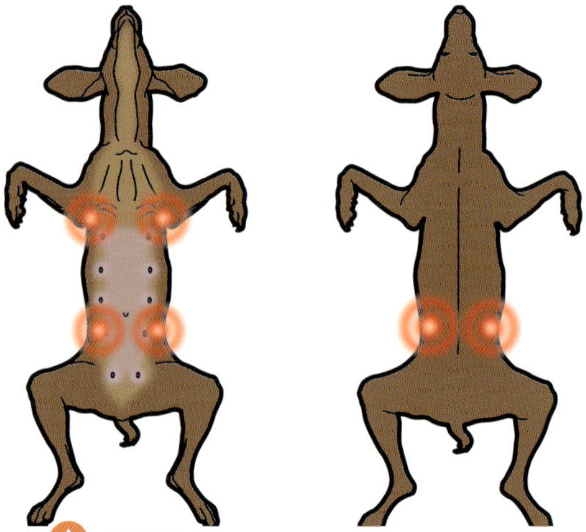

脂肪腫

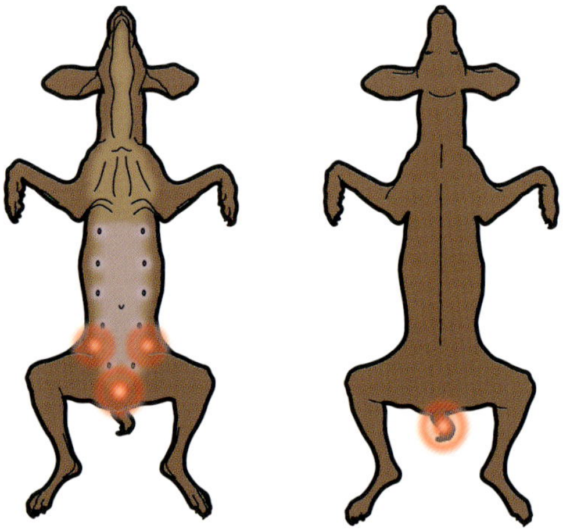

肛門周囲腺腫／腺癌

腫瘍の症例：皮膚と皮下組織の腫瘍
SPECIFIC NEOPLASMS

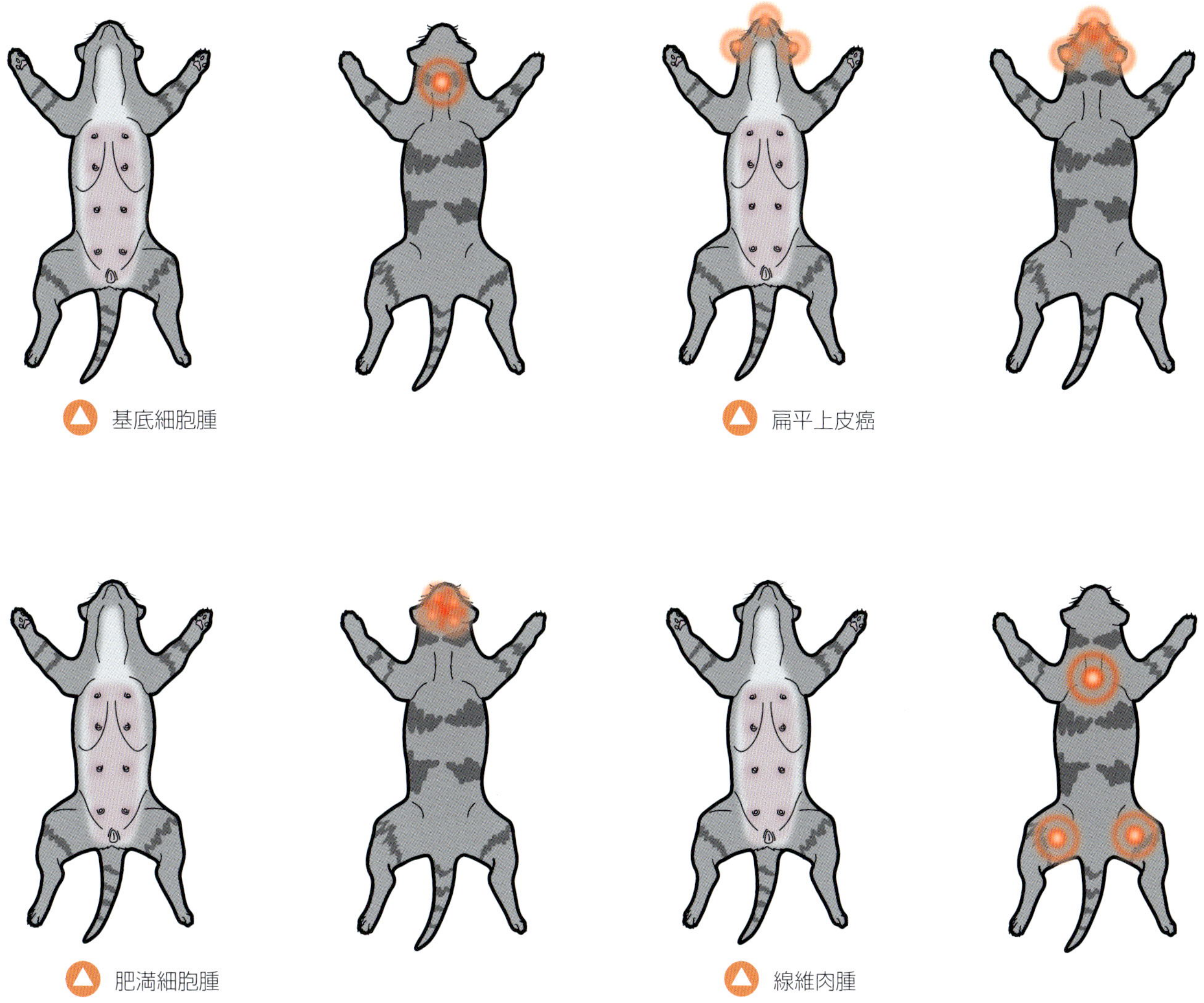

細胞診

細胞診は、簡便で迅速かつ安価で比較的低侵襲な手技であり、ほとんどの症例において、確定診断ではないもののかなり正確に診断することができる。細胞診は、腫瘤が炎症性であるか、過形成性であるか、腫瘍性（良性または悪性）であるかの鑑別に有用であろう。

腫瘤が良性（図1、図2）であれば、獣医師には2つの選択肢がある。

■経過観察：犬と猫では、良性腫瘍はめったに悪性化しない（猫において扁平上皮癌になる可能性のある日光皮膚炎を除く）。腫瘤が成長し、炎症化や潰瘍化した場合には、外科的摘出が推奨される。

■外科的摘出：腫瘤が小型のうちは簡単に摘出できるため、多くの飼い主は診断後に外科処置をすることを選択する。

腫瘤が悪性であれば、細胞診所見に基づき診断のための追加検査（例：生検、超音波検査、X線検査）を実施すべきである。

生検

生検は確定診断や腫瘍の適切な分類にしばしば必要不可欠である。生検には2タイプある。

■切開生検：パンチや大きなガイド針（TruCut®）、外科用メスを用いる。

■パンチ生検は非常に簡単に実施され、表皮真皮の腫瘤サンプルを得るために用いられることが多い。

■TruCut® 生検は大きな腫瘤や皮下腫瘤の典型的なサンプルを得るために用いられる。

■通常の外科処置の間に、メスを用いて生検することもできる。

■切除生検：腫瘤の大部分またはすべてが摘出され、病理組織検査に供される。切除生検は小さい腫瘤に対して特に適している。最低1cmのマージンを取り、病理組織学的に切除が完全であることを確認することが望ましい。

摘出した腫瘤は10％ホルマリンで固定する（1：9の比、つまりサンプル1にたいしてホルマリン9）。

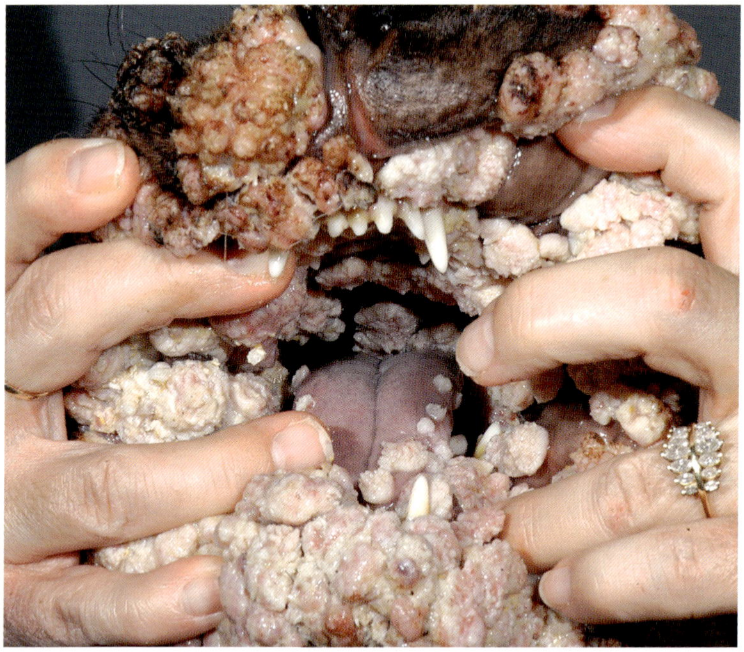

図1　乳頭腫症の重症例

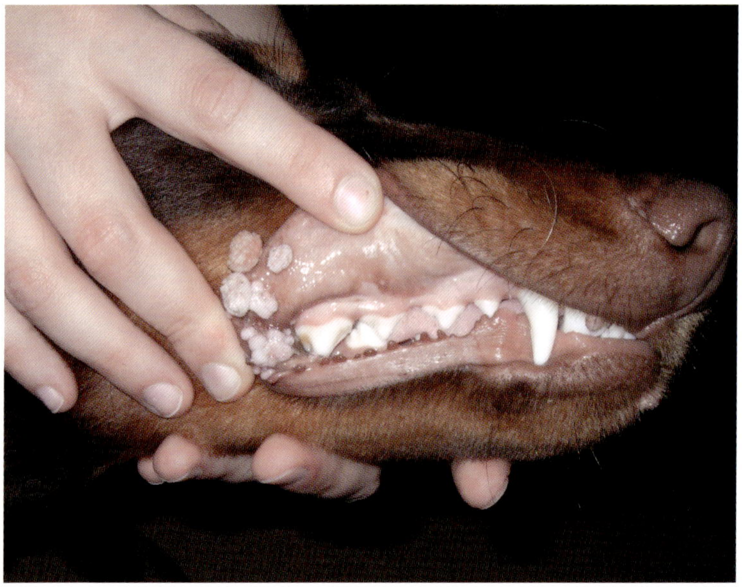

図2　子犬における乳頭腫症。このタイプの腫瘍は自然退縮する傾向がある。

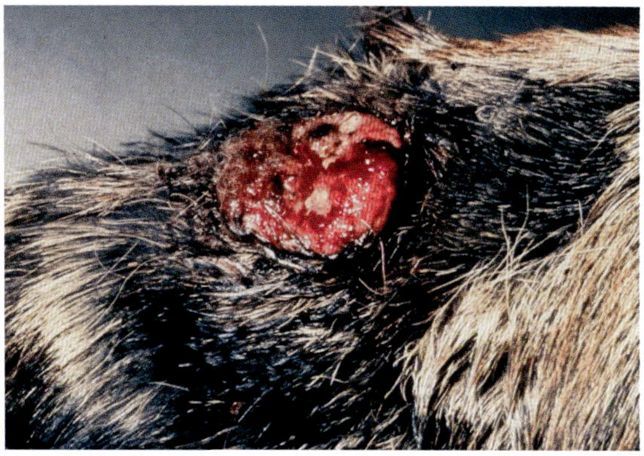

図３　切除可能な潰瘍化した基底細胞腫

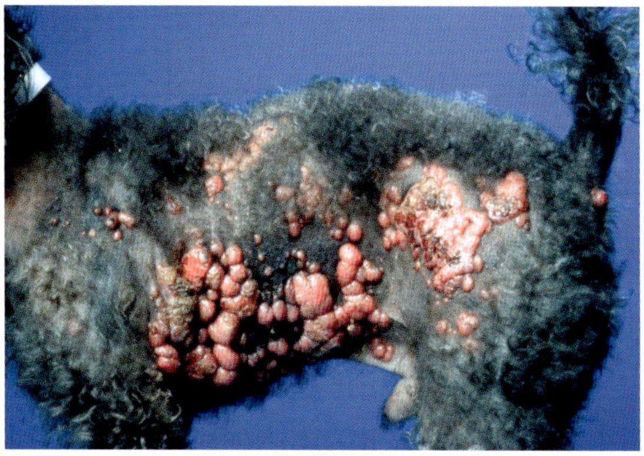

図４　急速に（数日間で）進行した多発性皮膚型リンパ腫の２歳齢のプードル

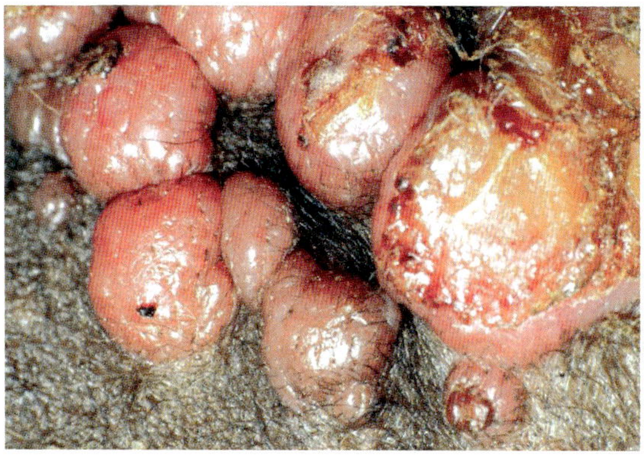

図５　図４の犬における病変の拡大像

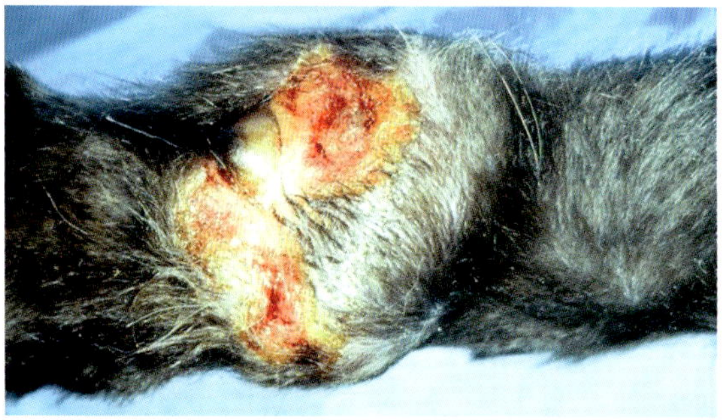

図６　断脚を避けるために放射線療法で治療された扁平上皮癌

治療

外科手術

一般的に、皮膚の腫瘍は外科的摘出術によって治療される。腫瘍細胞に関する事前情報に基づき、どれほど積極的な外科手術を必要とするか決定する。

扁平上皮癌や腺癌、基底細胞腫（図3）、形質細胞腫、組織球腫、肥満細胞腫では、外科的摘出術によって治癒する可能性がある。

化学療法

転移性病変や多発性病変が認められた場合、化学療法が提示される。転移病変がある症例における原発腫瘤の外科的摘出は、進行を緩和し生存期間を延長することがある。転移病変のある症例が良好なQOLを維持している場合、6カ月以上の生存期間が一般的であるため、安楽死は推奨されない。

化学療法はリンパ腫（図4、図5）や肥満細胞腫（グレードに依存する）、軟部組織肉腫、形質細胞腫、悪性組織球症などにおいて提示される。

放射線療法

局所浸潤性のある腫瘍は放射線療法の候補になる。放射線療法は癌腫（図6）や軟部組織肉腫、肥満細胞腫（グレードに依存する）において提示される。

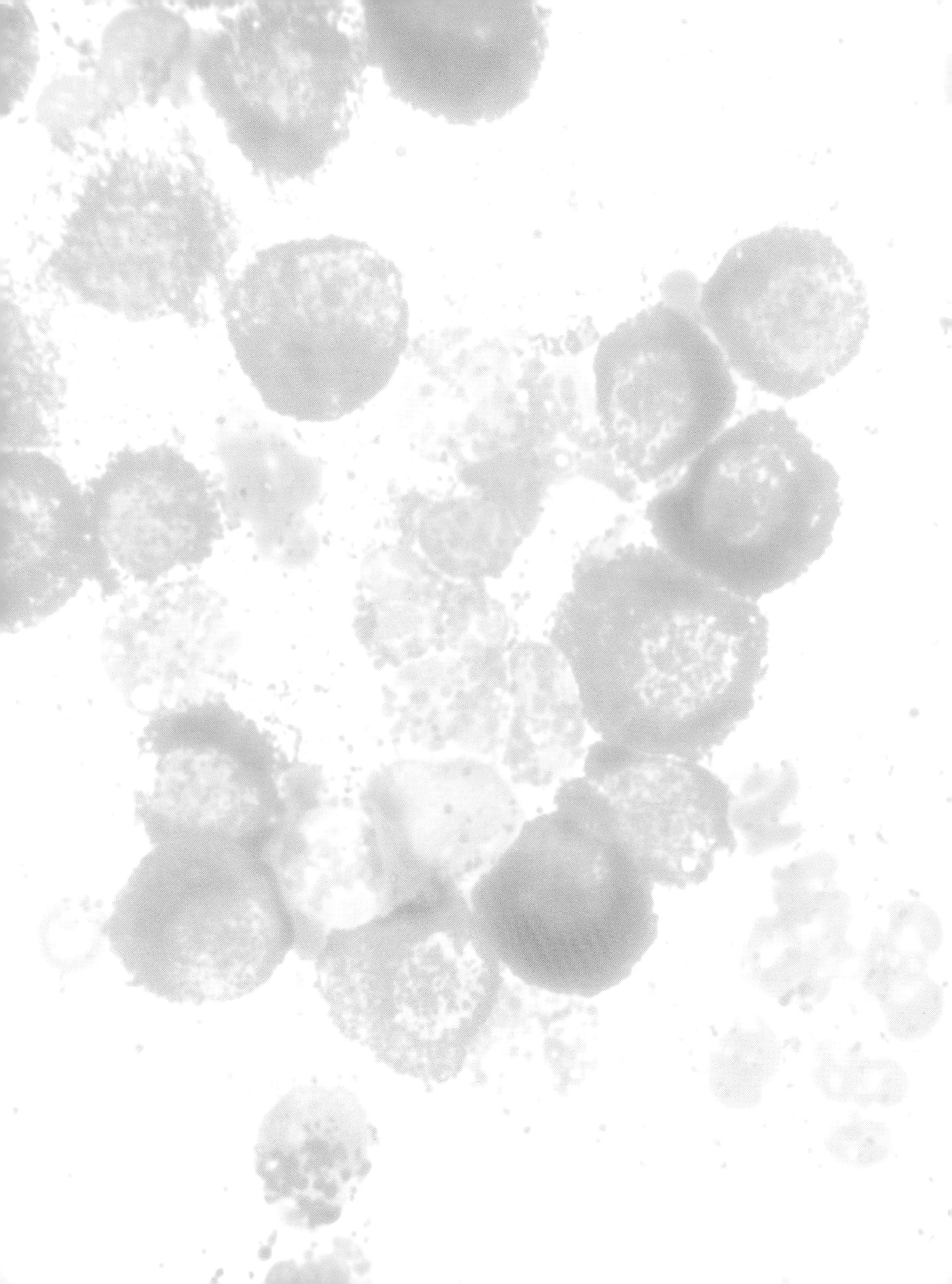

肥満細胞腫

MAST CELL TUMOURS

肥満細胞腫

肥満細胞腫（MCT）は、犬においてもっとも一般的な皮膚腫瘍の１つである。肥満細胞腫の生物学的挙動は予測不可能なので、常に積極的に治療すべきである（図7、図8）。

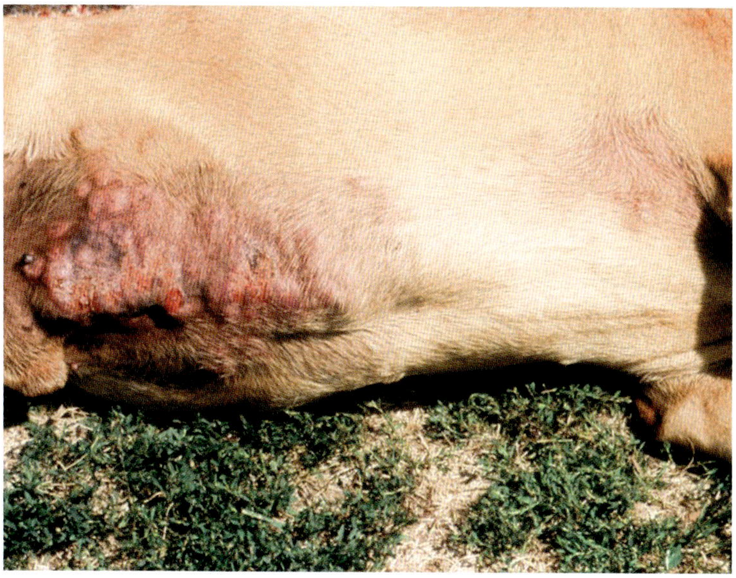

図７　腹部のびまん性肥満細胞腫

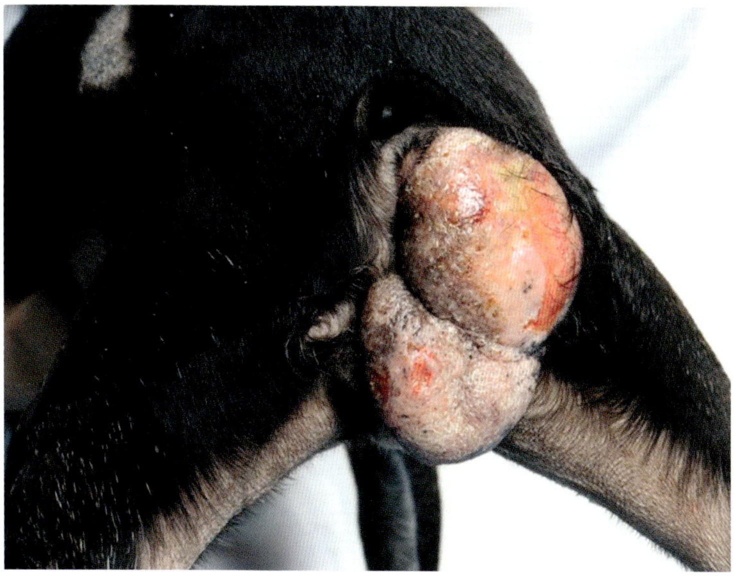

図８　肛門周囲の肥満細胞腫

疫学

肥満細胞腫は、犬における皮膚腫瘍の約20〜25%を占める。短頭種やゴールデン・レトリーバーは本腫瘍の好発品種である。肥満細胞腫は、火傷の瘢痕のような慢性刺激領域の皮膚に発生することがある。

臨床徴候

肥満細胞腫は全身の表皮真皮、または皮下や深部の腫瘤として見られることがあり、斑や丘疹、結節などの一次性または二次性皮膚病変に類似することがある。肥満細胞腫の約10〜15%は、触診上、リンパ腫と区別できない。

ほとんどの肥満細胞腫は単発性である。しかし、特にボクサーでは、多発性肥満細胞腫が認められることがある（図9、図10)。もっとも一般的な転移領域は所属リンパ節であり、全身性播種はまれである（肝臓、脾臓、骨髄)。

肥満細胞は生理活性物質（ヘパリン、ヒスタミン、ロイコトリエン）を分泌するので、肥満細胞腫の犬は、びまん性の「瘤」や腫瘍領域の皮下出血を主訴にしばしば来院する。寒冷や酷暑、運動、虫刺されは肥満細胞腫の脱顆粒の原因となりうる。肥満細胞腫を仮診断するときに参考となる特徴は、腫瘍を触ったりつまんだりした後すぐに腫脹と紅斑が起こることである（ダリエ徴候、図11)。

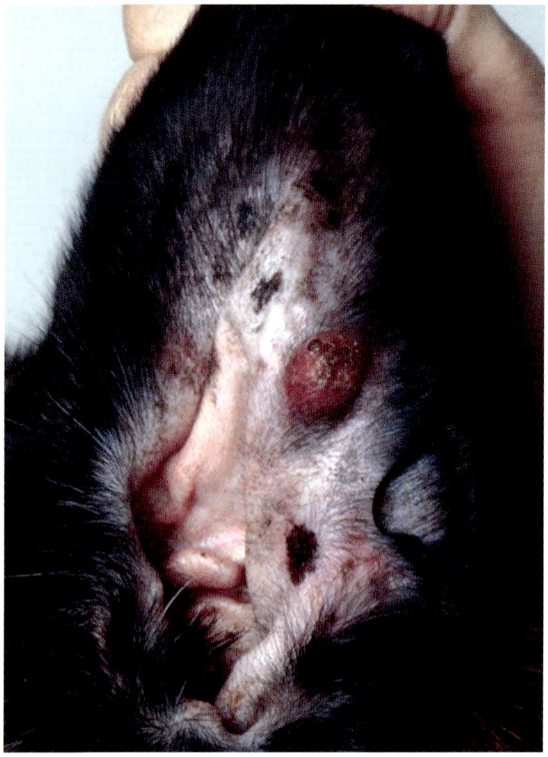

図9 単発性肥満細胞腫

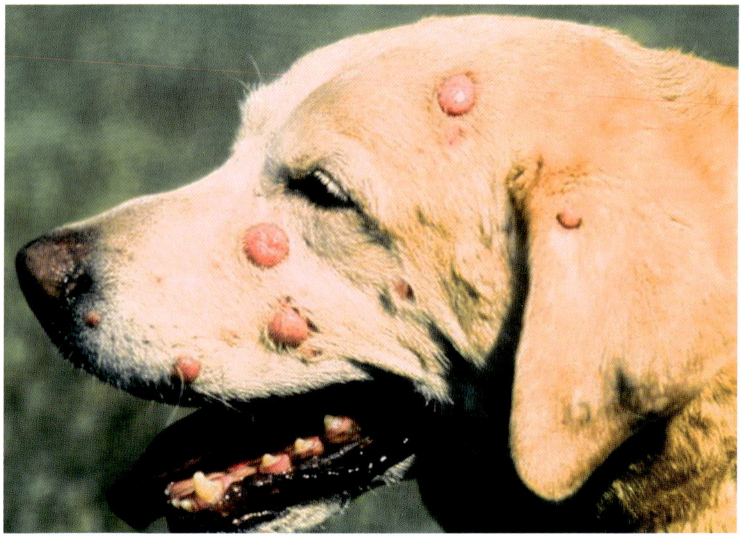

図10 多発性肥満細胞腫

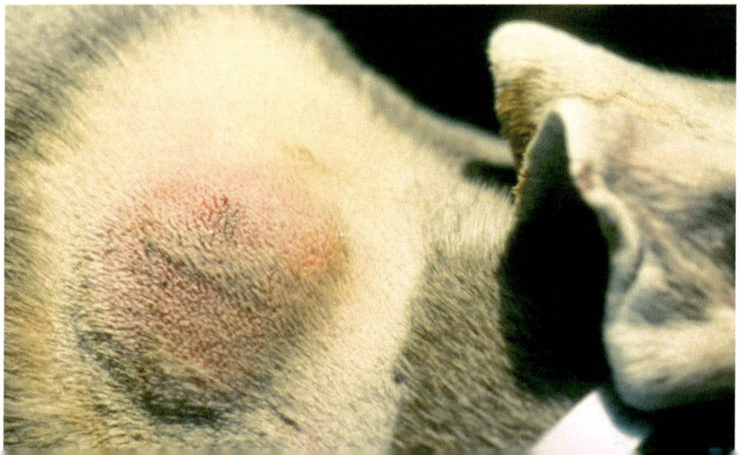

図11 ダリエ徴候：ワイマラナーの肥満細胞腫におけるFNA実施後に見られたサイズの増大と紅斑

「典型的な」肥満細胞腫は、紅斑を伴った円形に脱毛した表皮真皮の病変である。しかし、先に述べたように、外観は非常に多様である。

臨床検査と病理組織学的検査

肥満細胞腫の犬において、血液学的・生化学的異常はほとんど認められない。時折、好酸球増多や好塩基球増多、肥満細胞増多が観察される。

組織学的観点から、肥満細胞腫は以下のように分類される。

■グレード1：高分化型
■グレード2：中分化型
■グレード3：低分化型

一般的に、術後の生存期間は分化の程度に直接関連する。たとえば、グレード1の肥満細胞腫の犬を外科手術単独で治療した際の奏功率は約90%であるが、グレード3の腫瘍では10%以下である。

生物学的挙動

肥満細胞腫の生物学的挙動は、予測不可能の一言でまとめることができる。一般的に、高分化型の肥満細胞腫（グレード1）は転移率が低く、外科切除単独で治癒できる。

グレード2や3の肥満細胞腫の転移率はより高く、播種するリスクも高い。特定の解剖学的部位（趾、鼠径、生殖器、口腔粘膜）における肥満細胞腫は、生物学的挙動がより悪い。一部の肥満細胞腫は全身に播種し、肝臓や脾臓、骨髄に認められる。

これらの腫瘍は血管作用性物質を産生するので、罹患領域ではしばしば浮腫や紅斑、出血、腫脹が認められる。大型の肥満細胞腫を有する多くの犬は高ヒスタミン血症を生じているので、胃十二指腸潰瘍が一般的に起こる。

転移は所属リンパ節でもっとも一般的に認められる。しかし時にリンパ節がスキップされる可能性もある。肺転移は非常にまれなので、肥満細胞腫の犬に肺の結節が認められた場合は、別の原発腫瘍を考慮すべきである。

診断

細胞診は、肥満細胞腫を診断するために、もっとも簡便な方法である。FNAによって細胞質に大型の紫色または青紫色の顆粒を有した円形細胞が認められる。好酸球もしばしば認められる。簡易の血球形態染色（例：ディフ・クイック）では、顆粒が染まらない可能性がある（図12）。

肥満細胞腫の犬、特に進行した肥満細胞腫の治療を考慮するのであれば、その臨床検査には、所属リンパ節の触診と脾臓のサイズ・質感の評価（触診、超音波検査）、糞便潜血検査を含めるべきである。サイズが大きくない場合でも、所属リンパ節の吸引は実施すべきである。循環している肥満細胞を検出するための末梢血の評価は、循環血液中に肥満細胞が認められることはめったにないので、あまり有用でない。

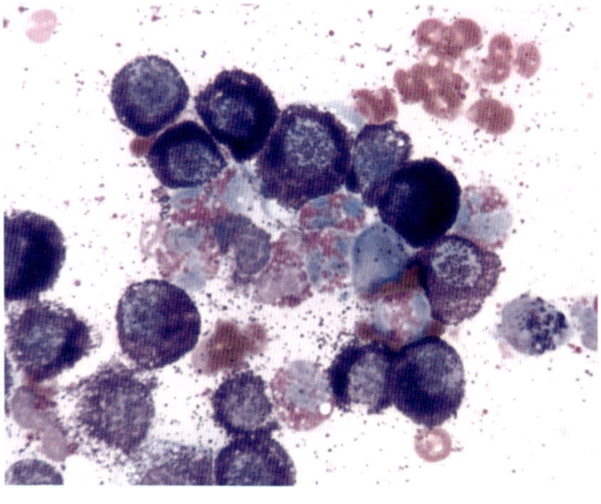

図12　ギムザ染色による肥満細胞腫

予後と治療

これまで述べてきたように、術前に摘出する腫瘍が肥満細胞腫かどうかを知ることが不可欠である。一般的に、肥満細胞腫は外科的に治療される腫瘍であるが、放射線療法や化学療法、分子標的薬によって治療されることもある。

組織学的なグレードによって治療法は異なる。

グレード 1

完全切除が可能な領域の単発性肥満細胞腫は積極的な外科手術（切除マージン 2～3 cm と腫瘍の下の筋膜 1 枚）で治療すべきである。完全切除が達成され（病理報告書によって確定）、転移病変がなく、腫瘍がグレード 1 であれば、さらなる治療はめったに必要ない。

グレード 2

同じ部位におけるグレード 2 の腫瘍の場合、外科手術単独での治癒の可能性は約 80％である。しかし、腫瘍がグレード 2 でその切除が不完全であれば、3 つの選択肢がある。

- すぐに再手術し、罹患領域を摘出する
- 放射線療法
- プレドニゾンとロムスチンを用いた化学療法剤の短期間の投与

切除が不可能な領域における単発性肥満細胞腫の症例では、放射線療法や化学療法が必要となる。転移性または播種性肥満細胞腫の症例には、化学療法が最良の選択肢である。

- プレドニゾン（2 mg/kg PO 24 時間毎、1 週間）投与
- その後にプレドニゾン（1 mg/kg　PO　48 時間毎）とロムスチン（CCNU　60 mg/m^2　PO　3 週間毎）の組み合わせを投与
- CBC（好中球減少症や血小板減少症のため）と生化学（肝トランスアミラーゼ）をモニタ
- H_2 抗ヒスタミン剤：ファモチジン（0.5 mg/kg PO　24 時間毎）投与
- 臨床的に消化管出血の確証がある場合、スクラルファート（1 mg/25 kg　PO　8 時間毎）を投与

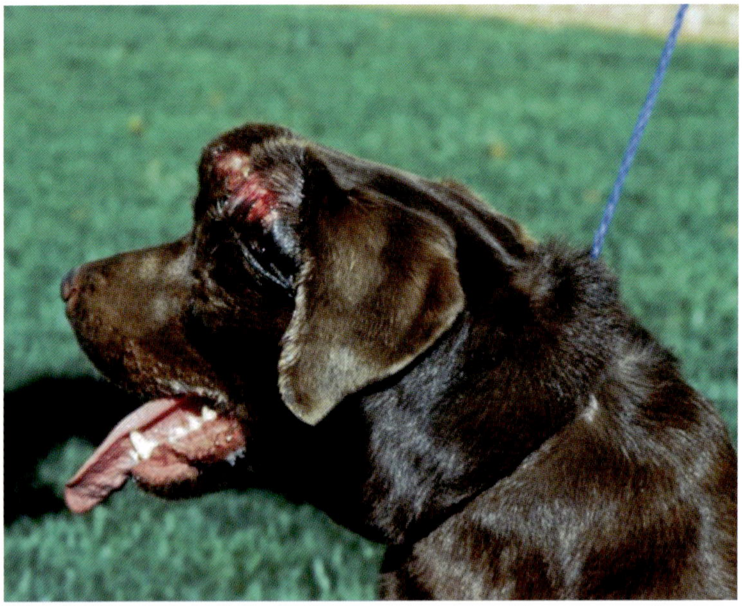

図 13　CVP 化学療法実施前の肥満細胞腫

- CVP 化学療法（シクロフォスファミド、ビンブラスチン、プレドニゾン）は上述のプロトコールほど有効ではない（図 13、図 14）。
- 特に *c-kit* 遺伝子変異を有する切除が困難な肥満細胞腫の犬には、トセラニブやマスチニブが有効な場合がある。

猫におけるプロトコール（図 15）

- **単発性**：保存的な外科手術
- **多発性**：プレドニゾン＋クロラムブシル（20 mg/m^2 PO　2 週間毎）
- **全身性**：脾臓摘出＋プレドニゾン＋クロラムブシル（20 mg/m^2 PO　2 週間毎）
- **消化管型**：外科＋プレドニゾン＋クロラムブシル（20 mg/m^2 PO　2 週間毎）

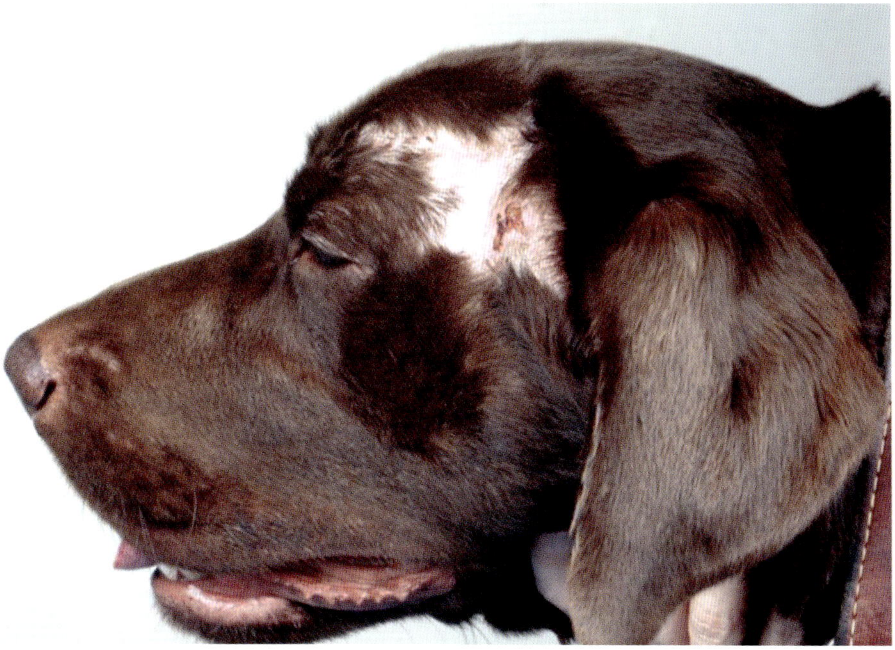

図 14　CVP 化学療法後の肥満細胞腫

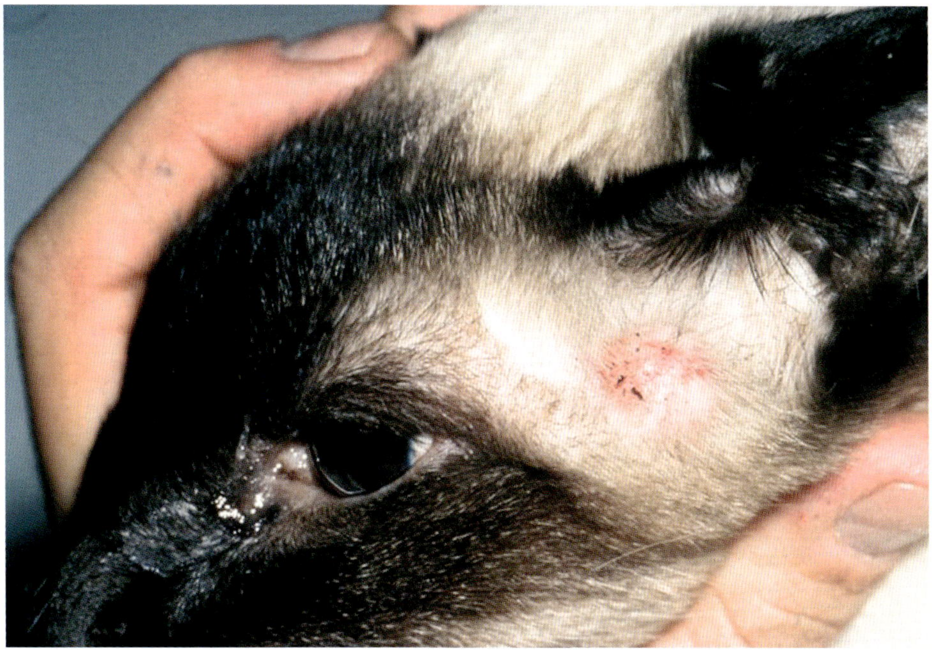

図 15　猫の肥満細胞腫

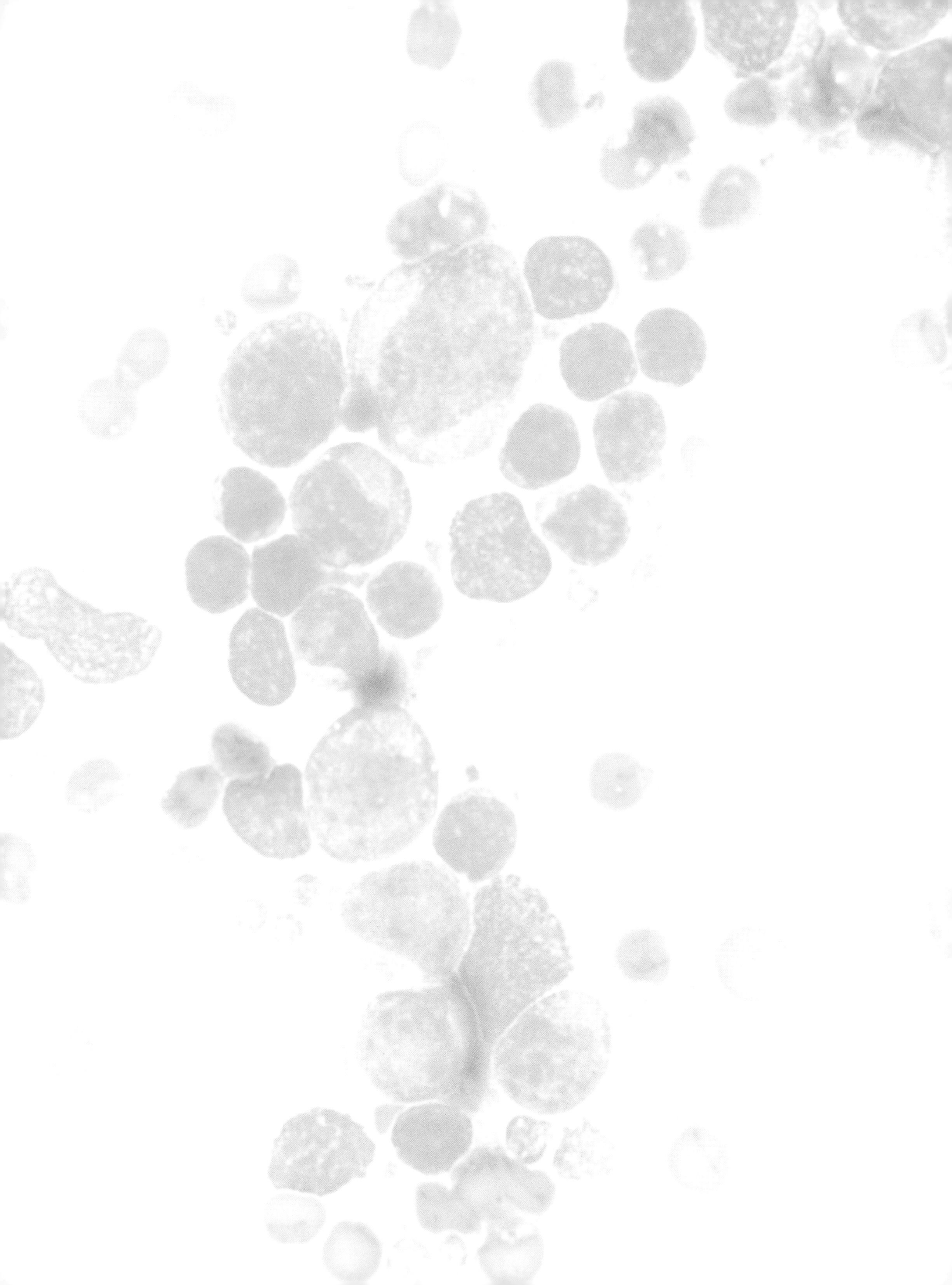

リンパ腫

LYMPHOMAS

リンパ腫

病因と疫学

リンパ腫は日々の診療においてもっとも一般的な腫瘍の1つである。幸運なことに、犬と猫で認められるすべての播種性腫瘍のなかで、治療への反応がもっともよい。

犬では、病因は多因子性であると考えられている。遺伝的素因は重要因子であり、好発犬種がいくつか存在する。

猫では、リンパ腫症例における FeLV の罹患率が近年減少していることが認められている。Louwerens ら（2005）によって、FeLV の感染率は減少しているものの、猫のリンパ腫の有病率は増加していると報告されている。この増加は、若齢から中年齢のシャム猫やオリエンタル種において、FeLV 陰性の消化器型や節外型または非定型型、縦隔型リンパ腫の有病率が高いことと関連している。

リンパ腫の猫の発症年齢には2つのピークがある。1つは FeLV 陽性猫の発症年齢であり、もう1つは FeLV 陰性猫の発症年齢である（図16）。

好発犬種

- ボクサー
- バセットハウンド
- ロットワイラー
- コッカー・スパニエル
- セント・バーナード
- スコティッシュ・テリア
- イングリッシュ・ブルドッグ
- ゴールデン・レトリーバー

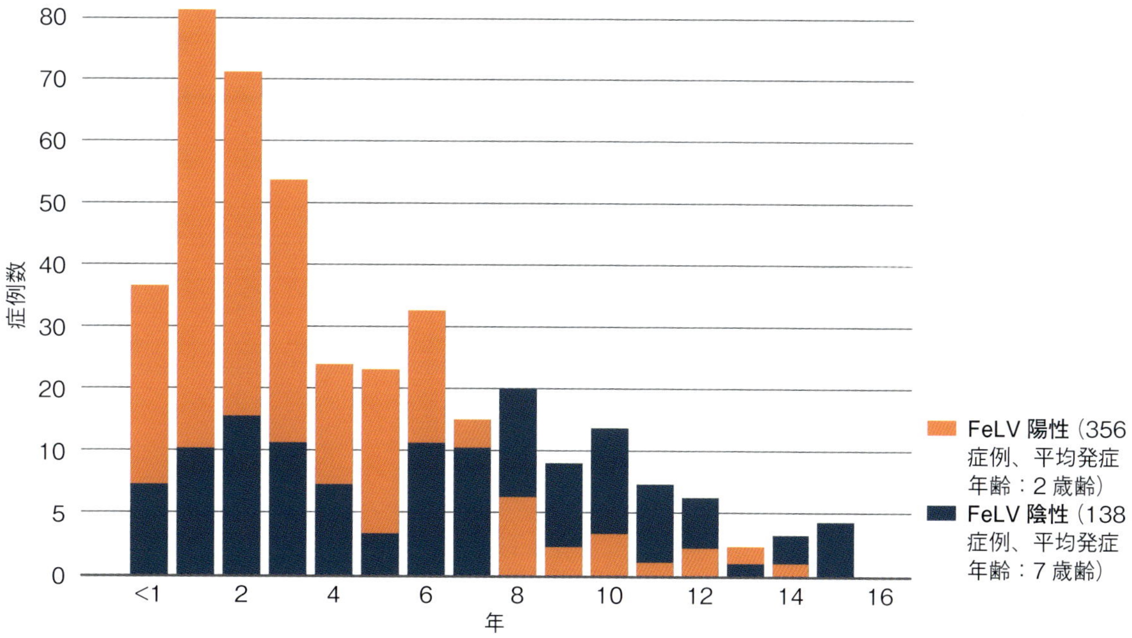

図16　リンパ腫に罹患した猫の発症年齢（出典：Louwerens, M.; London, C.A.; Pedersen, N.C.; and Lyons, L.A. 2005. *J Vet Intern Med*, 19: 329）

臨床所見

多中心型リンパ腫

多中心型リンパ腫は、肝臓や脾臓、骨髄病変を伴う全身性のリンパ節腫大を特徴とする。犬では、より一般的である。

この症例は、飼い主が1つまたはそれ以上の腫瘤（リンパ節）を発見してしばしば来院する。臨床徴候は曖昧で、非特異的である（体重減少や食欲不振、嗜眠）。罹患したリンパ節がリンパ液を排出したり気道を閉塞する場合は、浮腫や発咳が認められる。

罹患したリンパ節は非常に腫大し（正常サイズの5～15倍）、無痛性で可動性である（図17）。

猫では、多中心型リンパ腫は反応性（過形成性）リンパ節腫脹症と混同される可能性がある（図18）。

縦隔型リンパ腫

縦隔のリンパ節腫大は、猫でより一般的である（図19、図20）。縦隔のリンパ節腫大が、呼吸困難や発咳、吐出などの原因になる可能性がある。犬では、多飲多尿を伴う高カルシウム血症が認められることがある。

身体検査では、一般的に胸腔に限局して徴候が認められ、気管支肺胞音の減弱や胸部尾背側への肺音の変位、腹側領域からの打診濁音、縦隔の圧縮不能が認められることがある。

胸水が臨床徴候を悪化させる可能性がある。猫では、片側性または両側性のホルネル症候群が報告されており、犬では顔面と頚部の浮腫を示す。

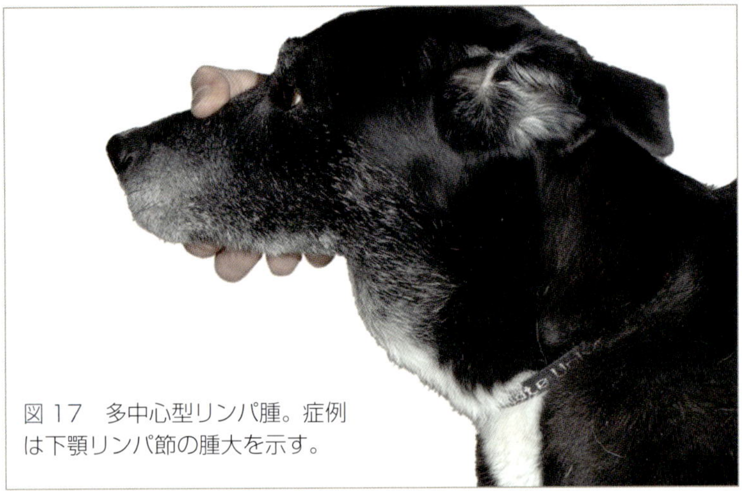

図17　多中心型リンパ腫。症例は下顎リンパ節の腫大を示す。

図18　猫の多中心型リンパ腫における罹患リンパ節の分布領域

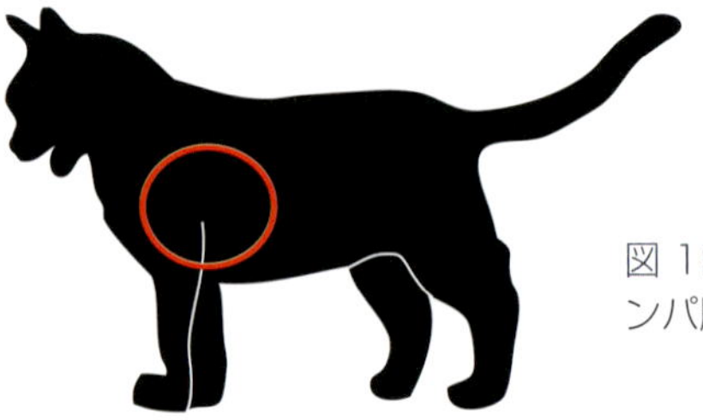

図19　縦隔型リンパ腫の分布領域

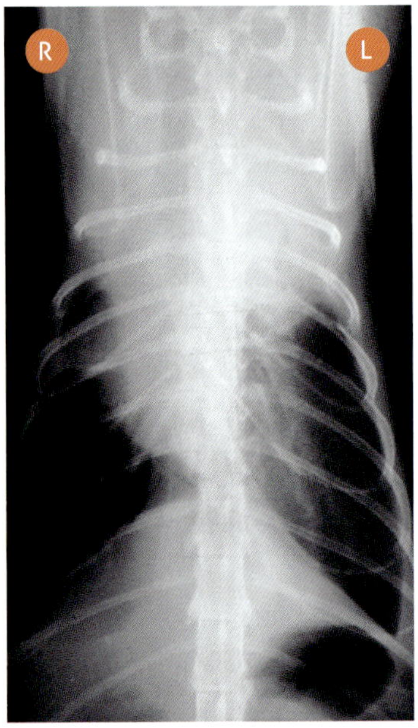

図20　猫の縦隔リンパ節のX線写真。心陰影より上部の、前縦隔領域におけるX線不透過性に注目。
Dr. Bill Kissebirth の厚意による。

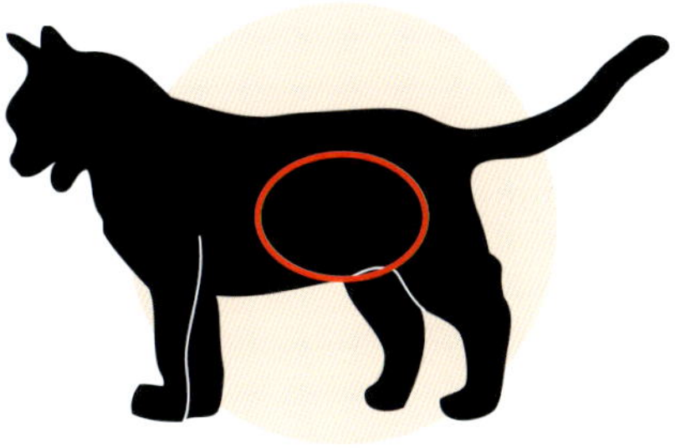

図 21　消化器型リンパ腫の分布領域

消化器型リンパ腫

消化器型リンパ腫は単発性またはびまん性、多発性の腸管浸潤を特徴とする（図 21、図 22）。腹腔内のリンパ節腫大が起こることもある。症例は、嘔吐や下痢、食欲不振、体重減少などの消化器徴候を示す。

腹腔内の腫瘤（例：腫大した腸間膜または回盲部リンパ節や消化管腫瘤）や、小腸のびまん性リンパ腫の症例においては肥厚した腸ループが認められる。

びまん性リンパ腫では、深部の生検が必要である（図 23）。

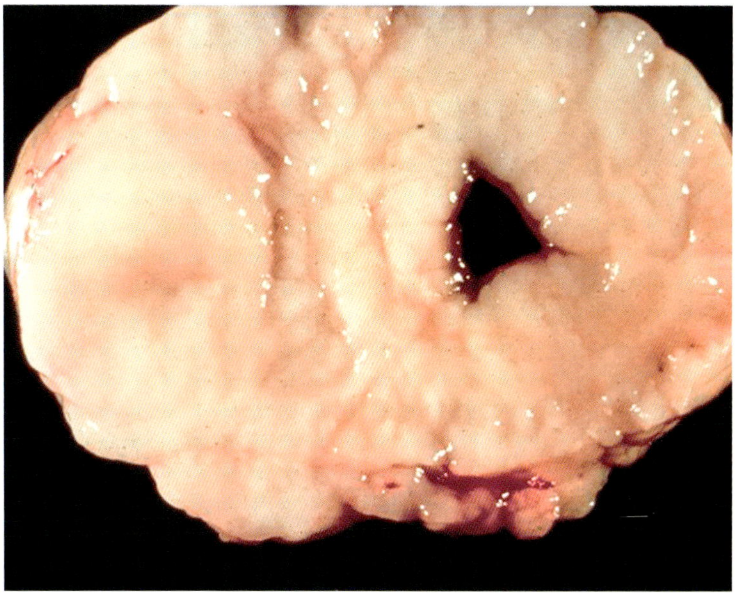

図 22　消化器型リンパ腫

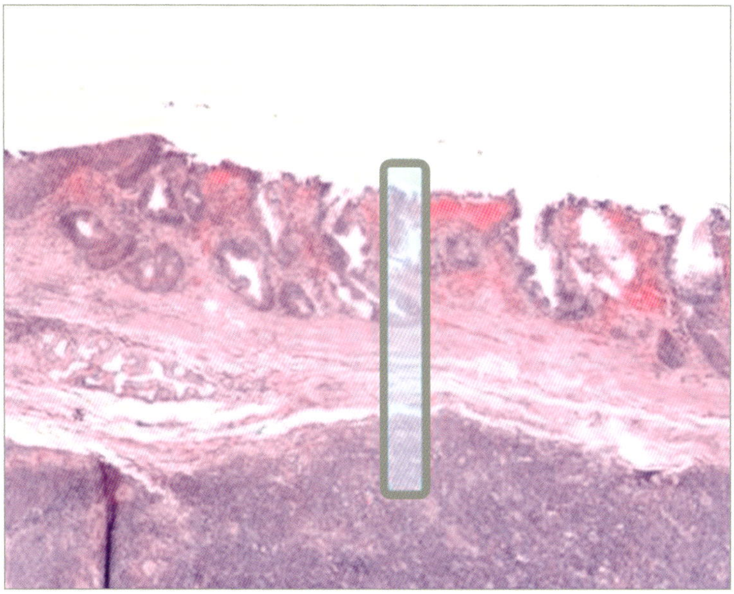

図 23　びまん性リンパ腫が疑われる場合、深部の生検をすべきである。

節外型リンパ腫

節外型リンパ腫はどのような組織においても認められる。臨床徴候は発生部位に依存し、極めて多様である。犬では主に皮膚と眼に認められるが、一方で猫では鼻咽頭や眼、腎臓、神経のリンパ腫がもっとも一般的である（図24、図25）。

診断

リンパ腫の存在を診断するための検査の主なエビデンスを以下に記載する。

血液学的検査

骨髄浸潤や脾臓機能の変化、慢性疾患、免疫関連の異常によって血液像が変化する。一部の変化は腫瘍細胞から分泌される生理活性物質が原因である。

非再生性貧血や白血球増多症、好中球増多症、単球増多症、末梢血における異常なリンパ球系細胞、血小板減少症、血球減少症、白血赤芽球性反応が含まれる。

生化学検査

生化学検査所見における異常は、生理活性物質または二次性の臓器不全が原因である。血液学的にも生化学的にも異常所見を示すことがあるが、他の多くの疾患でも検査値は変化するので、それらの所見は診断的でない。

生化学的変化は猫よりも犬でより一般的である。高タンパク血症が起こることもあれば、縦隔型リンパ腫や多中心型T細胞性リンパ腫では高カルシウム血症が典型的である。

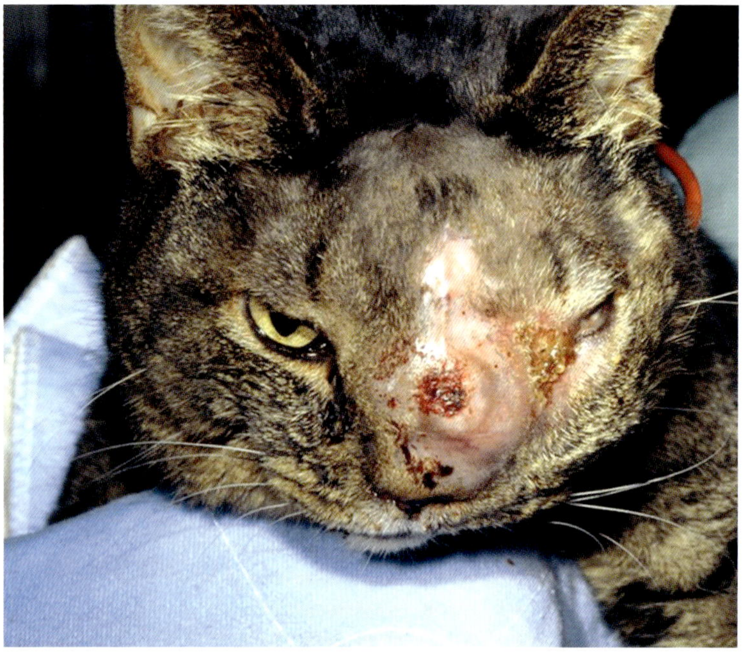

図24　鼻腔型リンパ腫

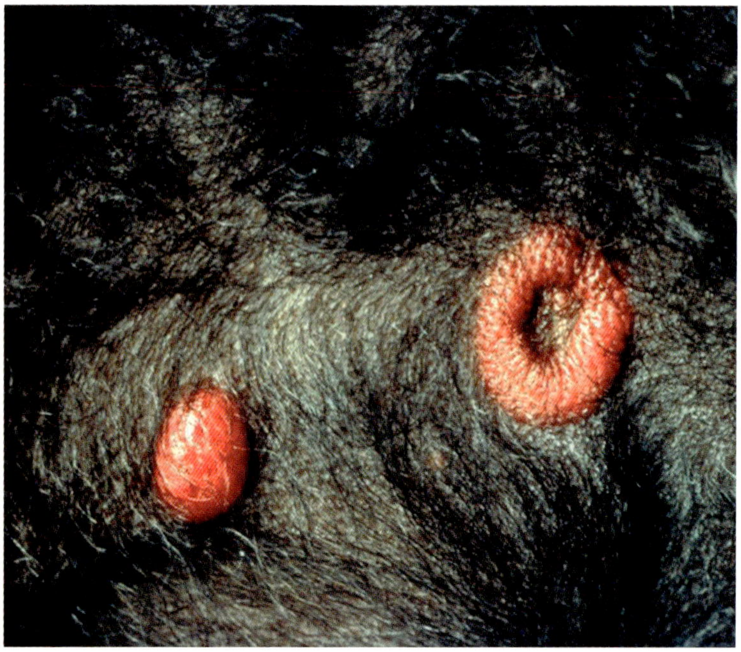

図25　皮膚型リンパ腫

X 線検査

臓器肥大やリンパ節腫大の結果による変化がしばしば認められる（図 26、図 27）。

胸骨や気管気管支リンパ節腫大、間質性または気管支肺胞性肺浸潤、胸水、腹腔内リンパ節腫大、臓器肥大、骨腫瘤、骨融解性病変が X 線検査所見として認められる可能性がある。

消化管造影検査において異常が認められることもある。

超音波検査

超音波検査は、腫瘤とエコー源性の変化を評価する非常に重要な検査である（図 28）。超音波検査は FNA のガイドにも有用である。

明らかな超音波検査上の変化には、臓器肥大やエコー源性の変化、腸管の肥厚、リンパ節腫大、脾臓腫瘤、滲出液がありうる。

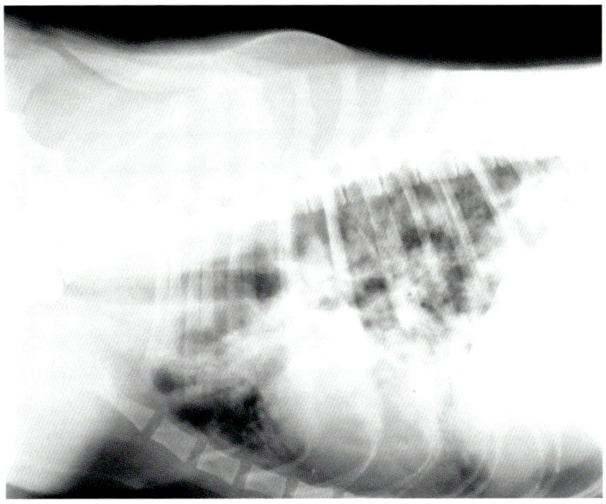

図 26　肺浸潤を示した縦隔型リンパ腫の X 線検査所見

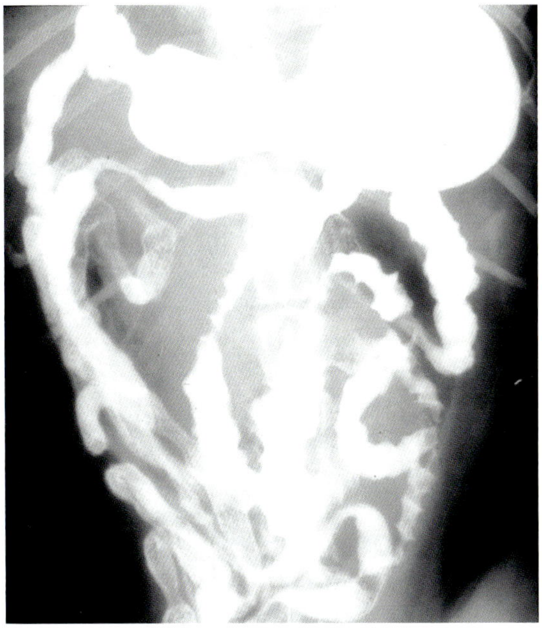

図 27　消化器型リンパ腫の症例における造影 X 線検査所見。「鋸歯状」のコントラストが認められる領域の腸管壁の肥厚に注目

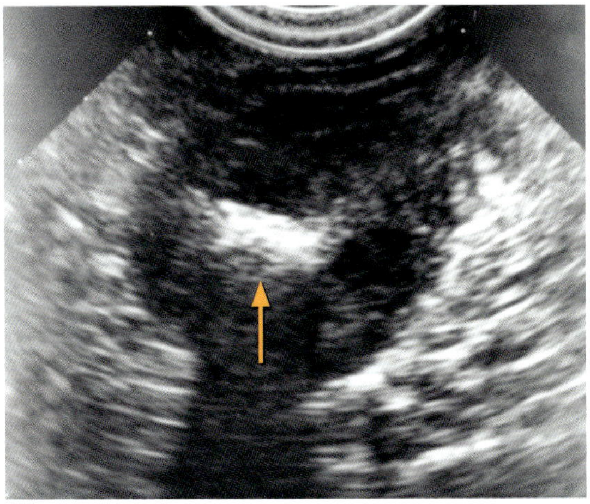

図 28　腹腔内腫瘤（矢印）の超音波検査所見

細胞診

リンパ腫において、細胞診は犬の症例における90%、猫の症例おける70%で診断的である。

そのうえ細胞診は、簡便、迅速で安価な手技である。正常な単形性細胞集団と比較して、腫瘍細胞では、典型的な変化が鏡顕できるだろう(図29、図30、図31)。

病理組織学的検査

病理組織学的検査は必要ではない。犬と猫のリンパ腫の病理組織学的分類が予後の情報をもたらすことが明白に立証されるまでは、リンパ腫の細胞学的診断が確立されている場合は、リンパ節や節外腫瘤を病理組織学的評価のために外科的に摘出する正当性はない。

免疫表現型検査

細胞系統の免疫表現型を決定するために、フローサイトメトリーやPCRクローナリティー検査によって少量のサンプルを検査する。この検査は、反応性リンパ節腫大からリンパ腫を鑑別するための感度と特異性の高い方法である。

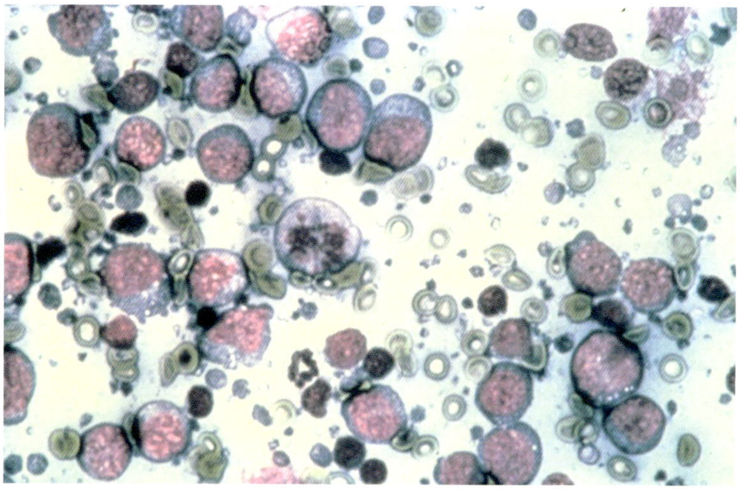

図29　猫の消化器型リンパ腫で認められた、細胞の大小不同と核の大小不同、空胞化を伴う大型リンパ球

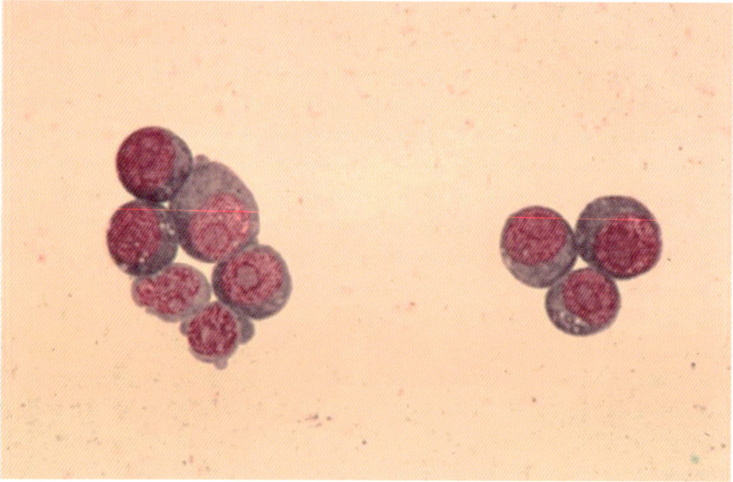

図30　腫瘍性リンパ系細胞を認めた猫の胸水の細胞診

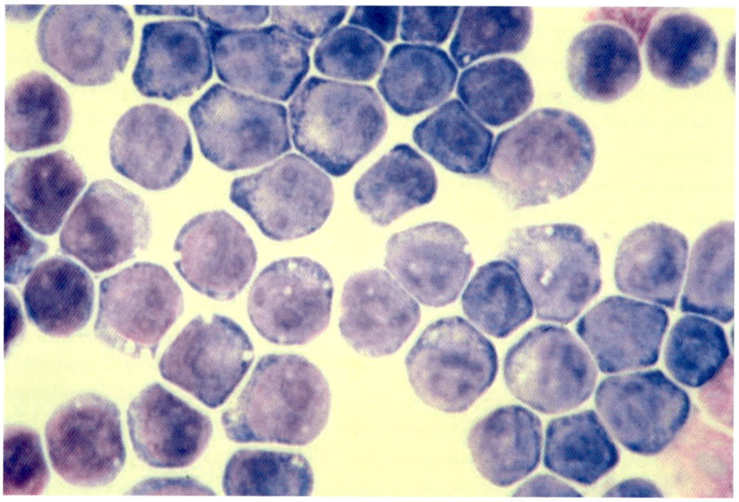

図31　リンパ腫の犬における脳脊髄液の細胞診

治療

治療への適合性をチェックするために症例の状態を評価すること（血液化学検査や血液学的検査、尿検査、猫ではFeLVとFIVの検査など）は重要である。たとえば、骨髄浸潤が原因の血球減少がある犬では、骨髄抑制が敗血症の引き金になる可能性があるので、積極的な化学療法を行うことができない。

猫では、リンパ腫症例の約70％が猫白血病ウイルス（FeLV）に感染していることがいくつかの研究において報告されている（図16）。一般的に、リンパ腫を有する老齢猫はFeLV陰性である一方で、若齢猫ではFeLV陽性である。

猫免疫不全ウイルス（FIV）の感染もまたリンパ腫のリスクを増大させる。FeLV、FIVの両ウイルスに感染した猫は、非感染猫と比較して75倍リンパ腫を発生しやすいとされている。

リンパ腫の若齢猫は一般的にFeLV陽性で、縦隔型リンパ腫を発症する。

リンパ腫の老齢猫は一般的にFeLV陰性で、消化器型リンパ腫を発症する。

プロトコール

原則として、2つのプロトコールがある。すなわち、導入量を投与し、維持と将来の再導入が続くプロトコール（COPプロトコール）か、後続の維持のない一定期間のより積極的なプロトコール（CHOPプロトコール）である。どちらも同様の生存率をもたらす。プロトコールの選択は、飼い主の好みや症例の状態、併発疾患、費用などの要因に左右される。単剤化学療法を使用することも可能である。

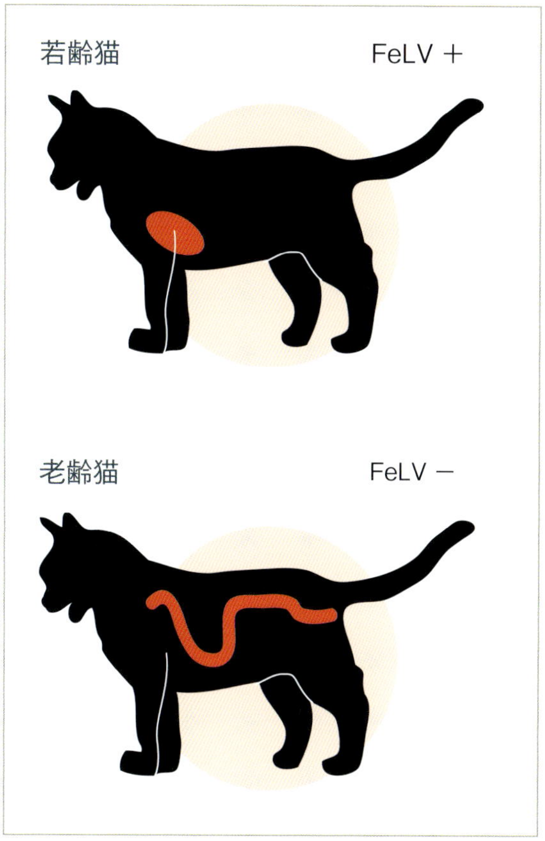

猫では、リンパ腫の発症は、年齢およびFeLV感染に関連しているようである。

COP プロトコール（猫における選択：図 32）

- シクロフォスファミド：50 mg/m^2 PO　48 時間毎または、300 mg/m^2 PO　3 週間毎。このプロトコールを使用するにおいて、治療期間を変更することは可能である。
- ビンクリスチン：0.5 mg/m^2 IV　週 1 回
- プレドニゾン：40 ～ 50 mg/m^2 PO　24 時間毎　1 週間、その後 20 ～ 25 mg/m^2 PO 48 時間毎、または、デキサメサゾン：4 mg/cat　週 1 回

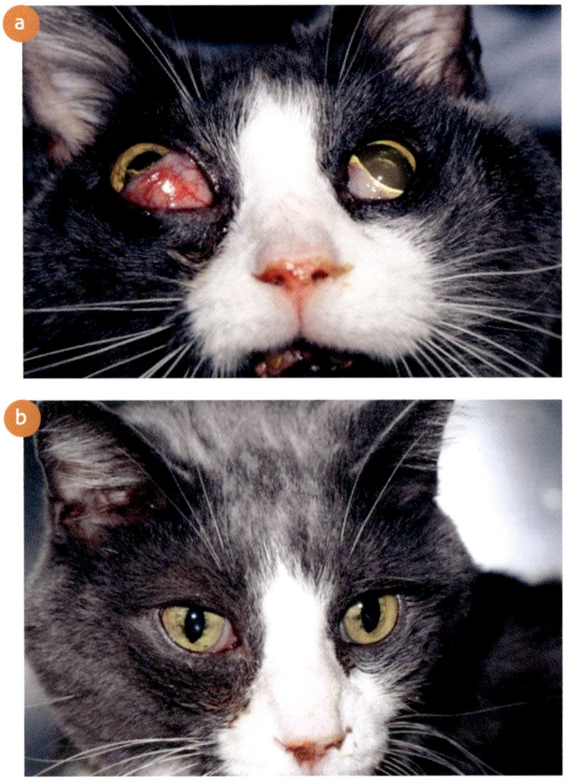

図 32　リンパ腫の猫におけるアスパラギナーゼとデキサメサゾン、シトシンアラビノシドによる治療の治療前（a）と治療開始 23 時間後（b）

CHOP プロトコール

- COP+ ドキソルビシン：30 mg/m^2 または 1 mg/kg IV 3 週間毎（化学療法プロトコールについての別表参照）。

単剤化学療法

- 単一薬剤の化学療法として、以下の選択肢がある。
- ドキソルビシン：30 mg/m^2（1 mg/kg）IV　3 週間毎
- ロムスチン（CCNU）：60 mg/m^2 PO　3 週間毎

LMP 維持療法

- クロラムブシル：20 mg/m^2 PO　2 週間毎
- メトトレキサート：2.5 mg/m^2 PO　週 2 ～ 3 回
- プレドニゾン：20 mg/m^2 PO　48 時間毎

この図は、初回寛解からの生存期間が、COPで治療された症例と比較してCHOPで治療された症例の方がわずかに長いことを示している。

図33　初回寛解後の生存率

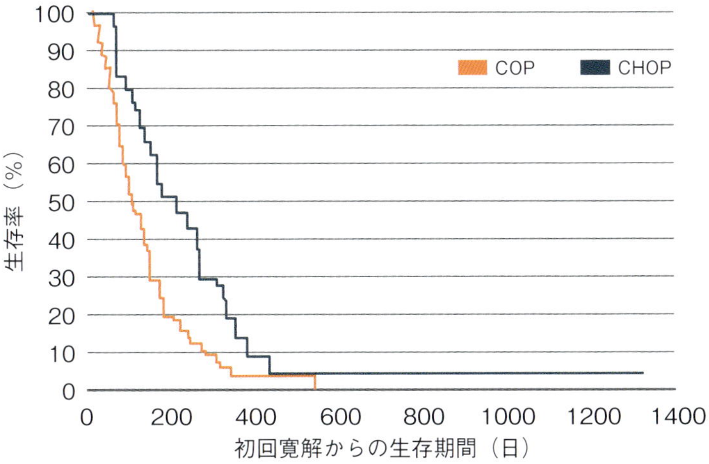

この図は各群の症例における生存率のより一般的な見通しが示されている。治療後400日目の時点で、CHOPプロトコールを受けた症例はわずかに高い生存率を示しているが、生存者数に有意差は認められない。

図34　全体の生存率

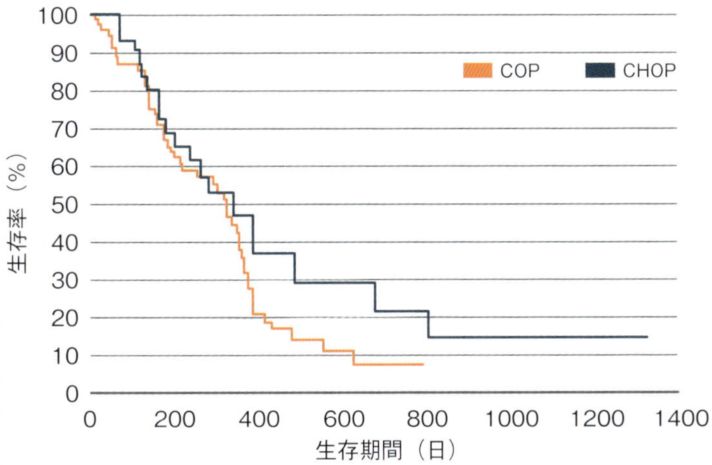

モニタ

CBCを1～3週間毎に実施すべきである。好中球減少症が検出された場合は、用量を減らすべきである。血液化学検査は1～2カ月毎に実施すべきである。

治療成績

犬では、症例の80～90%が良好に反応する。予想される生存期間は12～18カ月で、症例の20～30%が2年以上生存する。

猫では、60～70%が良好に反応し、生存期間は6～12カ月である。FeLV陽性個体の予後はより悪い。消化器型リンパ球性リンパ腫の猫は、一般的に2年以上生存する。

薬剤の評価

図33と図34は2つの治療プロトコール間の比較を示している。いずれのプロトコールも症例に毒性作用を生じる可能性があることに注意すべきである（図35）。

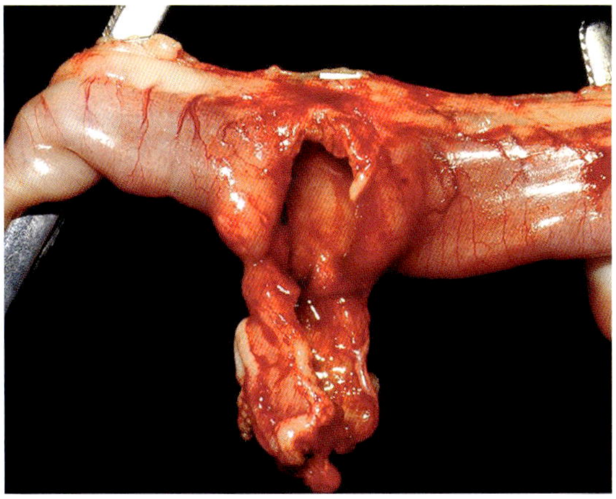

図35　消化管リンパ腫の猫における化学療法後の腸穿孔

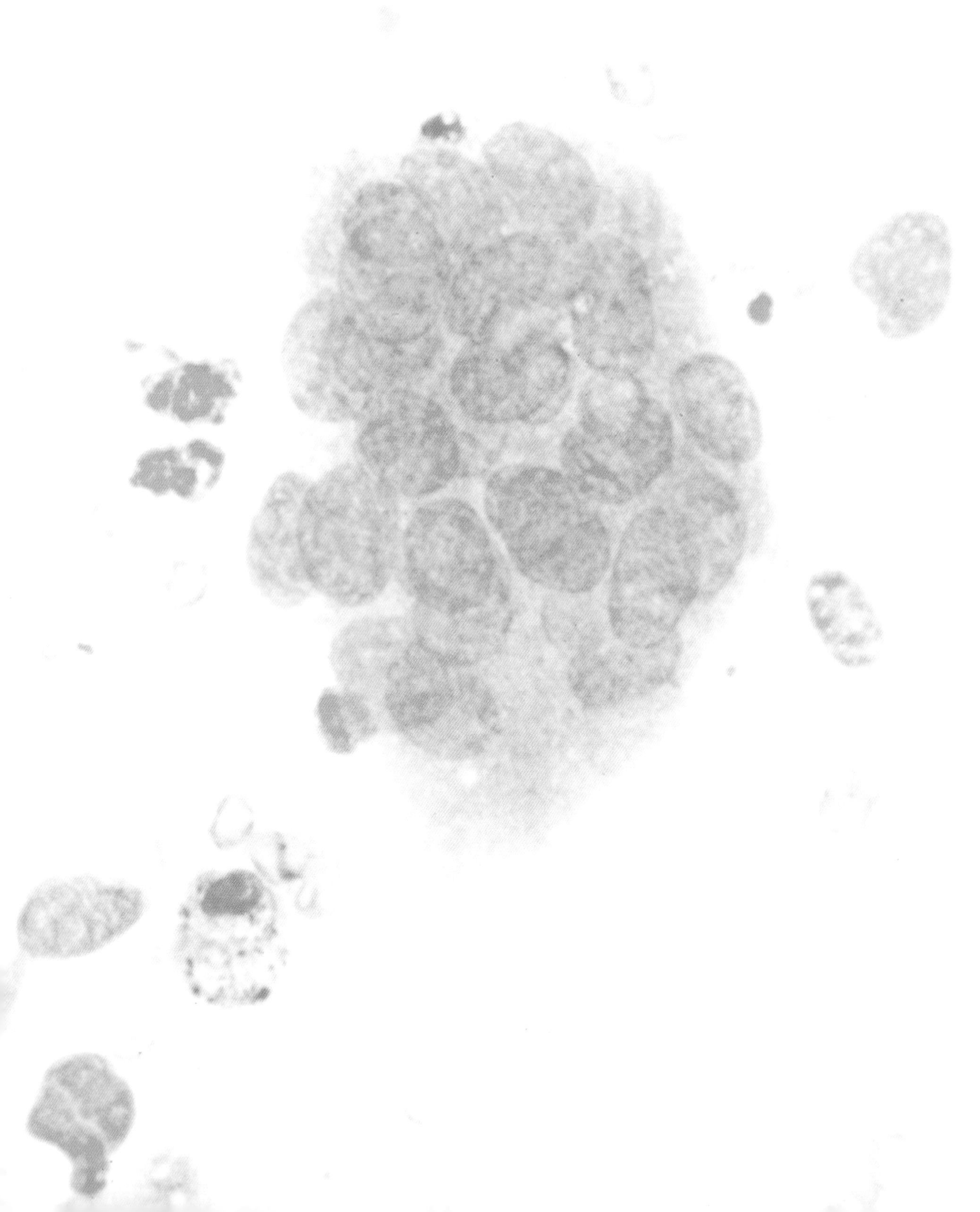

注射接種部位肉腫

INJECTION-SITE SARCOMAS

肉腫

線維肉腫

線維肉腫は通常老齢猫に見られる。さまざまな場所に独立性腫瘍として発生する（図 36）。外科手術が最適な治療法であるが、症例によっては放射線療法も使用される。

図 36　猫の肉腫例

猫の注射接種部位肉腫

1990 年代から注射（ワクチンや注射薬）の接種と軟部組織肉腫の発生との関連が示唆されている。線維肉腫がもっとも一般的であるが、その他の軟部組織肉腫も報告されている。当初は、狂犬病ワクチンおよび FeLV ワクチンが腫瘍発生に関与していると考えられており、それ以外の要因は考えられていなかった。しかし現在では、どのワクチンや注射薬でも注射接種部位肉腫は起こりうると証明されつつある。米国ではワクチン接種猫 10,000 頭当たり 1 ～ 3 例、1 年間に約 20,000 例発生している。

猫の注射接種部位肉腫（FISS：filine injection-site sarcoma）に関して、多くの研究がなされており、そのうちのいくつかの知見を下記に示す。

有病率

- 100,00 頭のうち 1 ～ 2 頭に肉腫が発生する傾向がある。
- 他の UCD 研究では、10,000 頭のうち 0.32 頭に肉腫が発生する傾向がある。
- 10,000 頭のうち 11.8 頭がワクチン接種後反応を起こす。

考えられる原因や病因については明確にされていないが、アジュバントや抗原に対する局所の免疫反応などが指摘されている。しかしながらそのメカニズムについては立証されていない。

炎症が引き金となると考えられているが、必要条件ではない。レトロウイルス関与は引き金としては除外されている。

肉腫引き金の可能性のある因子の評価とその結果

1 同一のシリンジで製品を混合する：
影響なし

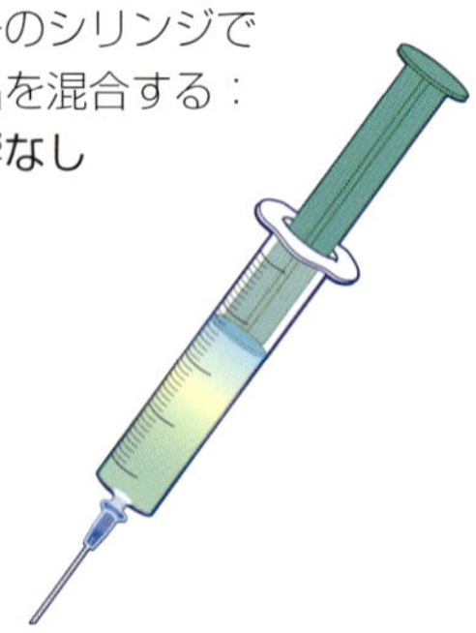

2 シリンジの種類：
影響なし

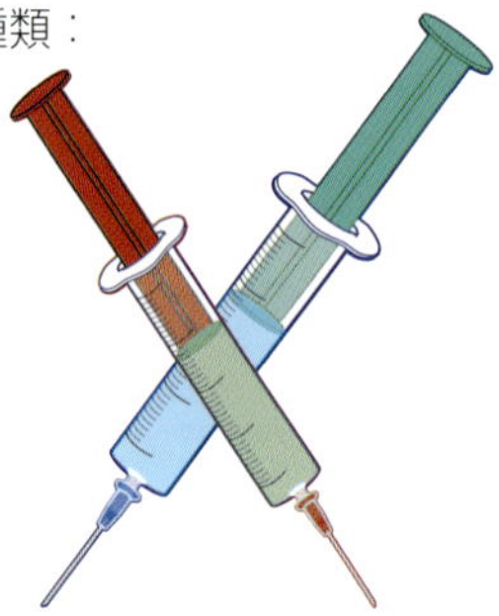

3 バイアルを事前に振る（混合ワクチンの場合）：
影響なし

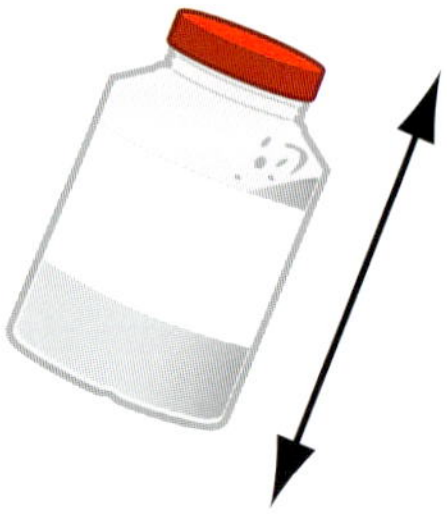

4 予防接種後に接種部位をマッサージする：
影響なし

5 シリンジを滅菌し再利用する：
影響なし

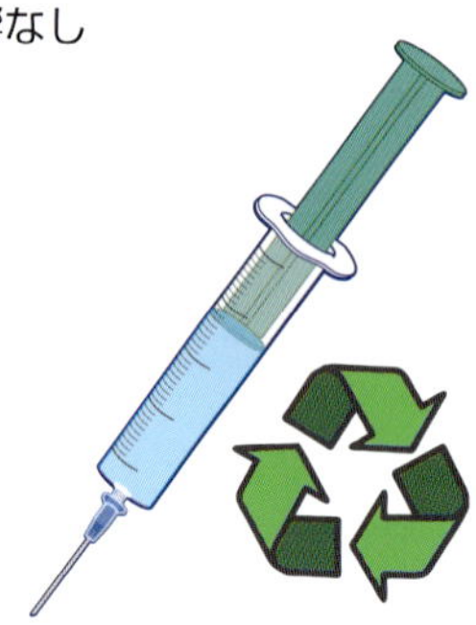

6 注射針のサイズ：
影響なし

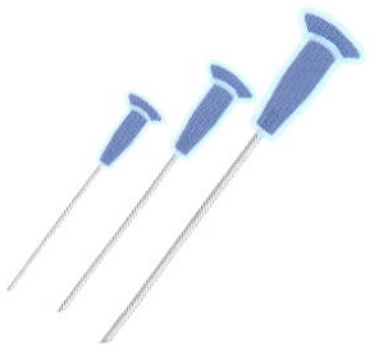

7 製品のタイプや商標：
影響なし

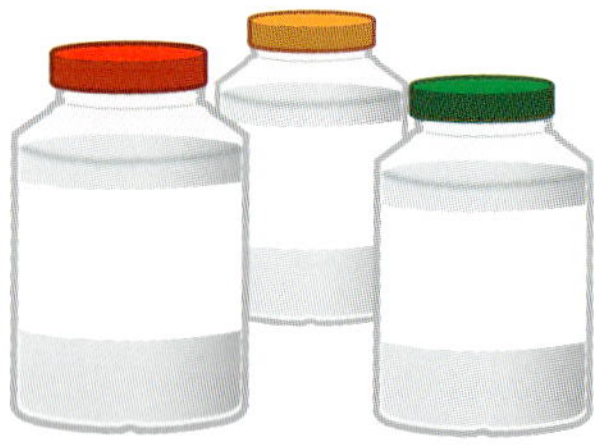

8 予防接種の温度：
冷たいワクチンといくらか関連があるようである

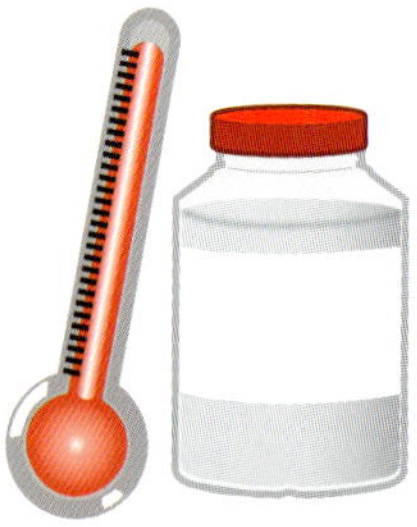

結論：
いかなるワクチンも注射もFISSを起こしうる。FeLVと狂犬病に特に関係はない。正確な発症機序は不明だが、アジュバントと抗原に対する局所免疫（炎症）の両方が関与していると考えられている。興味深いことに、猫にもっとも頻繁に注射されている薬であるインシュリンがFISSと関連があるということを提唱する報告はない。

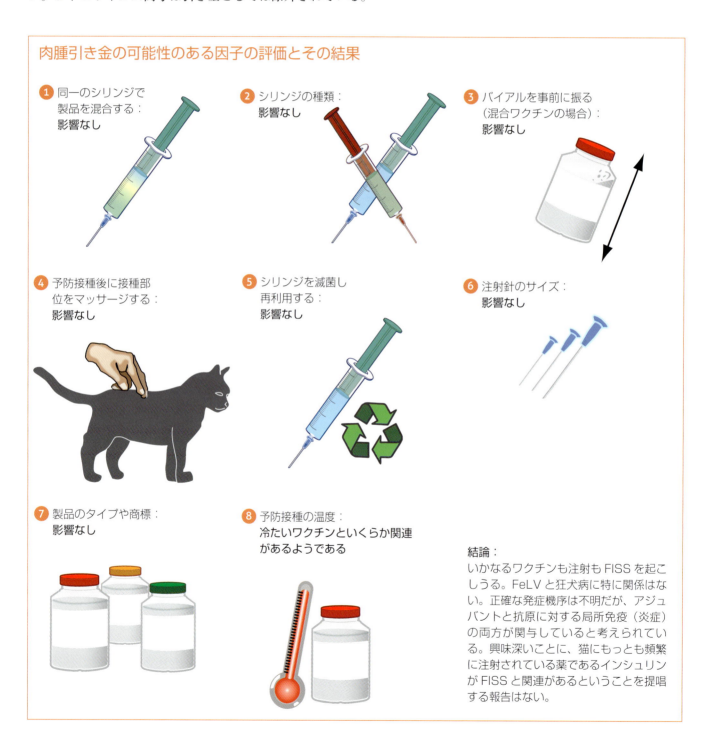

注射接種部位肉腫の臨床経過

線維肉腫は注射接種部位に急速に増大する軟部組織腫瘤として発生し、成長する。通常注射接種後2～3カ月で発現し、局所的な免疫反応によって引き起こされる。

猫で通常注射によく使用する部位（例：肩甲骨間あるいは大腿部）の表層あるいは深部に腫瘤がある場合このタイプの肉腫を疑い、可能な限り早く診断を下すべきである（図37、38）。

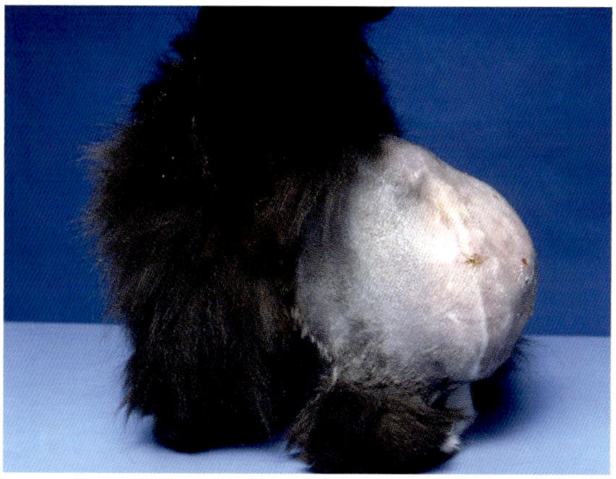

図37　線維肉腫の再発。前回の外科手術からの瘢痕に注意する。

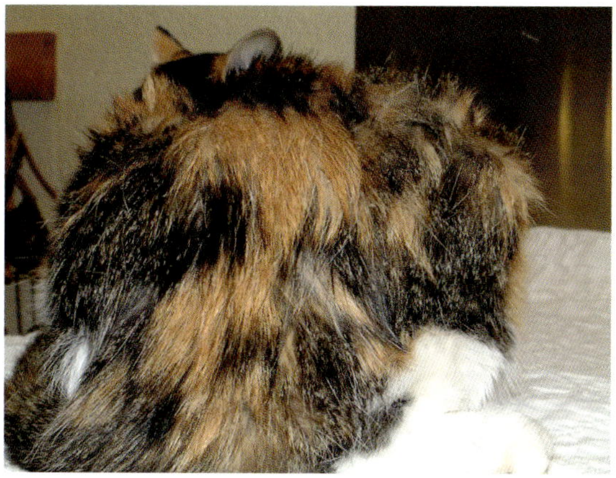

図38　後肢の線維肉腫

■注射部位に急速に成長する軟部組織腫瘤の出現は線維肉腫に一致する。

■線維肉腫はワクチン接種後数週間から数カ月で発現する。

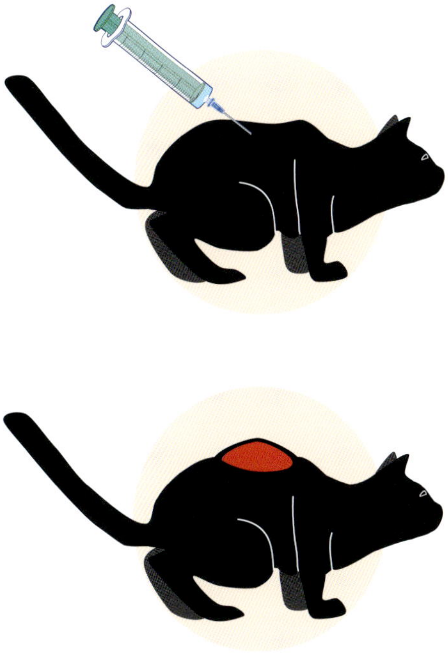

■線維肉腫は、まれに6週間以上の長い炎症に続いて生じる。

■線維肉腫は、通常肩甲骨間や胸部，大腿部に発現する。

■線維肉腫は、高い転移率をもつ。

犬や猫のほとんどの線維肉腫は転移の可能性は低いが、注射接種部位肉腫は非常に悪性度が高いため、適切に処置すべきである。研究は進行中であるが、文献に記載されている知見や我々専門家としての経験によると、これらの肉腫の転移率は高く、おそらく50～70%に達する。注射接種部位肉腫を発症したほとんどの猫で診断時に転移している。症例によっては眼への転移が認められることもある。

The American Association of Feline Practitioners（アメリカ猫専門医協会）は“3-2-1ルール”を推奨している。すなわち、もし腫瘤が3カ月以上存在し、2cm以上で注射後1カ月以内に発現したものなら、重要なものとみなす。

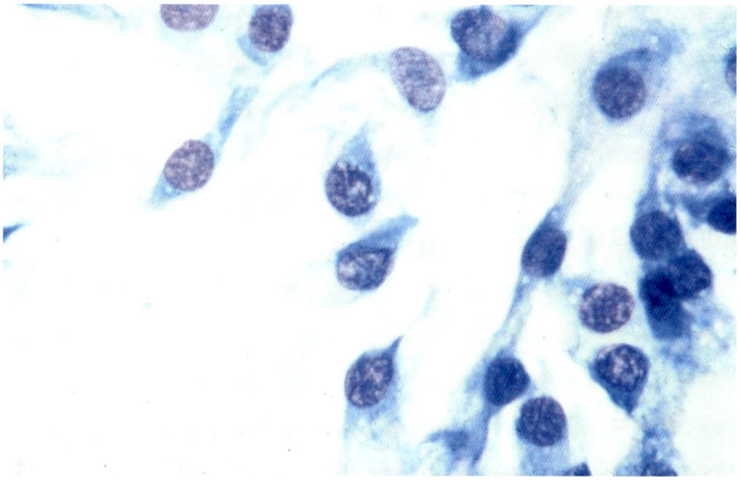

図 39　このサンプルは、肉腫に特徴的な紡錘形の細胞の集団を示している。

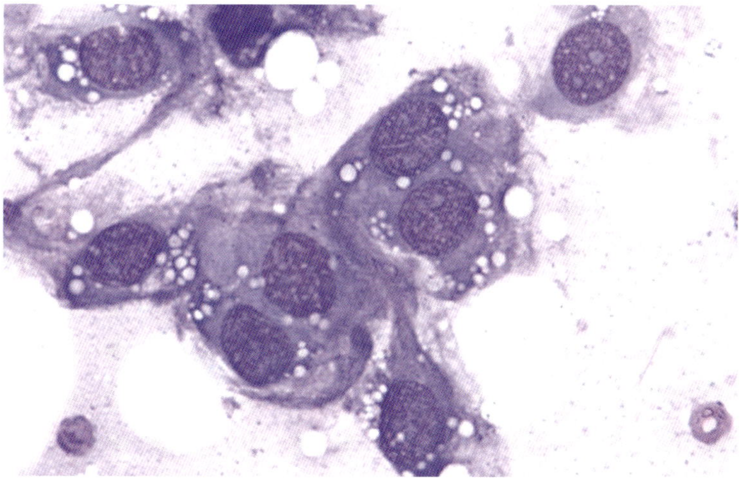

図 40　注射接種部位肉腫。この症例では、細胞は細胞塊を形成し、混乱を生じる。しかし、紡錘状の細胞質を同定することができる。

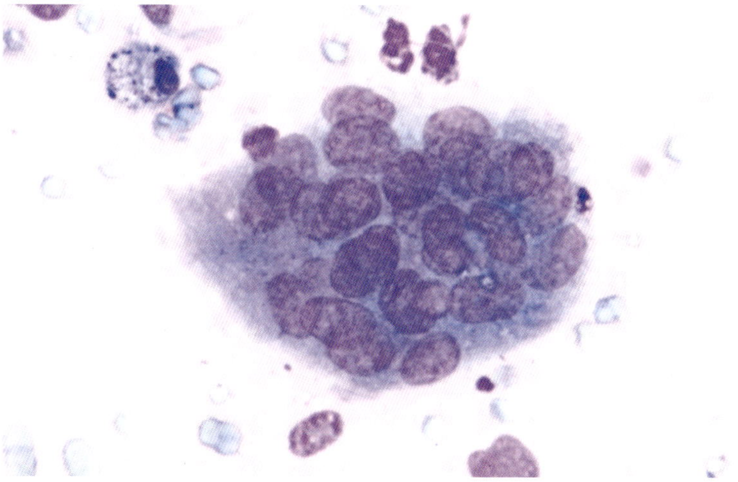

図 41　注射接種部位肉腫の巨細胞。カルシノーマ（上皮性悪性腫瘍）と混合してしまう可能性があるが、この症例では肉腫の細胞とともに多核の巨細胞が存在する。

診断

線維肉腫の成長の度合いによって、細胞診か生検が選択される。

細胞診

肉腫の細胞診所見は、図 39 ～ 40 に示すように、非常に変化に富んでいる（さまざまである）ことに注意する。

カルシノーマ
（上皮性悪性腫瘍）

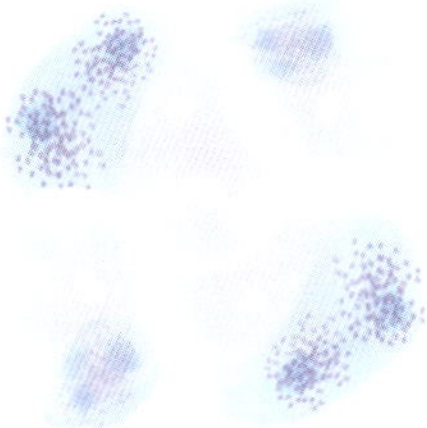

肉腫

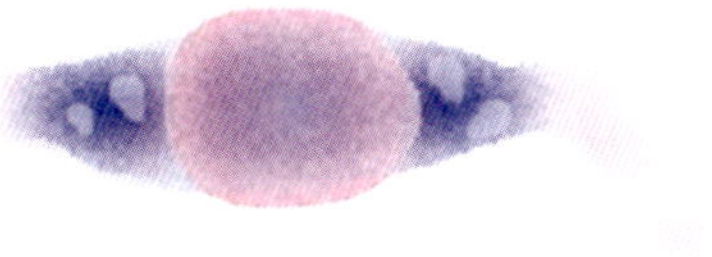

円形細胞腫瘍

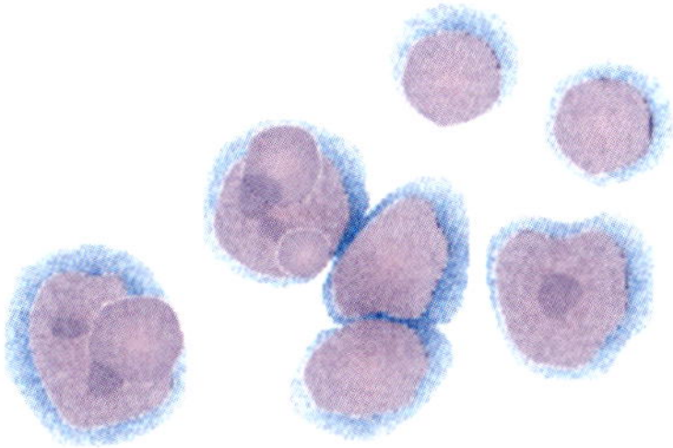

すべての腫瘍の細胞診のように、腫瘍の前駆体である細胞の種類を決定し、カルシノーマ（上皮性悪性腫瘍）、肉腫、円形細胞腫瘍として分類する。

肉腫の診断における細胞診の解釈では、下記を考慮に入れる。

- 細胞塊（特に押捺標本）や癌腫に似た巨大細胞が認められるかもしれないが、ほとんどの細胞は独立している。
- ほとんどの間葉系腫瘍の細胞は、紡錘形、多角形、多面体あるいは楕円形で、赤みがかった暗青色の細胞質と、不整な核を有する。

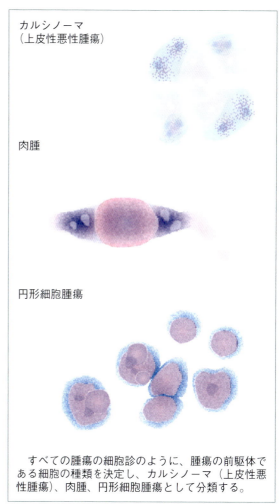

■ほとんどの肉腫では、細胞は偽足を形成する傾向にあり、核は細胞質から突出しているように見える。
■必ずしも肉腫が存在しなくても、慢性炎症で紡錘形の細胞がしばしば認められる。
■常に炎症細胞を探す。
■時に、肉腫はまったく剥がれ落ちてこないこともある。

結論

FNA検査は確定診断をもたらすこともある。しかし、肉腫は必ずしも細胞が剥離してくるわけではないので、サンプルの30～40％は誤診あるいは陰性結果となるため、生検が必要となるであろう。

切開生検

サンプルが確実に典型的なものかどうか、注意すべきである。もし病変周囲から採取されたものであれば、それは炎症を示唆しているかもしれない。もし中心部分からであれば、それは壊死である可能性がある。

進行

診断所見から炎症が示唆される場合、2つの選択肢がある。1つは治療効果が保証されていない外科手術を行うことを避けてその進行具合を経過観察するか、あるいは腫瘍へと成長してからでは遅すぎるためその部位を切除するかである。どちらが最適な選択か統一見解は得られていない。臨床家の多くは10～14日間その部位を経過観察するようである。

治療

もっとも適切な治療法を計画するために、これらの腫瘍の生物学的挙動を完全に理解する必要がある。
■注射部位接種肉腫は局所的な浸潤性が高い。
■線維肉腫は転移性が低いが、FISSはもっとも転移率が高く（50～70％）、このことを考慮に入れるべきである。

このことを念頭に置いて、治療を計画する（図42）。

猫の注射接種部位肉腫の治療アプローチ

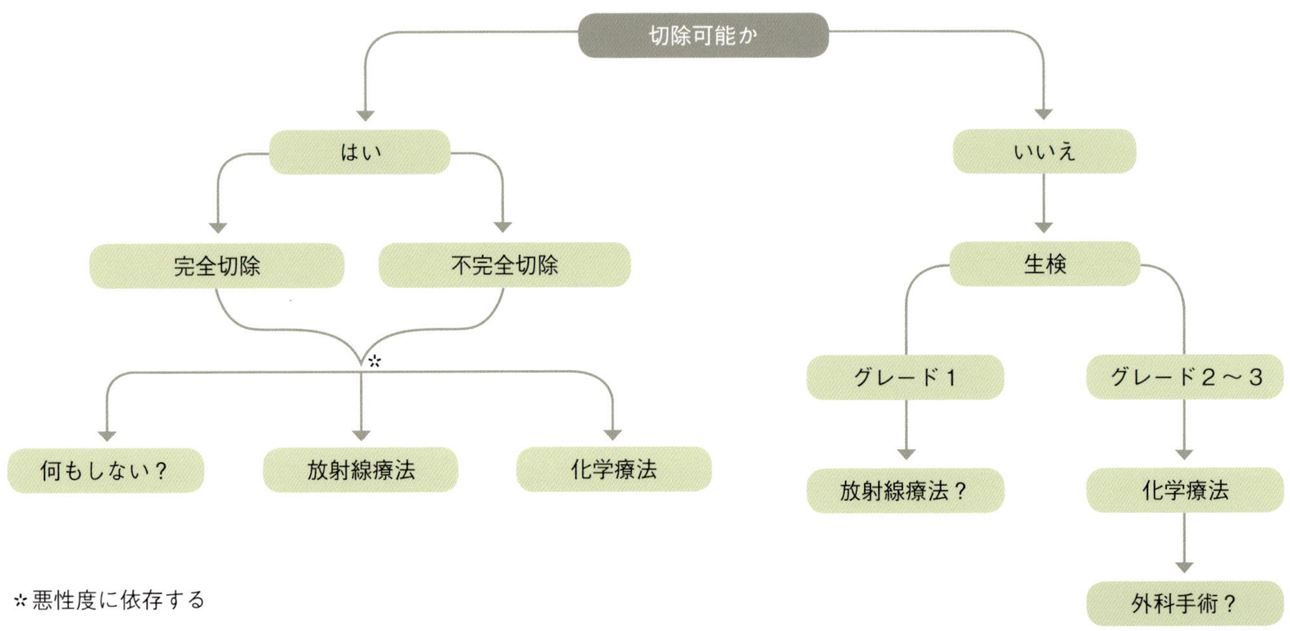

図42　猫の注射接種部位肉腫（FISS）の治療アプローチ

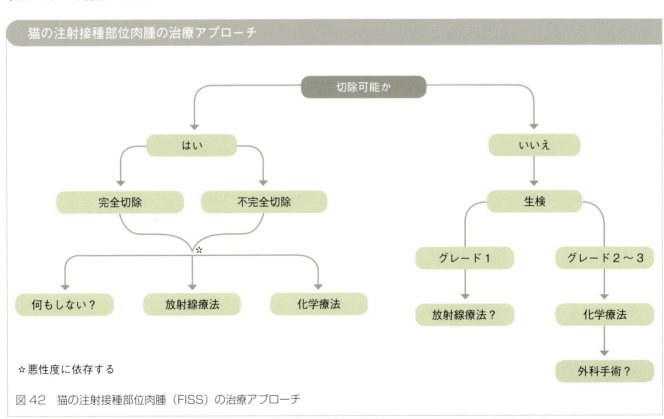

肉腫を発症した猫に遭遇したら、いくつかの問題点を考える。すなわち、どの治療法を選択するか？　単に経過を待ち観察するか？　それとも切除する方がよいのか？　化学療法あるいは放射線療法を用いるべきか？

これらの質問に対する正答は、すべての症例をそれぞれ個別に検討しなければならないということである。治療法を決定する前に、症例の健康状態を評価すべきである。

腫瘍の播種を評価するのに有用な方法がある。胸部その他の部分的なX線写真（図43）や、実質臓器への転移の有無を確認する超音波検査、あるいはCTなどである（図44～48）。

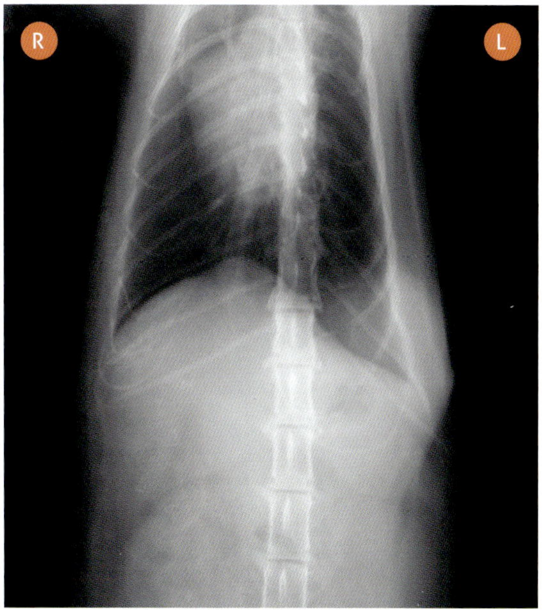

図43　FISSの猫の腹背方向のX線画像
　X線撮影はシンプルな方法であるが、もっとも効果的というわけではない。

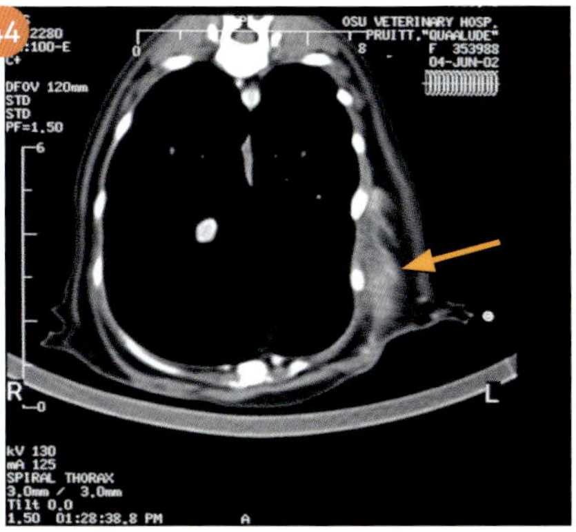

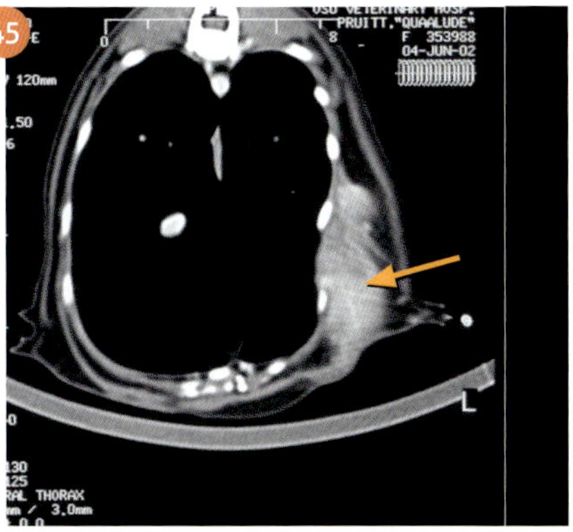

図44～48　断層撮影法はもっとも正確に診断を下す方法であることは間違いないが、高価でもある。図は、胸壁に肉腫を発症した症例の異なった断面図を示している。腫瘍発生部位（矢印）により、胸腔が歪んでおり、腹腔へも浸潤していることに注意

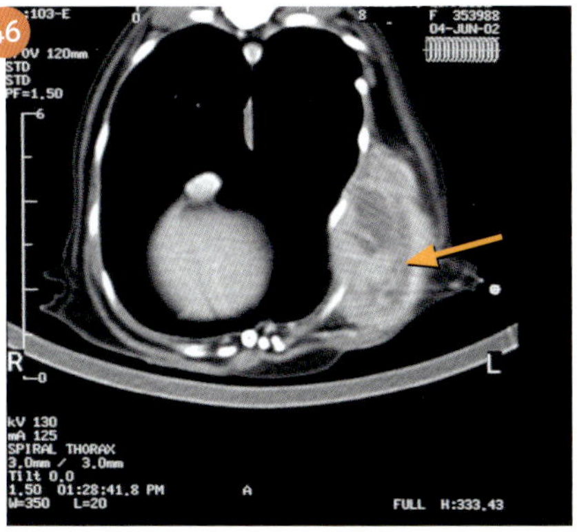

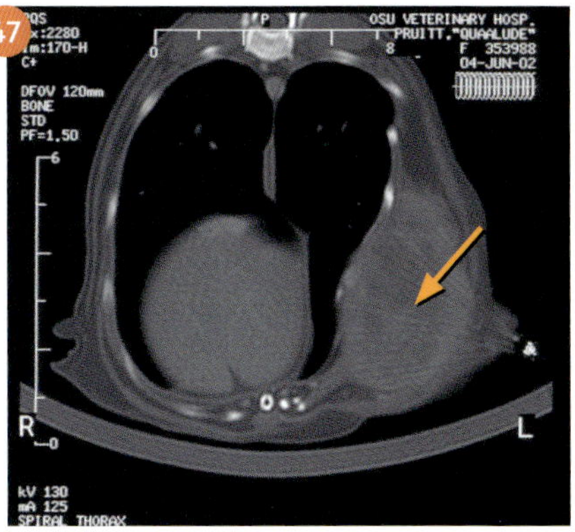

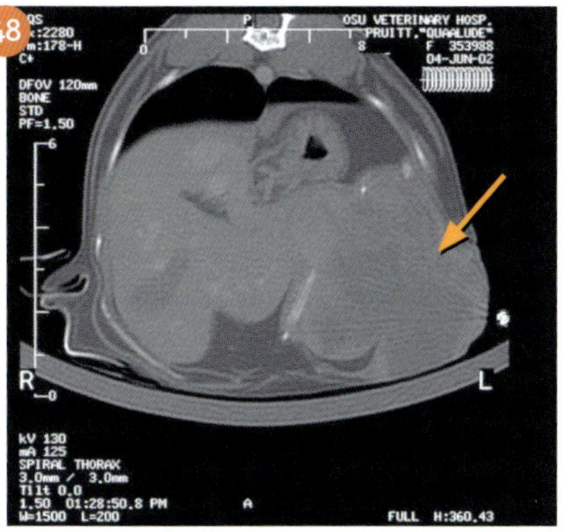

外科的治療

外科手術はこの種の腫瘍に対して最適な治療法である。「最初の手術」で腫瘍を切除するために、広いマージンを確保してかなり積極的な外科手術を行うべきである。診断が確定した時点で（細胞診や生検によって）、すぐに外科手術を行うべきであり、そうすることによって転移性疾患を防ぐことができる。

切除したら、腫瘍が確実に切除されているか、そしてマージンは完全かを確認するため、病理組織学的検査を行うべきである（図 49）。

最初の外科手術での根治的な切除は寛解期間を延長するために必要不可欠である。比較的小さな（直径 2cm 未満）FISS の外科切除は、長期寛解期間と相関がある。

腫瘍が四肢にあり、断脚などで広いマージンを確保して容易に切除することができれば、症例がより長期に生存するための一助となる。四肢や尾などのような、より遠位の皮下にワクチン接種を行う獣医師がいるのもこういう理由からである。

外科手術単独では治癒はまれであることに注意する（図 50）。

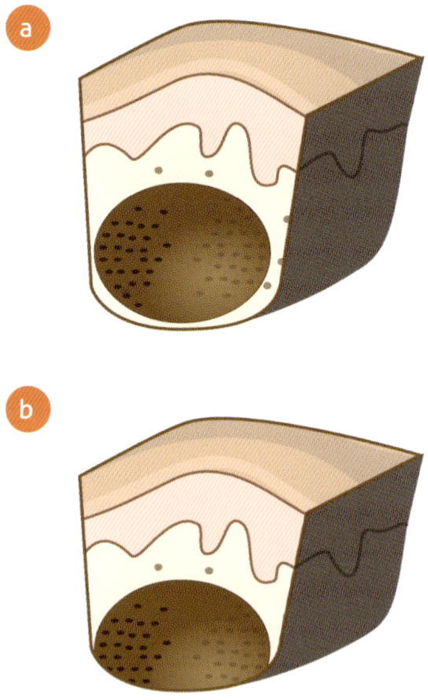

図 49　外科手術マージン：完全切除（a）と不完全切除（b）

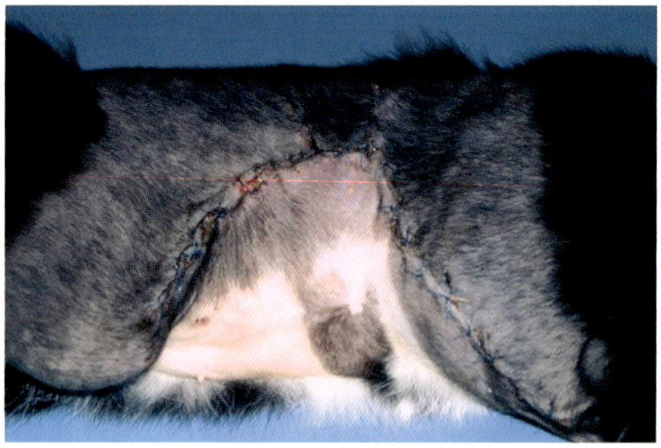

図 50　FISS の積極的な外科手術後の症例の外観

控えめな外科手術：
生存期間 60 日

積極的な外科手術：
生存期間 370 日

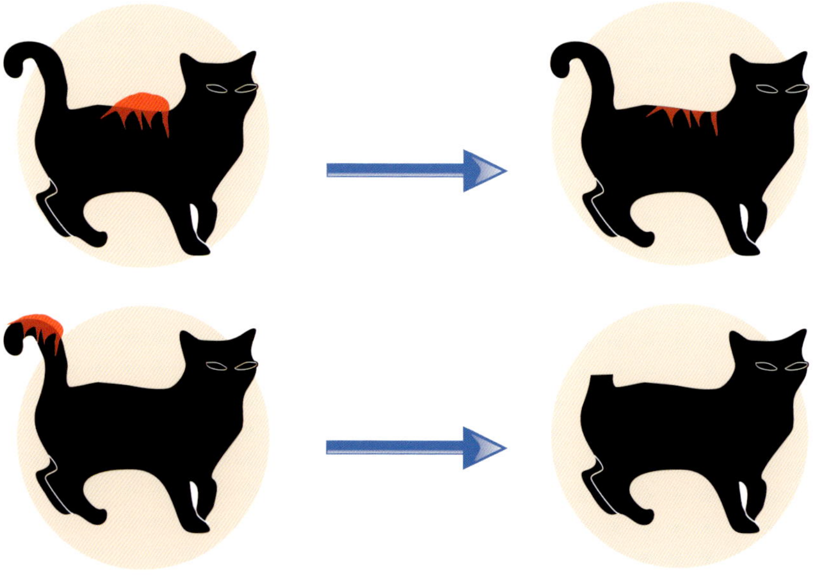

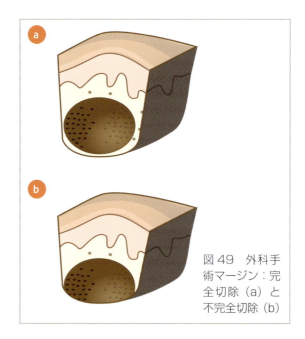

図 51 と 52 は、外科医の経験と手術の積極度（積極性）に応じての再発期間を示したものである。両方のグラフとも積極的な手術を受けた猫のほうが手術介入から再発までの期間がより長いことを示している。

図 51　一般的な獣医臨床家によって外科的切除を行った群（オレンジ線）と紹介施設で実施された群（青線）の FISS の可能性のある猫の最初の再発までの期間。Hershey A. E. *er al.* 2000.

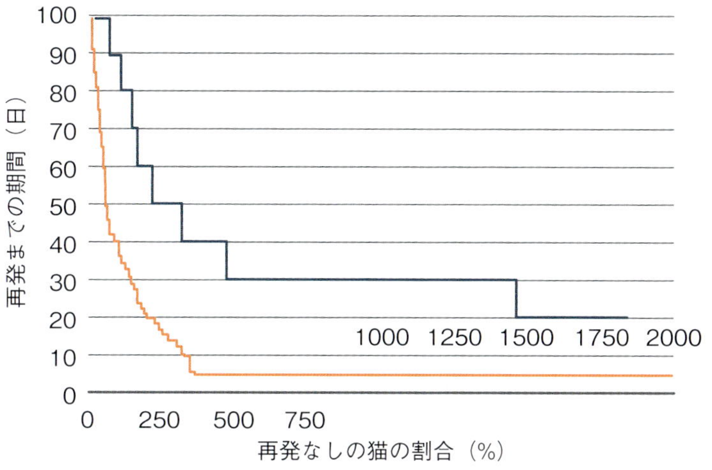

図 52　最初の根治的切除を行った猫（青線）と広いマージンを確保した猫（オレンジ線）の術後の再発までの期間

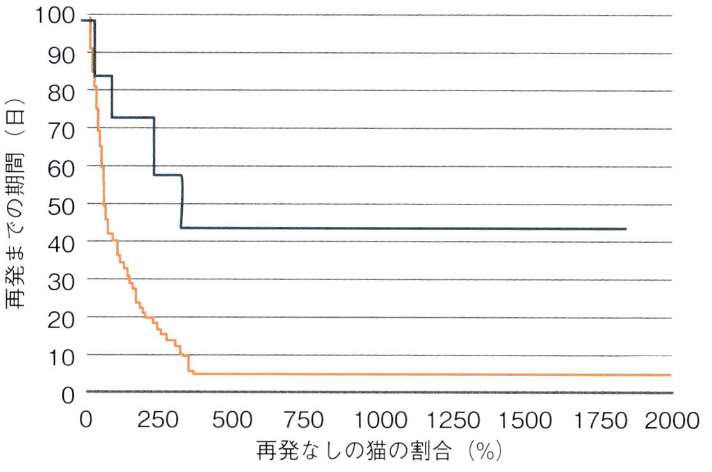

グレードとステージによる治療法

生検に基づいて、腫瘍は以下のように分類される。

- 高分化型（グレード 1）：外科手術が最適な治療法である。
- 中程度の分化型（グレード 2）：治療の選択肢として、外科手術、放射線療法あるいは化学療法がある。
- 低分化型（グレード 3）：治療の選択肢として、外科手術（腫瘍の浸潤性、転移性が非常に高い場合は、外科手術はさほど治療として有用ではないこともある）、放射線療法あるいは化学療法（腫瘍が未分化であればあるほど、化学療法への反応性は良い）が考えられる。

もし腫瘍を切除生検によって切除した場合、マージンがクリアかどうか評価する。

化学療法

転移が進行している場合は、化学療法は通常効果的ではない。

AC 化学療法プロトコール

- ドキソルビシン：1 mg/kg IV、3 週間毎
- シクロフォスファミド：200 ～ 300　mg/m^2 PO、ドキソルビシン投与の各サイクルの 10 日後

カルボプラチンを用いた化学療法プロトコール

- カルボプラチン：200 ～ 280　mg/m^2　IV、3 ～ 4 週間毎

術後のアジュバント化学療法の役割については十分に調査されていないが、以下の処置を行えば、大きくて部分的な腫瘍の切除を受けた猫には改善が見込める可能性がある。ミトキサントロンとシクロフォスファミド、ドキソルビシンとシクロフォスファミドかカルボプラチン。切除不可能、あるいは転移性の注射接種部位肉腫を発症した猫には、ドキソルビシンとシクロフォスファミドまたはカルボプラチン単独投与などの治療を行うことで、完全または部分寛解が得られる。これらの猫のなかには寛解期間が 1 年以上となるものもいる。

予防

追加免疫の間隔をあける、他の部位に接種するなど、ワクチン接種の方法の変更を考慮に入れる。

ワクチン接種プロトコールの例（居住地による）

- 追加免疫間隔を3年毎にする。
- 特定の予防接種部位を決める。たとえば、狂犬病は右後肢、FeLVは左後肢、3種混合ワクチン（猫鼻気管炎（ヘルペスウイルス-1）、カリシウイルス、汎白血球減少症）は胸部に接種するなど。

これらの根拠をふまえ、リスクと利点のバランスのとれた合理的なワクチン接種プロトコールを用いるべきである。必要なコアワクチンを考慮に入れ、さらにそれぞれの症例の必要性に応じて任意のワクチンを追加する。

血管肉腫

HAEMANGIOSARCOMAS

ゴールデン・レトリーバー

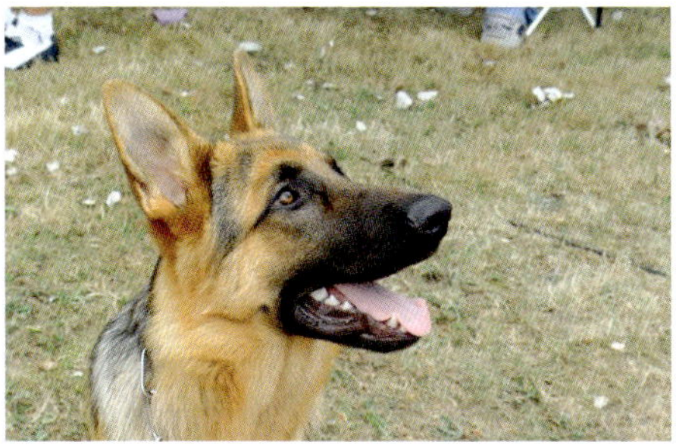
ジャーマン・シェパード

ラブラドール・レトリーバー

ボクサー

ロットワイラー

血管肉腫

血管肉腫（HSA：haemangiosarcoma）は、血液中を循環する骨髄の多能性幹細胞から由来する悪性腫瘍である。初期の皮膚血管肉腫や第三眼瞼に発生した血管肉腫は、皮下に形成するような転移の可能性は低いので除外するが、ほとんどの血管肉腫は非常に進行が早く、急速に浸潤、転移する。

疫学

血管肉腫はすべての犬の腫瘍の約7%を占め、大部分は8～10歳の雄に認められる。ジャーマン・シェパードとゴールデン・レトリーバーが特に罹患しやすい。

血管肉腫に罹患した犬種別割合の調査
病理解剖から得られた結果（Craig L.E., 2001）
■ゴールデン・レトリーバー：31.5 %
■ジャーマン・シェパード：32.7 %
■ラブラドール・レトリーバー：22 %
■ボクサー：7.5 %
■ロットワイラー：6.9 %

腫瘍の起源

右心房：25 %
脾臓：50 %
肝臓：5 %
（上記3部位）5 %が同時に発生

皮下組織：13 %
その他の臓器：1 ～ 2 %

臨床徴候

臨床徴候は通常、腫瘍の発生部位、転移の有無、腫瘍破裂、凝固障害あるいは不整脈などと関連している。

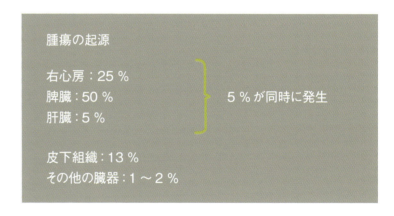

動物は、腫瘍破裂（出血）や心室性不整脈（脾臓や心臓の血管肉腫の犬で一般的）によって死亡する可能性がある。

急速に増大する腫瘍や血腹、うっ血性の右心不全（心タンポナーデや後大静脈の閉塞による）や不整脈などにより、犬は腹部膨満を呈することがある。

皮膚や皮下に発生した血管肉腫は、通常よく眼にする外観である（図52）。

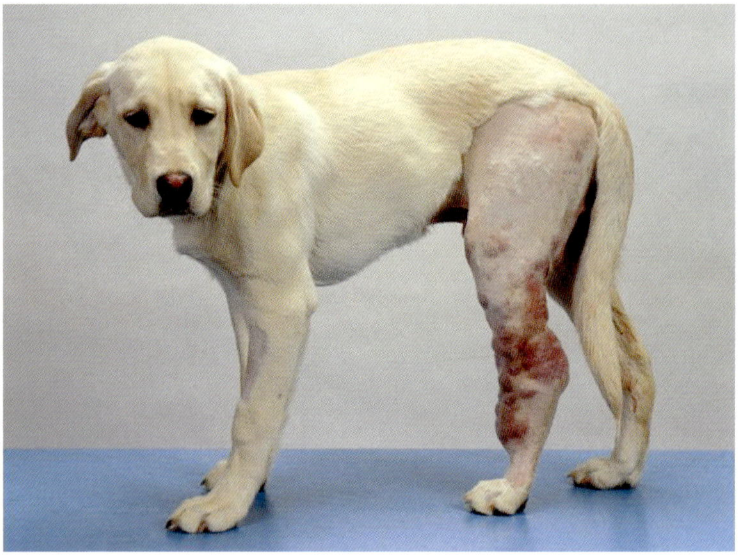

図52　ラブラドール・レトリーバーの幼齢犬に発生した皮膚の血管肉腫

診断

X線検査

X線写真は、原発腫瘍の特定や、転移の局在による腫瘍ステージの決定に有用となるかもしれない（図53～56）。

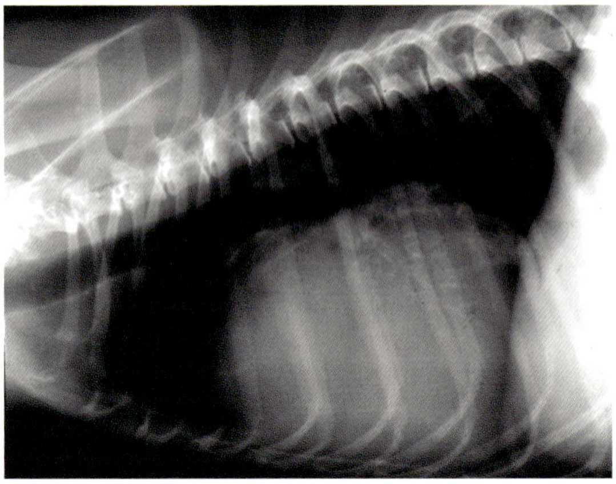

図53　右心房に発生した血管肉腫の犬の胸部X線写真ラテラル像

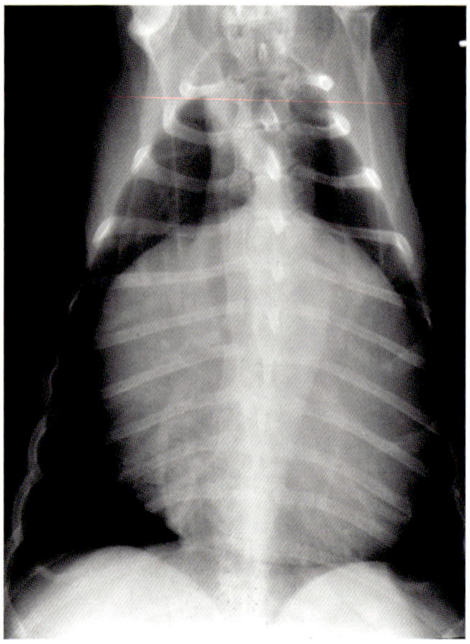

図54　右心房に発生した血管肉腫の犬の胸部X線写真VD像

55

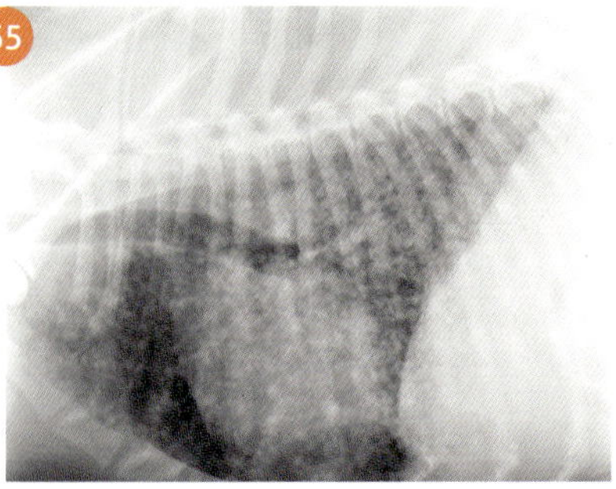

56

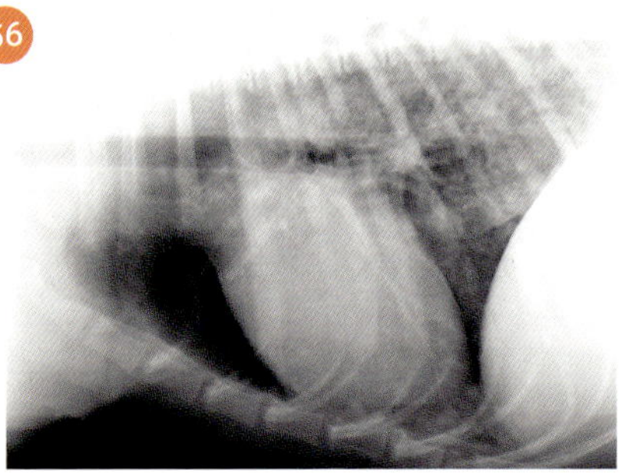

図55と56
血管肉腫の肺転移

超音波検査

超音波検査は、腹腔内の血管肉腫を診断したり、いったん診断が下された腫瘍の進行を評価したりする際に非常に有用である。

脾臓腫瘤がある犬は、実際には再生性過形成に一致した「転移性の」結節を肝臓にもつことがあるが、原発病変は混合エコー源性の結節として認められ、この方法によって転移性病変も検出できる。

超音波検査は以下の場合も有用である。

- 心臓腫瘤の確認（図 57）
- ドキソルビシンは心筋毒性があるため、ドキソルビシンによる治療の開始前の基礎短縮率の評価

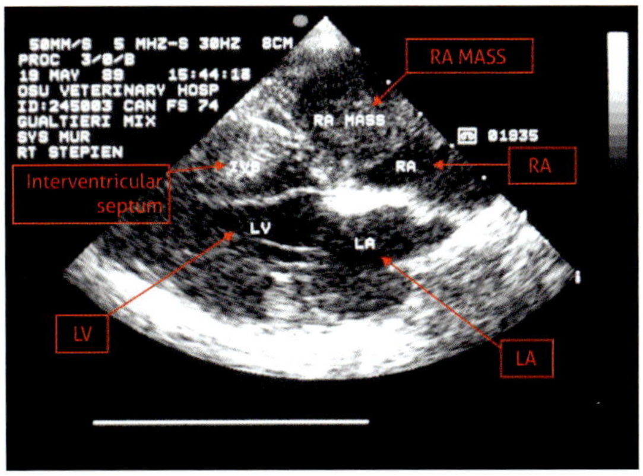

図 57　超音波画像検査により右心房に腫瘤が認められる。

血液学的検査

血管肉腫は、下記のような幅広いバラエティに富んだ血液学的変化を呈するため、「血液病学者の悪夢」と考えられている。

- 80% の症例で貧血
- 75% で血小板減少症
- 50% で断片化 / 有棘赤血球（図 58）
- 正染性赤芽球が存在することがある（未成熟な核をもった赤血球）。
- 白血球増加が認められることがある。
- 通常、皮膚型の血管肉腫以外はさまざまな変化が見られる可能性がある。

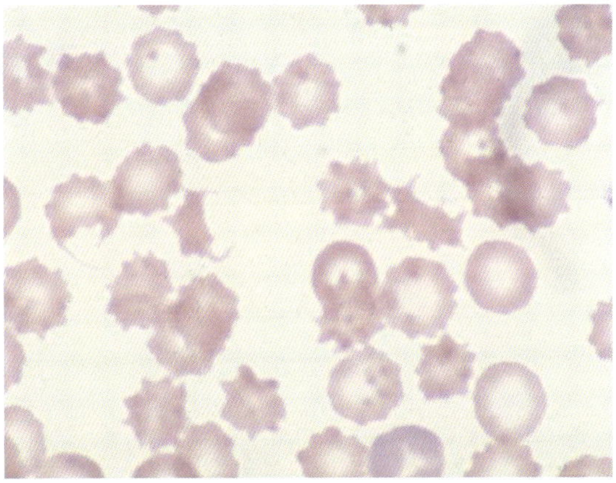

図 58　断片化 / 有棘赤血球

症例の 75% で血小板減少、50% で播種性血管内凝固（DIC）、15% で微小血管症性溶血性貧血（MAHA）が起こり、これにより止血機能に影響を及ぼす（図 59）。

血管肉腫は、皮膚や第三眼瞼に発生したものを除いて、非常に転移しやすい。皮膚原発腫瘍と転移性の皮膚腫瘍を鑑別する際には、このことを考慮に入れるべきである。

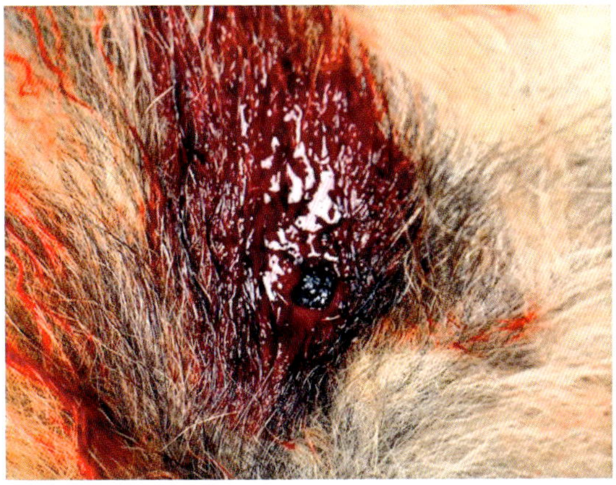

図 59　明らかな出血

DICは血管肉腫の徴候であり、予後を改善するために治療を行うことは非常に重要である。輸血やヘパリンの投与を考慮すべきである。

細胞診

細針吸引や押捺標本をもとに、細胞診を行うのがもっとも早い診断方法である。

腫瘍細胞は他の肉腫と似ている（紡錘状、大きな核、明瞭なクロマチン模様、1つあるいは複数の核、空胞をもった暗青色の細胞質）。しかし、この腫瘍細胞はより大きく（40～60μm）、空胞や時折封入体を保有する暗青色の細胞質をもつ。スライドガラス上には非常に少ない細胞しか認められないため、低倍率でスライドガラスを検査すべきである（図60、61）。

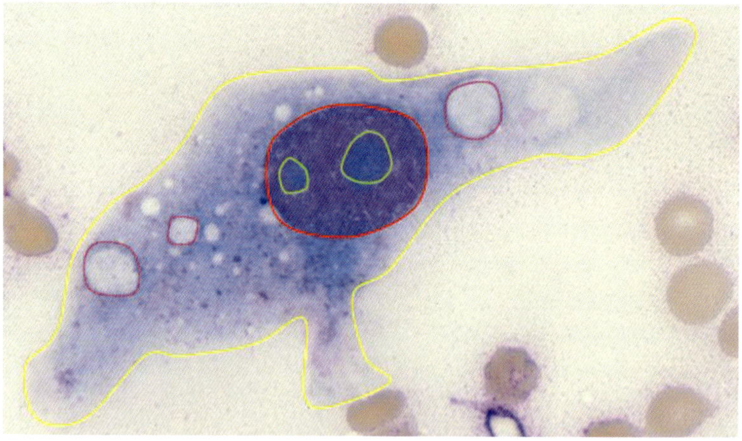

図60　血管肉腫から採取した細胞。赤：巨大な核、緑：1つあるいは複数の核小体、ピンク：空胞、黄色：細胞質

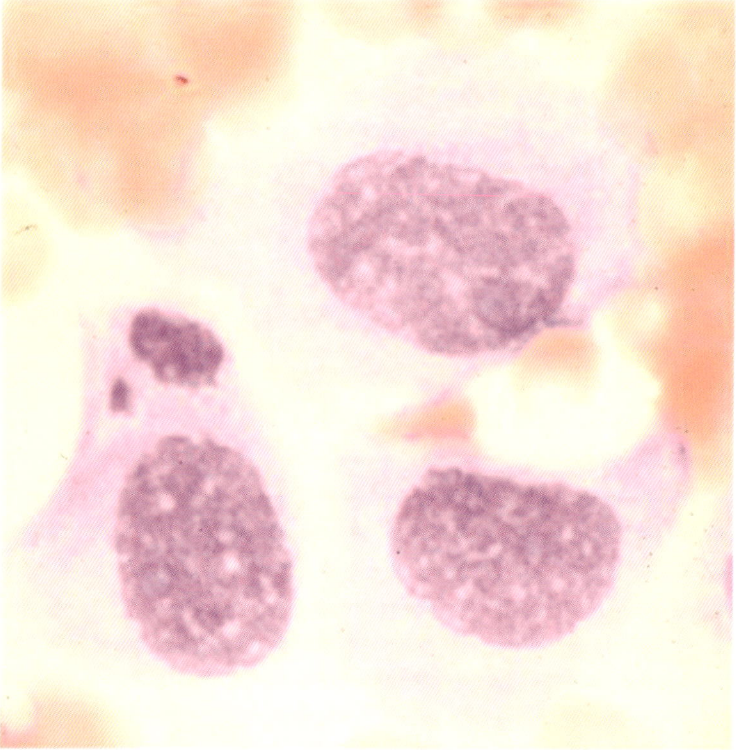

図61　血管肉腫から採取した細胞

いかなる場合でも、腫瘤を穿刺すると出血の恐れがあることを考慮し、動物は治療の前からおそらく出血しているものと念頭においておくべきである。

得られた腫瘍細胞サンプルは変化に富み、反応性の中皮細胞が見られることもあるため、細胞診サンプルを解釈するときは特に注意すべきである。反応性の中皮細胞は類似しており、腫瘍のない部位に存在している可能性がある。

病理組織学的検査

細胞診の診断結果は必ず組織学的に確認すべきである。

脾臓の血管肉腫のなかには広範に広がるものもある。そのため、典型的でないものや壊死した部位のサンプルを提出してしまうのを防ぐために、異なった箇所からサンプルを採取するのが賢明である。固着性のサンプルを用いることが重要である。

免疫組織化学検査では、血管肉腫の細胞は90%の症例でフォン・ヴィレブランド因子またはCD31蛋白に陽性を示す。

治療

外科手術

腫瘍の完全切除による外科手術が最適な方法である。

生存期間は腫瘍のステージや発生部位とともに変化する。一般に（皮膚の血管肉腫は除く）、生存期間は非常に短い（20 ～ 60 日）。

化学療法

さまざまな有効性研究によって多様なプロトコールが存在する。

- ドキソルビシンプロトコール：30 mg/m^2（あるいは 10kg 未満の犬では 1 mg/kg）IV、2 ～ 3 週間毎
- AC プロトコール
  - ドキソルビシン 30 mg/m^2（あるいは 10 kg 未満の犬では 1 mg/kg）IV、3 週間毎
  - シクロフォスファミド：200～300 mg/m^2、各ドキソルビシン投与 10 日後（21 日周期の 10 日目）
- VAC プロトコール（21 日周期）（図 62）
  - ビンクリスチン：8 日目と 15 日目 0.75 mg/m^2 IV
  - ドキソルビシン：1 日目 30 mg/m^2（10 kg 未満の犬では 1 mg/kg）IV
  - シクロフォスファミド：10 日目 200 ～ 300 mg/m^2 PO
  - サルファ・トリメトプリム：15 mg/kg PO、1 日 2 回

図 62　VAC プロトコール

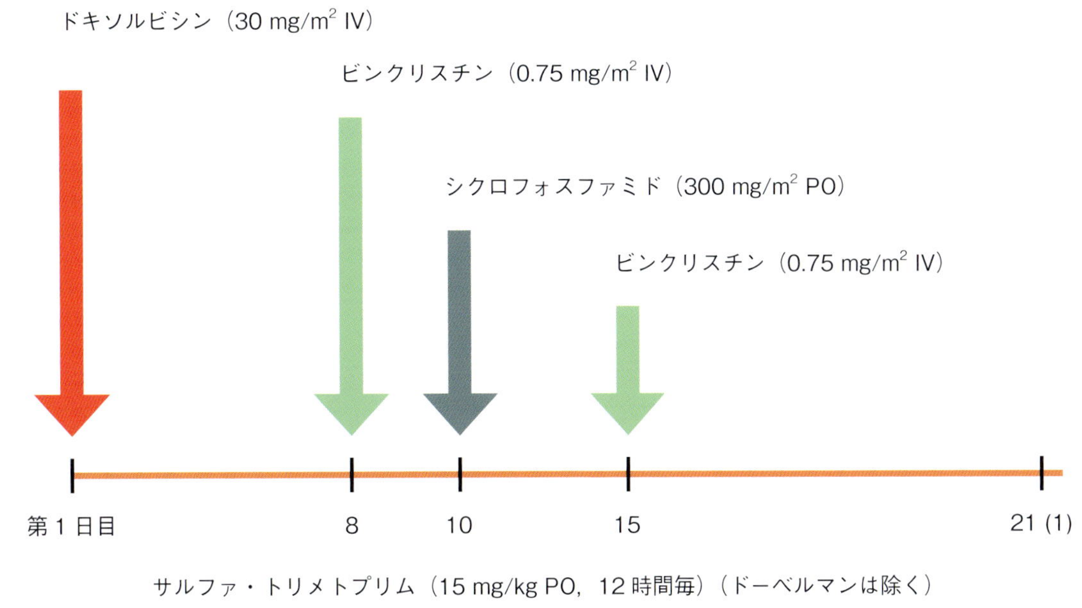

図63は治療法別の血管肉腫の犬の生存期間の中央値を示したものである。

図63　プロトコール別の血管肉腫の犬の生存期間の中央値

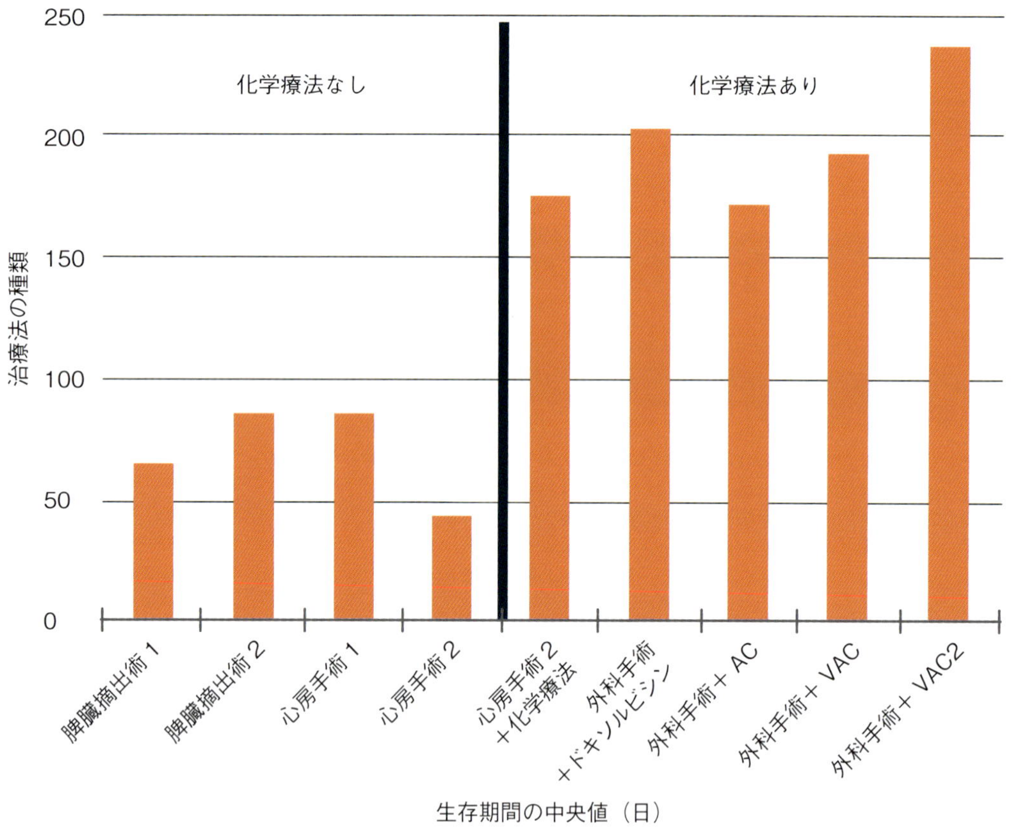

まとめると、血管肉腫は診断しやすく、化学療法への反応は良い。

最近の治療アプローチでは、免疫療法、血管新生阻害による治療、分子標的薬を用いた治療法などが含まれている。

骨肉腫

OSTEOSARCOMAS

骨肉腫

骨肉腫（OSA：osteosarcoma）は犬では非常に一般的であるが、猫ではまれである。ほとんどの原発腫瘍は悪性で、骨折や疼痛、転移の原因となりうる。

骨への転移腫瘍はまれであり、ときおり尿路の移行上皮癌、四肢骨格の骨肉腫（時々、骨肉腫はその他の骨に転移する）、乳腺や前立腺の腺癌と併発する。

骨肉腫は大型犬・超大型犬、特にグレーハウンドでよく認められる。

もっとも一般的な骨腫瘍は以下のものがあげられる。

- 骨肉腫（OSA）
- 軟骨肉腫（CSA）
- 線維肉腫（FSA）
- 血管肉腫（HSA）
- 悪性組織球種（MH）あるいは組織球肉腫

図 64 は犬種別の骨肉腫の罹患率を示したものである。

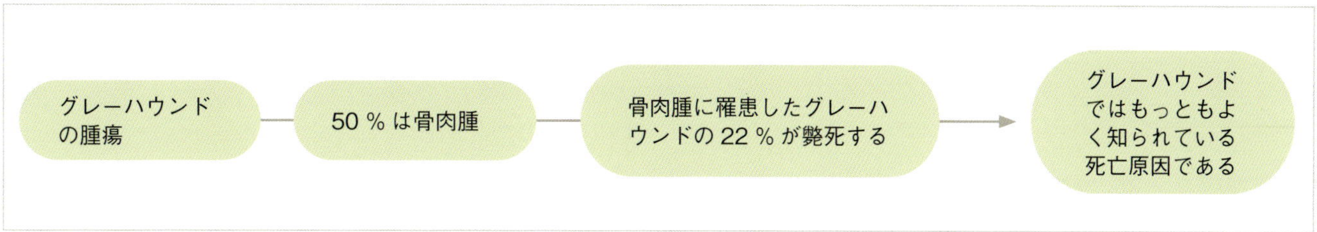

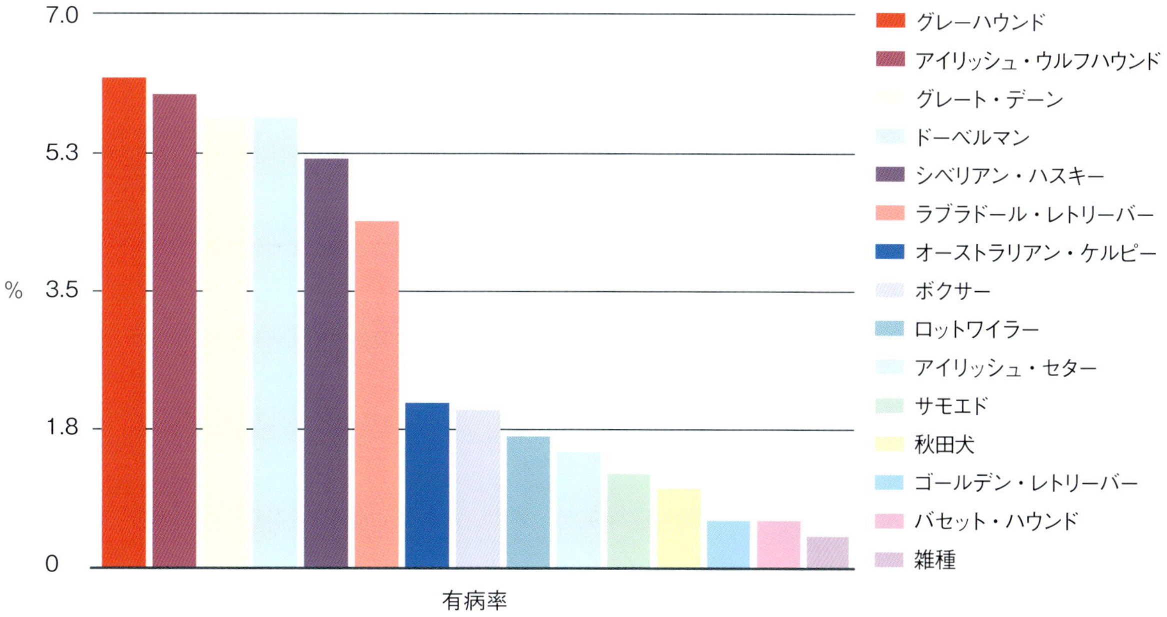

図 64
犬種別の骨肉腫の有病率

グレーハウンドはもっとも骨肉腫に罹患しやすい犬種で、下記に示すように大規模な研究が行われている（図 65、66）。

図 65　グレーハウンドの死亡原因

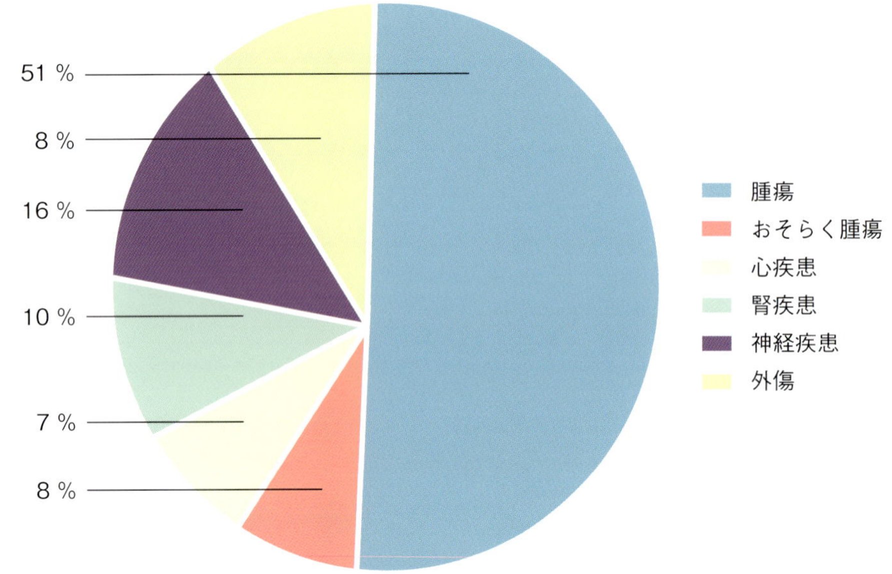

図 66　グレーハウンドにおける腫瘍別割合

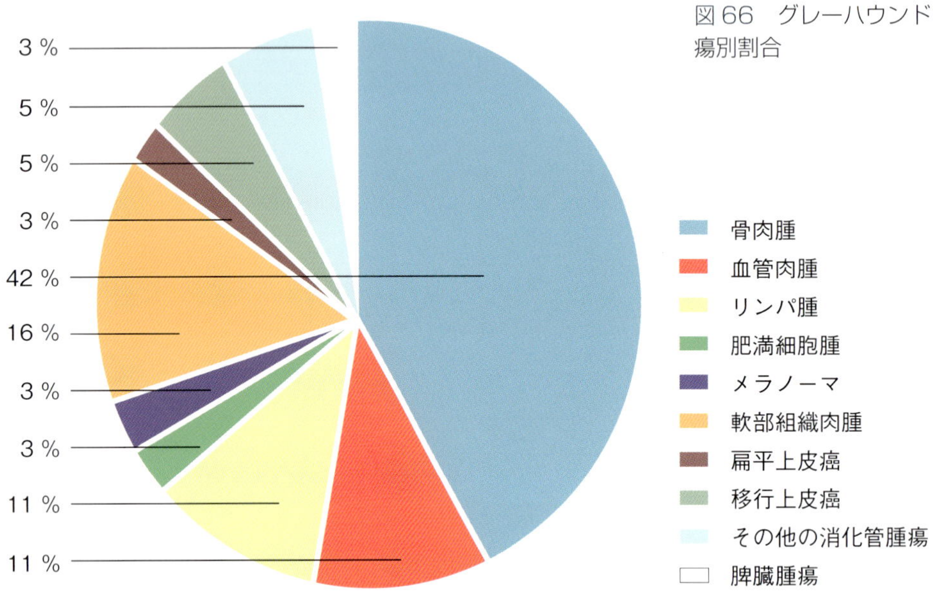

発生部位

これらの腫瘍は、体軸骨格や四肢の骨格に発生しやすい（図67～69）。局所の強い周囲組織への浸潤と、急速な血行性の播種（一般的に肺への播種）が特徴的である。

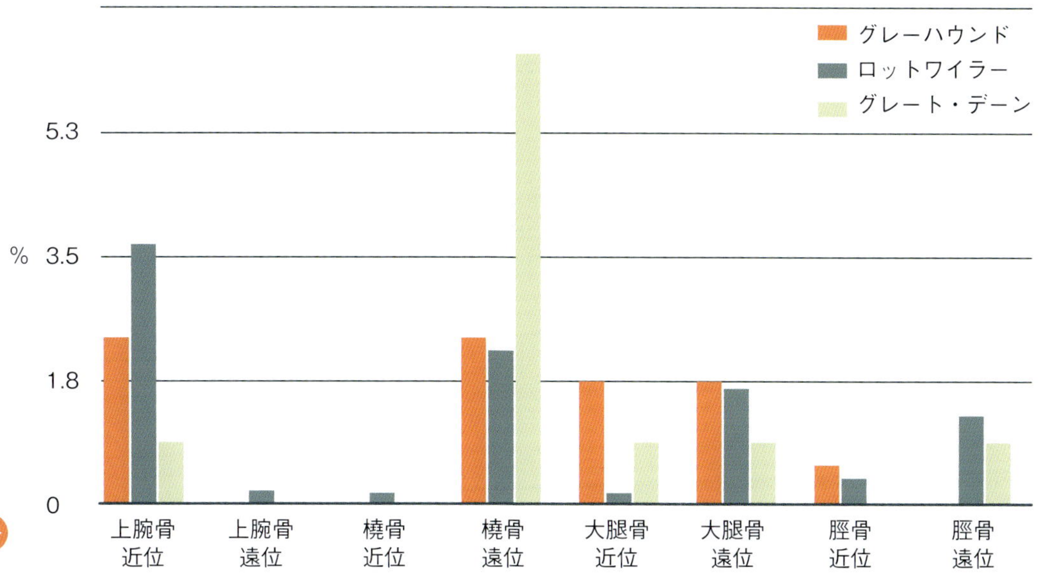

図67　犬種別による腫瘍発生の解剖学的分布

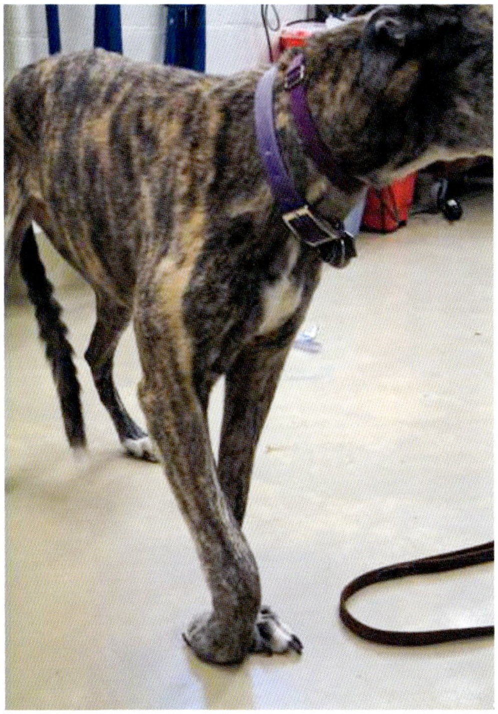

図68　右前肢に骨腫瘍を発症したグレーハウンド

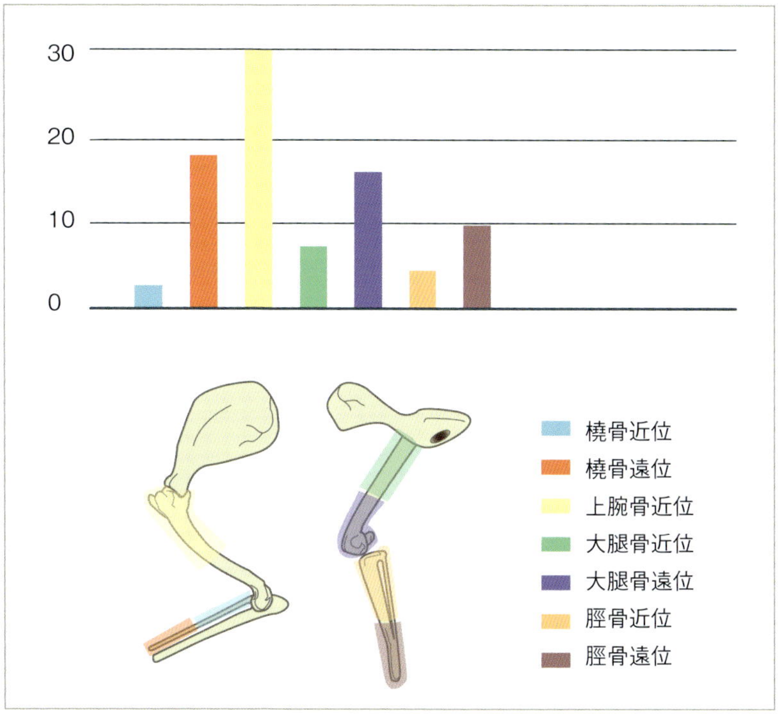

図69　グレーハウンドにおける骨肉腫の位置（OSAを発症したグレーハウンド86頭の調査）。四肢の色分けは，骨肉腫を発症したグレーハウンドの頭数に関連している。

疫学

骨肉腫は、雄において左側肢に、より多く認められる（図 70）。

図 70　骨肉腫罹患犬の性別と部位別の疫学調査

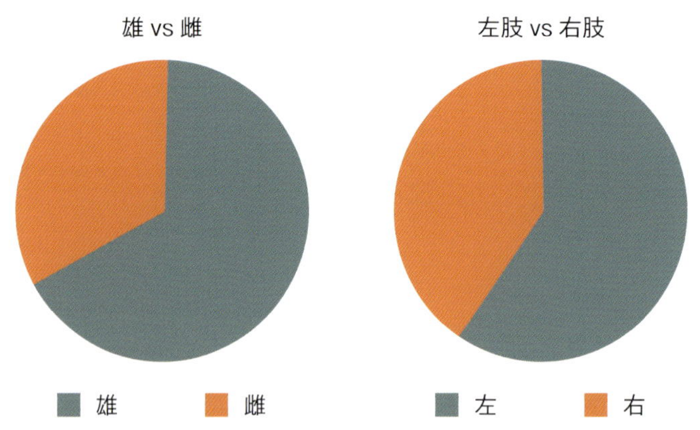

臨床徴候

症例は通常、患肢の腫脹あるいは跛行を示す。身体検査により、発症部位の疼痛を伴う腫脹が明らかとなり、軟部組織の変化が見られる場合と見られない場合がある（図 71 ～ 73）。疼痛は急性で、非腫瘍性の骨疾患と混同する恐れがある。病的骨折を起こすこともある（図 74、75）。

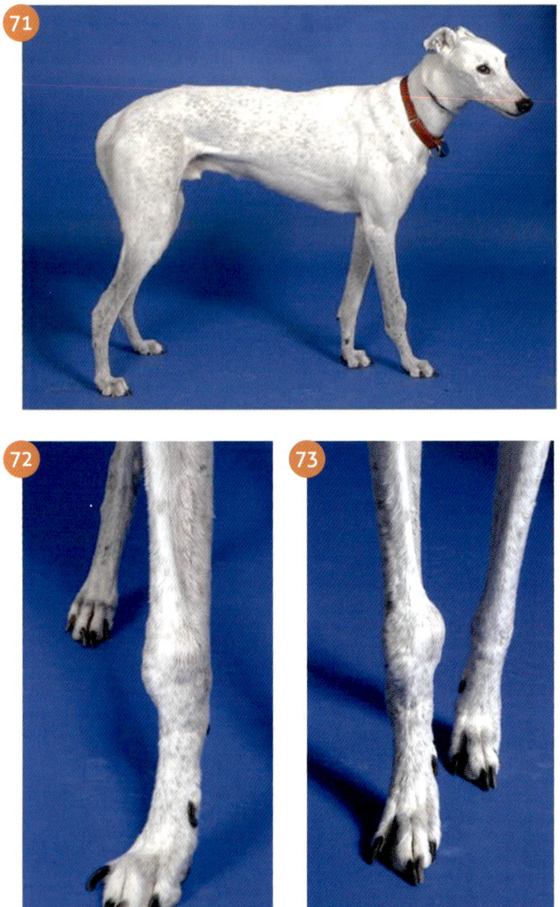

図 71 ～ 73　右橈骨遠位の骨肉腫に罹患したグレーハウンド

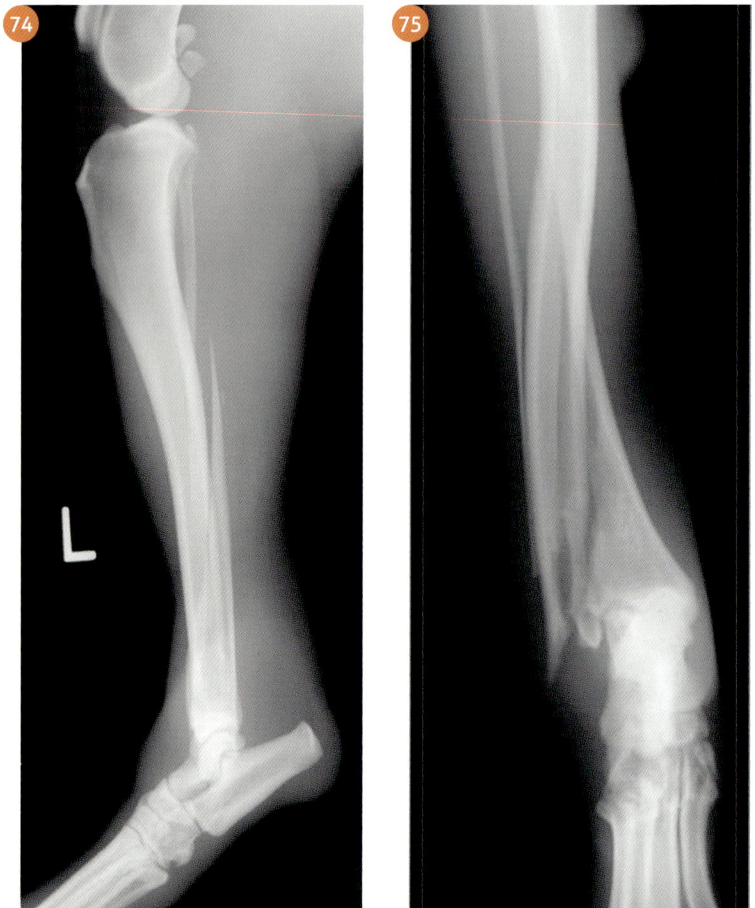

図 74、75　OSA に罹患した犬の病的骨折の X 線写真

診断

X 線検査

骨肉腫は通常、発症した骨の骨幹端部位に骨融解あるいは骨増生と混合した病変として認められる（図 76 ～ 78）。

コッドマン三角が認められることも多い。コッドマン三角は、腫瘍が骨膜を増生するときに成長する新しい骨膜下骨の三角形の部分である。これは、腫瘍の境界周囲に三角形の濃い部分として認められる（図 79）。軟部組織病変が存在することもある（図 80）。

病的骨折は、急速に骨が成長したり腫瘍が脆弱であるために起こる（図 81）。隣接した骨への浸潤が認められることもある。

胸部 X 線が推奨される（3 方向の投射：右ラテラル、左ラテラル、DV あるいは VD）。同様に、転移の有無や、治療と予後の判定を評価するために CT 撮影も推奨される。

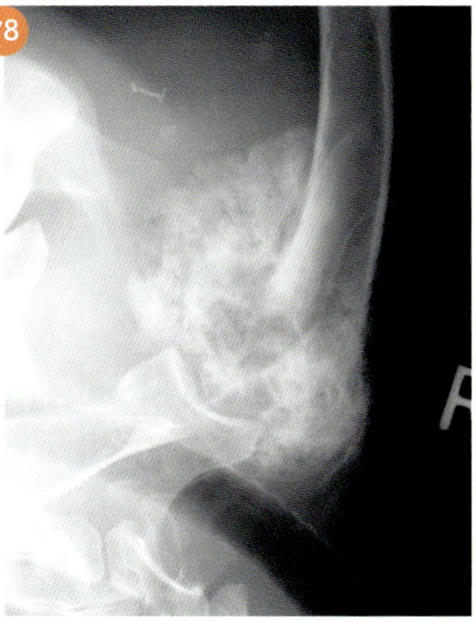

図 76　上腕骨の骨肉腫

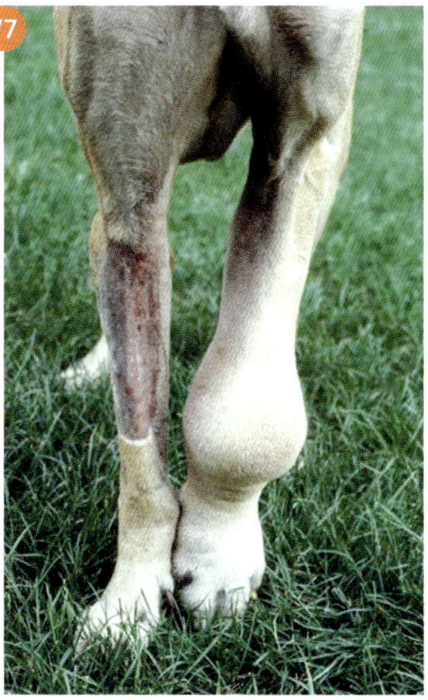

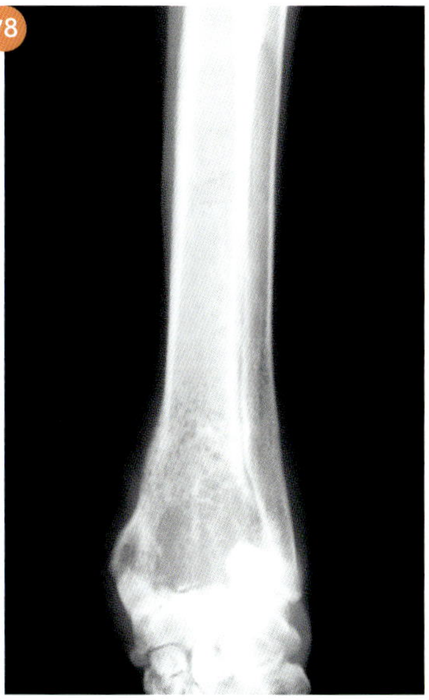

図 77、78
骨肉腫の骨の臨床的所見と X 線写真

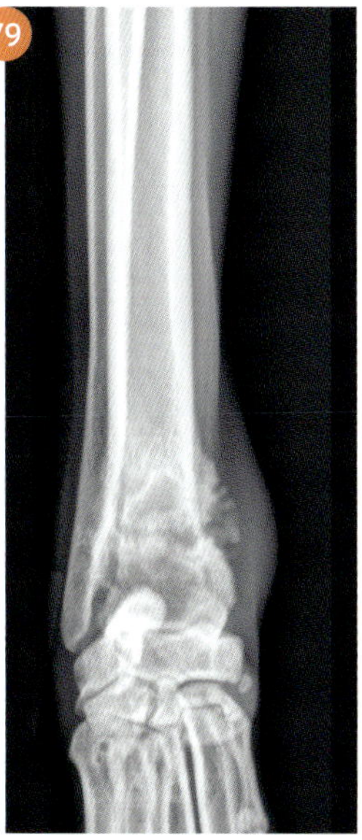

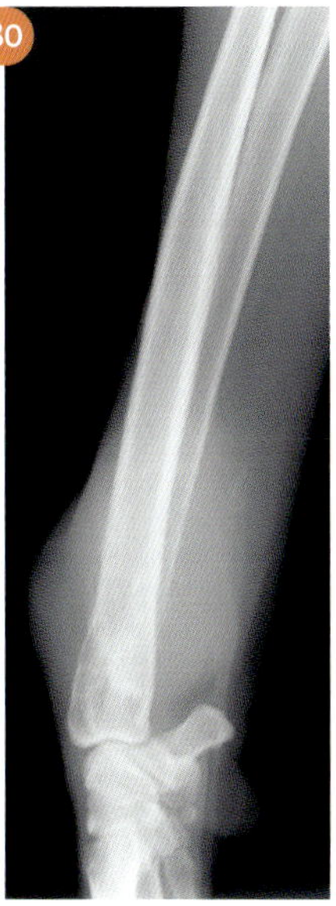

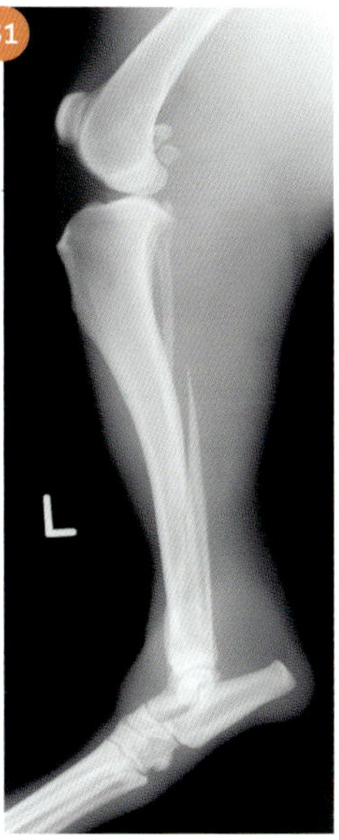

図 79　コッドマン三角を伴う橈骨の骨肉腫
図 80　軟部組織病変
図 81　病的骨折

骨肉腫以外の原発性骨腫瘍や骨髄炎領域で見られるX線像上の変化は、骨肉腫と非常によく似ているため、治療を始める前にすべての骨融解部分あるいは骨融解－増生部分から細胞診サンプルや生検サンプルを採取すべきである。

細胞診

X線診断を確認し、四肢の断脚が必要かどうかを確かめるため、骨髄のFNA細胞診を行うべきである（図82）。この手法は、手技と解釈が容易であり、費用もさほどかからない。FNAは、皮質が「インタクト（無傷）」であれば、骨髄を評価するのに盲目的に、あるいは超音波ガイド下で行うことができる。麻酔は必要ないが、局所麻酔としてリドカインは使用してもよい。

生検

飼い主が腫瘍の悪性度の高い生物学的挙動を理解している場合や、臨床徴候とX線検査結果から骨肉腫が高率に示唆される場合は、事前の病理組織学的診断を下さずに四肢の断脚が行われることがある。しかし、断脚した四肢はその後の病理組織学的検査に必ず提出すべきである。

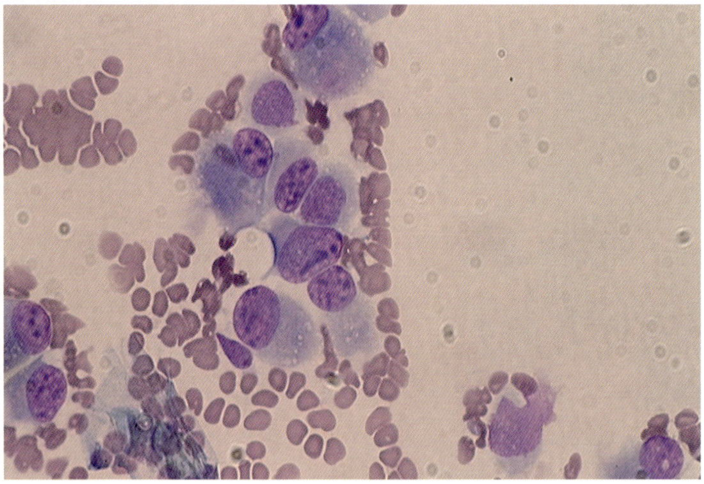

明るい青色の顆粒状の細胞質と，核小体の有無にかかわらない偏在性の核

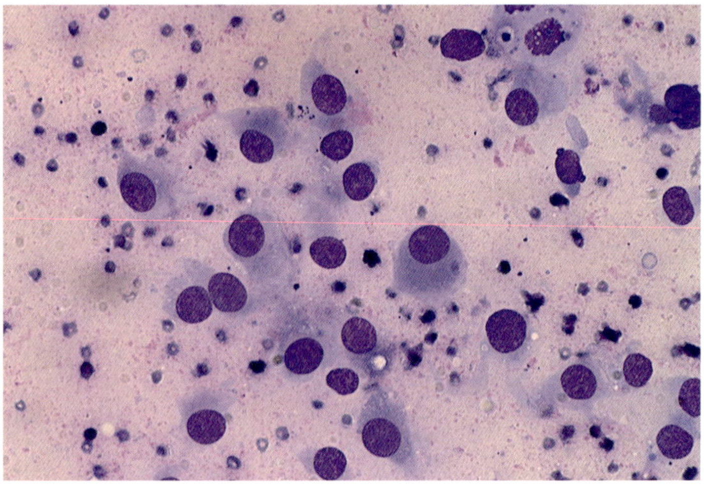

明確な細胞質の境界

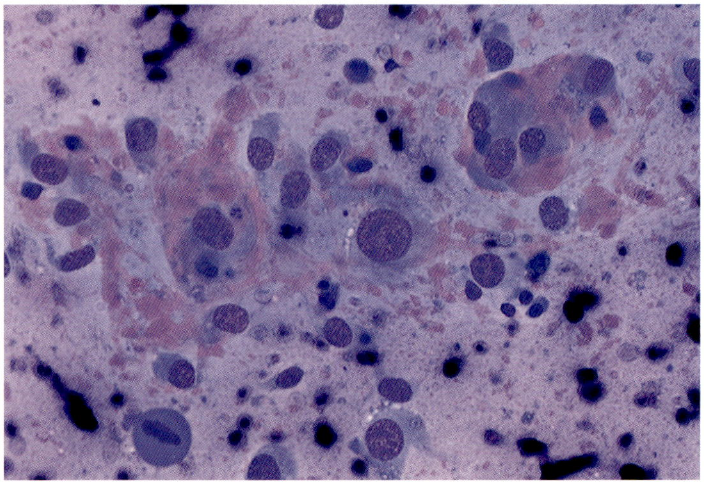

楕円形や円形の細胞

図82　骨肉腫の細胞診所見
Dr. Kenji Hosoyaの厚意による

治療

外科手術：断脚

現在のところ、最良の治療法は患肢の断脚後、化学療法を行うことである。通常断脚は、症例よりも飼い主に大きな精神的負担となるために、最終決定は主に心理的要因によって下される。しかし「犬は3本の脚と予備を持って生まれてくる」との比喩も存在する。

もし手術を決断したら、術前評価として次の項目を行う必要がある。

- 3方向からの胸部X線あるいはCTスキャン（断脚が適切かどうかチェック）
- 血液検査
- 整形外科学的検査と神経学的検査
- 輸血の準備（グレーハウンドは出血のリスクが高い）

早急に決断を下すことが重要である（図83）。

外科手術：同種移植

橈骨遠位の骨肉腫の犬には、患肢温存手術が用いられる。患肢を断脚するかわりに、死体からの同種移植片を用いて、腫瘍性の骨を置換する。その後、カルボプラチンやドキソルビシンの静脈内投与などの補助療法を併用することで、症例は正常に近い患肢の機能を得られることがしばしばある。

患肢のスペアがあるという利点はあるものの、生存期間は断脚や化学療法を行ったものと同程度である。しかし、コストは非常に高い。

化学療法

断脚後の化学療法は症例の余命を延長し、毒性も少ない。いくつかのプロトコールがあるが、同じような結果である。

飼い主が断脚を受け入れない場合、局所的な放射線療法とその後の化学療法（通常はカルボプラチン）が必要である。だが、余命は骨折や骨髄炎あるいは転移などにより、4～8カ月にまで短縮する。

図83　腫瘍増殖を示すグラフ。GF：増殖分画、MI：分裂指数、DT：複製時間

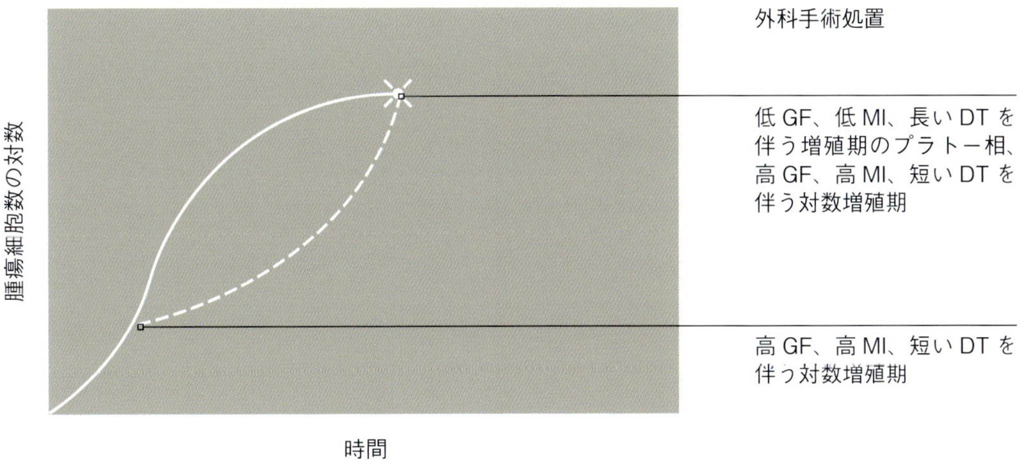

プロトコールとしては、ドキソルビシン、カルボプラチンあるいはその両方（単独でも併用でも生存期間には影響しない）があげられる。結果は、ドキソルビシンでもカルボプラチンでも同様であるが、ドキソルビシンの方がわずかに毒性が高い。推奨される投与量は以下のようになっている：

- カルボプラチン：300 mg/m^2　IV 点滴、3 週間毎（4 ～ 6 回）
- ドキソルビシン：30 mg/m^2 IV 点滴、2 週間毎（5 回）

新規治療アプローチ

スラミンは化学療法への感受性を高めることが示されている。化学療法抵抗性細胞は線維芽細胞成長因子（FGF）に対するレセプターを発現している。スラミンはこのレセプターに結合することによって作用し、毒性を増加させずに腫瘍細胞死を高める。

未発表データ（Postoperative Adjuvant Combination Therapy with Doxorubicin and Non-Cytotoxic Suramin in Dogs with Appendicular Osteosarcoma　四肢の骨肉腫を発症した犬に対するドキソルビシンと非細胞毒性スラミンの術後アジュバント併用療法）によると、骨肉腫を発症した犬に対するスラミンとドキソルビシンの併用は、他の化学療法アジュバントと同等の効果がある。副作用は、いくつかの症例で多尿 / 多渇が認められているものの、ドキソルビシン単独で治療された症例の副作用と同じである。一方で、他のアジュバントは化学療法の毒性を増加させるようである（図 85）。

この併用療法から得られた生存期間が臨床的に有意であるかどうかを確認するためには、さらなる研究が必要である。

図 85　スラミンとドキソルビシンの併用療法の効果

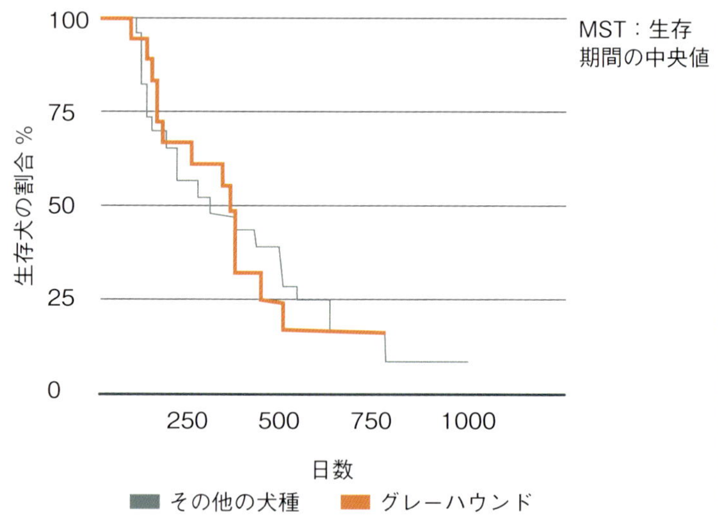

図 84　スラミンの効果

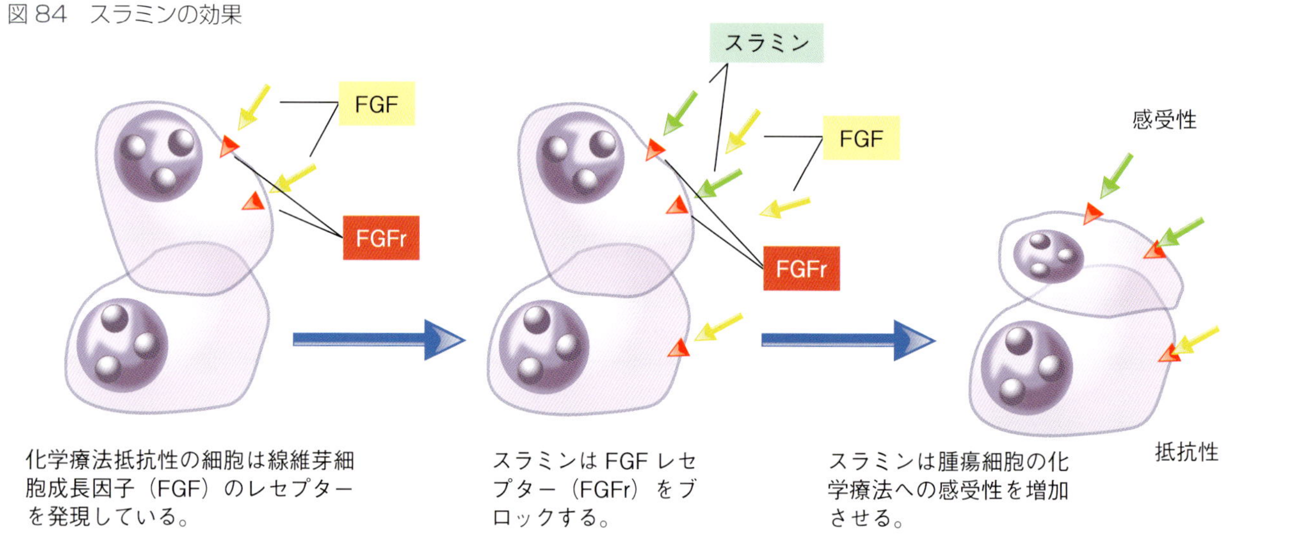

猫の骨肉腫

猫において、骨肉腫は非常にまれである。猫の骨肉腫はいろんな形態を取り、外科手術での治療が可能である（たいていは根治的）。最適な治療法は断脚で、2年以上の生存期間が得られる。

以前犬の骨肉腫で使用されていたシスプラチンは、猫では毒性が高く、禁忌であることに注意する。化学療法が必要な場合は、代わりにカルボプラチンを使用すべきである。

断脚の代替療法

飼い主が断脚を必ずしも受け入れるとは限らないため、化学療法とは別の代替療法として以下のものがある。

- 放射線療法：この腫瘍は非常に転移性が高いため、この療法はいくらか疼痛を軽減するのみで、単なる一時しのぎにすぎない。
- 鎮痛剤
  - NSAIDs（非ステロイド系抗炎症鎮痛薬）
  - 麻薬性鎮痛剤：フェンタニルパッチ、トラマドール
  - ビスフォスフォネート（骨吸収抑制剤）：パミドロネート（生理食塩水に溶解して、1 mg/kg IV 点滴、3～6週間毎）

オハイオ州立大学（OSU）で用いられている疼痛緩和療法

- NSAID が一般的に選択される
- トラマドール（1～4 mg/kg 8～12 時間毎）
- フェンタニルパッチ（2 μg/kg/h）
- パミドロネート（生理食塩水に溶解して 1 mg/kg IV 点滴、3～6週間毎）

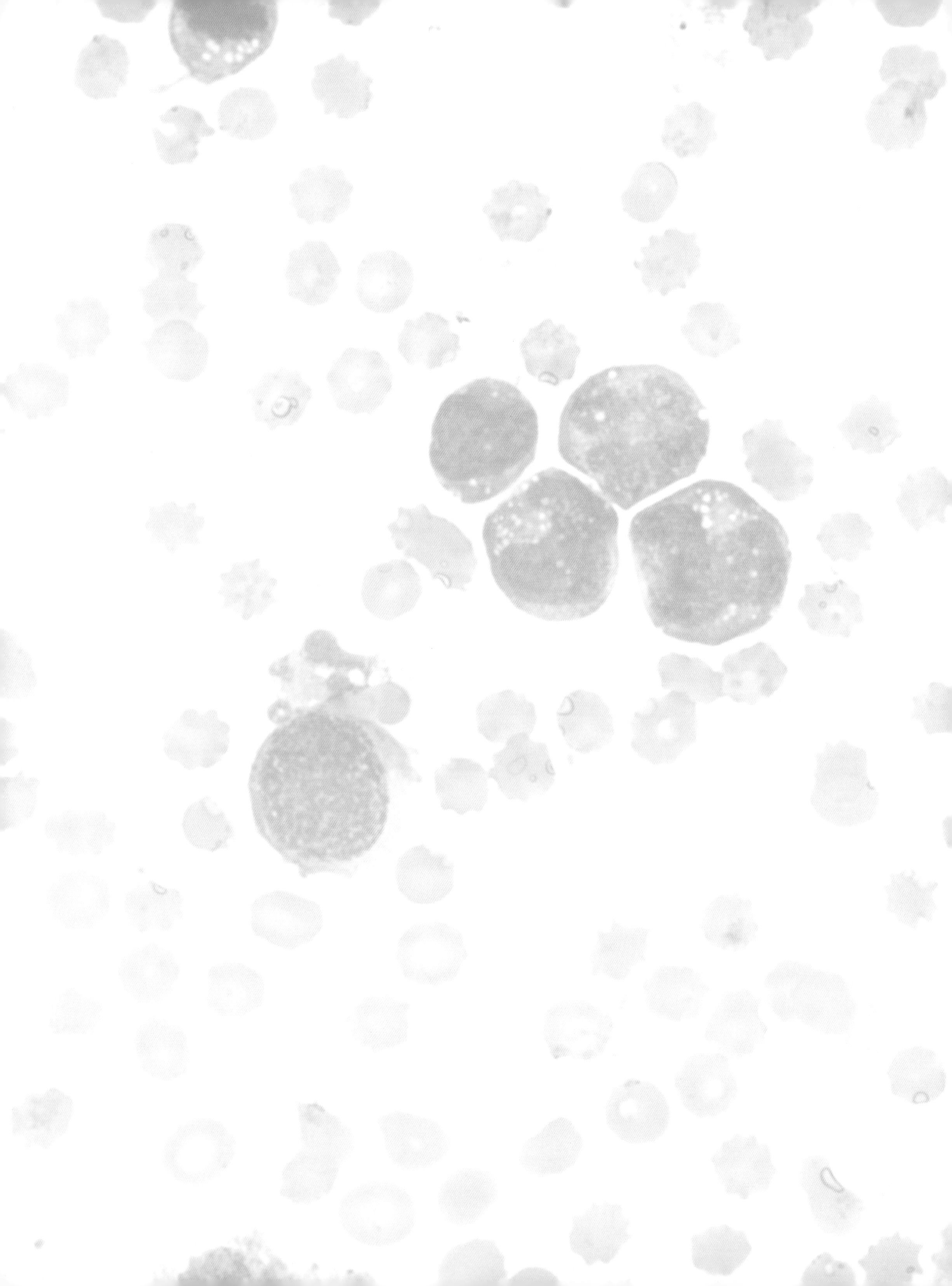

白血病

LEUKAMIAS

腫瘍の症例：白血病
SPECIFIC NEOPLASMS

白血病

白血病の分類法

白血病は骨髄内の造血前駆細胞（リンパ性あるいは非リンパ性）の腫瘍性増殖と定義される。

骨髄における非リンパ系細胞の増殖がリンパ腫との最大の相違点である。

リンパ腫における増殖細胞は、リンパ節あるいはリンパ組織由来、白血病における増殖細胞は骨髄細胞由来である。

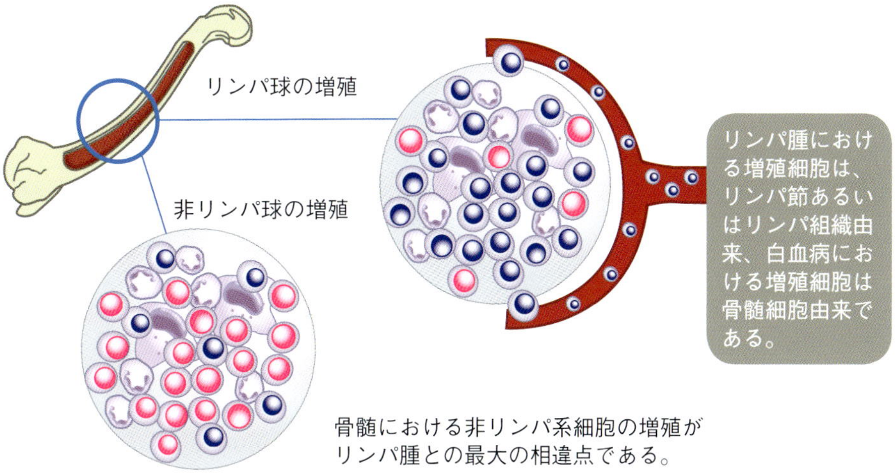

図86　骨髄内の前駆細胞

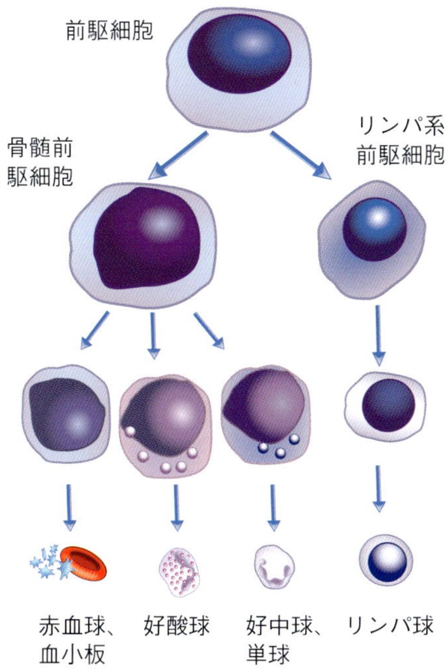

白血病はリンパ性あるいは**骨髄性**の細胞に分化する細胞系統により分類される（図86）。また、腫瘍細胞の生物学的挙動により以下のように分類される。

- **急性**：攻撃的な生物学的挙動を示す。幼若な細胞（芽球）が骨髄あるいは血液中に認められる。
- **慢性**：緩徐に進行する。優勢な細胞はよく分化している（例：慢性リンパ球性白血病でみられるリンパ球、あるいは慢性骨髄性白血病でみられる好中球）。

細胞形態学的な分類を用い、白血病がリンパ性かどうか、どのサブタイプに属するか、そして急性あるいは慢性かどうかを判断する。急性白血病において、細胞化学的あるいは免疫的な表現型解析は、芽球がリンパ性か骨髄性かどうか判断すること、また、骨髄性の場合は細胞の種類によってサブクラスに分類することができる。

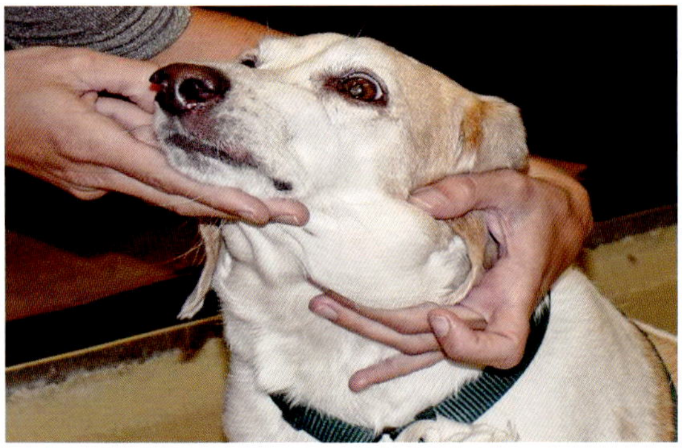

図 87　このリンパ性腫瘤は白血病よりもリンパ腫に合致する所見である。

診断

臨床徴候

出血、発熱、跛行、眼や神経症状など、曖昧で非特異的な症状を呈する。

粘膜の点状出血あるいは斑状出血は一般的に認められ、触知可能な肝腫大や軽度の全身性のリンパ節腫脹はしばしば認められる。

全身のリンパ節が大きく腫脹するようなリンパ腫と比較して、白血病ではリンパ節腫脹は軽微である（図 87）。

白血病罹患動物の多くは臨床徴候を示すが、一方、リンパ腫に罹患している 80％の動物は無症状である。

血液学的検査

病歴および身体検査で仮診断を下し、CBC により確認することができる。

血球計算では以下が明らかとなる。

- 貧血
- 好中球減少症
- 血小板減少症
- 汎血球減少症
- 白血球および赤血球前駆細胞の出現
- 芽球（腫瘍細胞が未分化である場合は確定診断のために組織化学的染色や免疫的な表現型解析が必要である）
- 白血球増加症

臨床徴候

- 沈うつ
- 食欲不振
- 体重減少
- 間欠的な跛行
- 持続的な発熱
- 間欠的な嘔吐および下痢

身体検査

- 脾腫
- 肝腫
- リンパ節腫大
- 可視粘膜蒼白
- 発熱

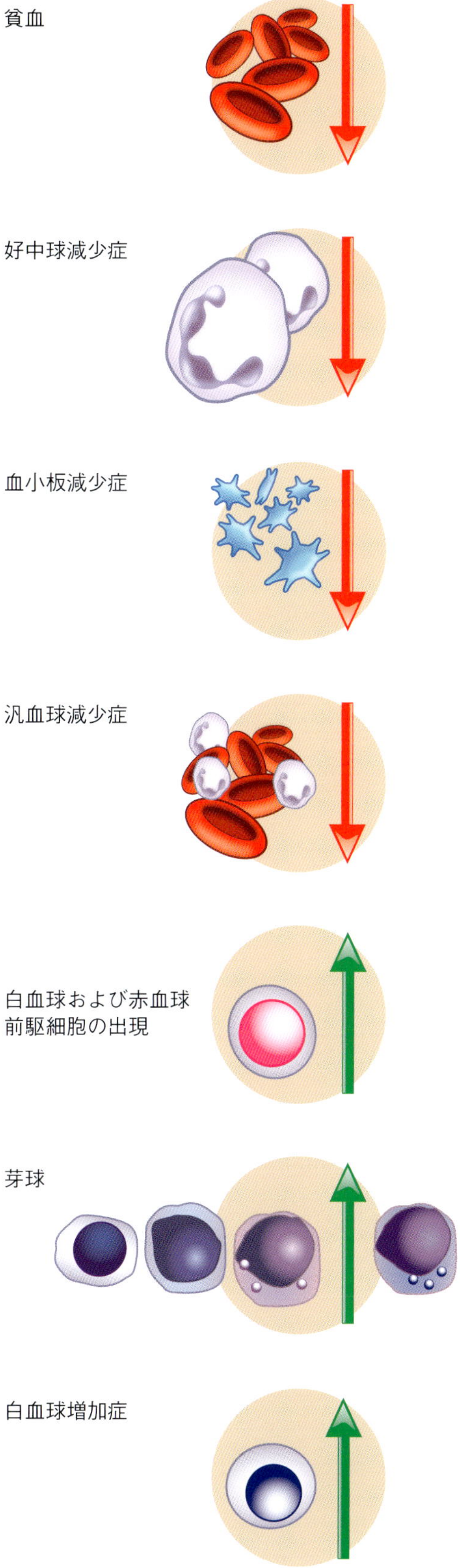

細胞診

白血病が疑われる症例において、より正確な診断のために、骨髄のFNAあるいは生検を実施し、病気の進展を評価すべきである。脾臓およびリンパ節から採材するのが望ましいが、これらは診断材料としては骨髄より劣る。たとえば、全身性の軽度のリンパ節腫脹が認められる犬におけるリンパ節FNAの細胞診では、未分化な芽球が認められるかもしれないが、形態学的にリンパ腫か白血病かを判断することは不可能である。

細胞診の正確な診断のためには、良い塗抹標本の作成が必須である（図88）。

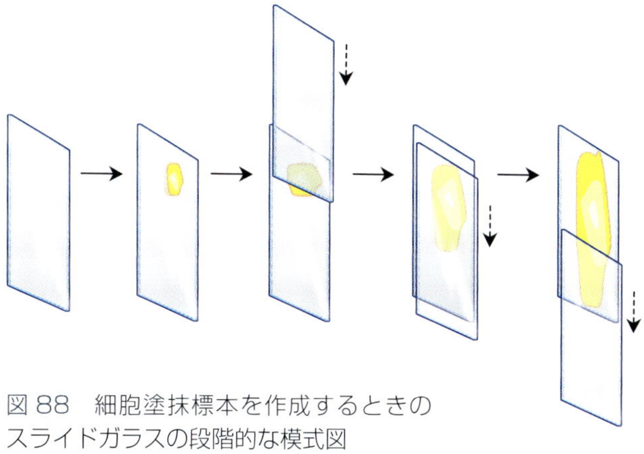

図88　細胞塗抹標本を作成するときの
スライドガラスの段階的な模式図

細胞化学染色

急性白血病において細胞の分化の程度が低い場合は、顕微鏡下では形状が非常に似ているため、ギムザあるいはライトギムザで染色された末梢血や骨髄からの標本では分類することが困難である。細胞化学染色は、芽球の起源がリンパ性か、あるいは骨髄性か、骨髄性の場合は単球性か、あるいは骨髄単球性かを分類するために日常的に使用されている（急性白血病の多くは、初めはリンパ性と分類されるが、細胞化学染色を実施した後に1/3～1/2程度の症例は骨髄性と分類される）。

以下に、さまざまな急性白血病における結果と併せて、使用可能な細胞化学検査を表にまとめた。

ミエロペルオキシダーゼは身体全体に分布している酵素であり、白血球（好中球）により産生される。この酵素の染色法は骨髄性白血病とリンパ性白血病を判別するために使用され、骨髄性の場合により濃く染色される。

クロロアセテートエステラーゼ染色は、好中球系細胞などに存在するアイソエンザイム1,2,7,8および9を検出する特異的エステラーゼ染色である（図89）。

α-ナフチルブチレートエステラーゼ染色は、単球系細胞およびマクロファージ系細胞に特異的に存在する酵素を検出する方法である。

細胞化学染色	AML	AMML	AMoL	ALL
ミエロペルオキシダーゼ（MPO）	＋	＋/−	−	−
クロロアセテートエステラーゼ（CAE）	＋	＋/−	−	−(＋)
α-ナフチルブチレートエステラーゼ（ANBE）	−	＋/−	＋	−(＋)
アルカリフォスファターゼ（AP）	＋/−	＋/−	−	−/＋

AML：急性骨髄性白血病
AMML：急性骨髄単球性白血病
AMoL：急性単球性白血病
ALL：急性リンパ性白血病

アルカリフォスファターゼは特定の骨髄性およびリンパ性の細胞に存在するため、この加水分解酵素の検出はヌクレオチド、タンパク質およびアルカロイドなどの数種類の分子を排除することが可能であり、有効である（図90）。

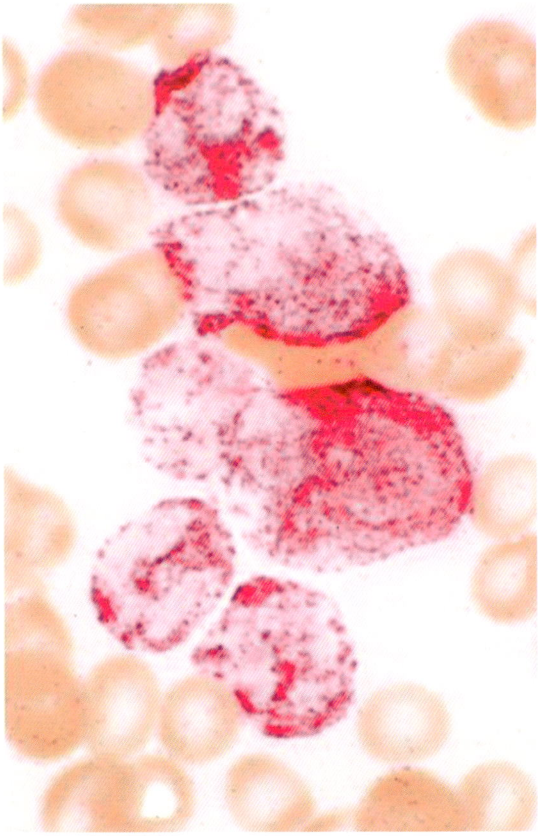
図89　クロロアセテートエステラーゼ染色

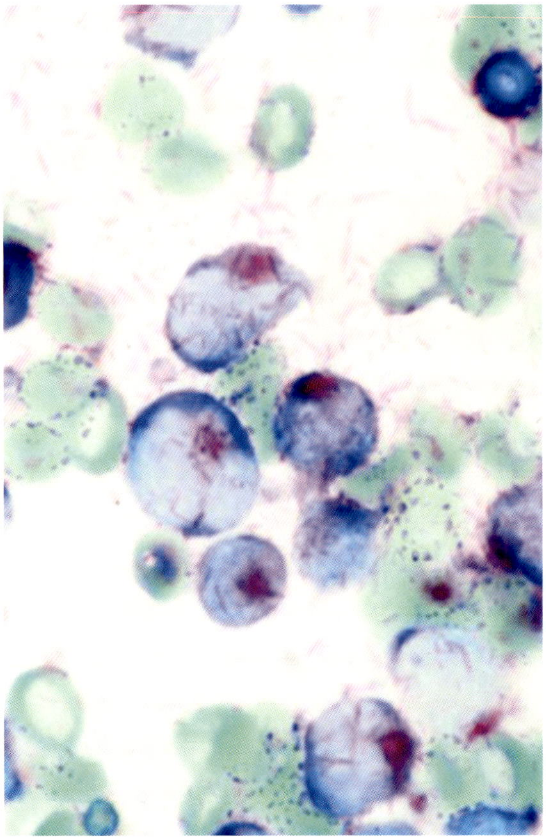
図90　アルカリフォスファターゼ染色

FAB*白血病分類法

急性白血病

- 急性リンパ性白血病（ALL）
  - ALL-L1、ALL-L2、ALL-L3
- 急性骨髄性白血病（AML）
  - M1-2：骨髄芽球性　→　（AML-M1-2）
  - M3：前骨髄球性　→　（AML-M3）
  - M4：骨髄単球性　→（AMML / AML-M4）
  - M5：単球性　→（AMoL AML-M5）
  - M6：赤白血病　→（AML-M6）
  - M7：巨核芽球性　→（AML-M7）

亜急性および慢性白血病

- 慢性骨髄性白血病（CML）
- 慢性骨髄単球性白血病（CMML）
- 慢性リンパ性白血病（CLL）

* French-American-British（FAB）group

分類法の種類

細胞の形態による分類法

得られたサンプルは細胞の形態により分類される（図 91、92 および 93）。

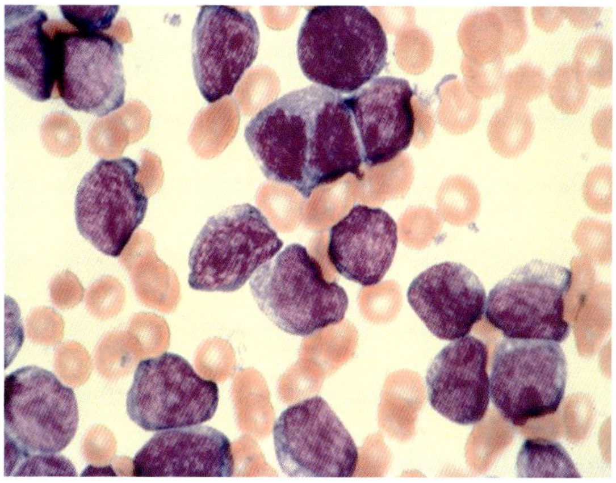

図 91　急性リンパ性白血病

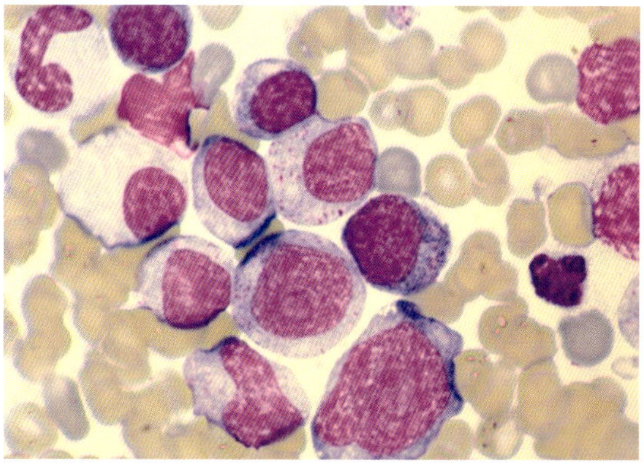

図 92　骨髄芽球性白血病

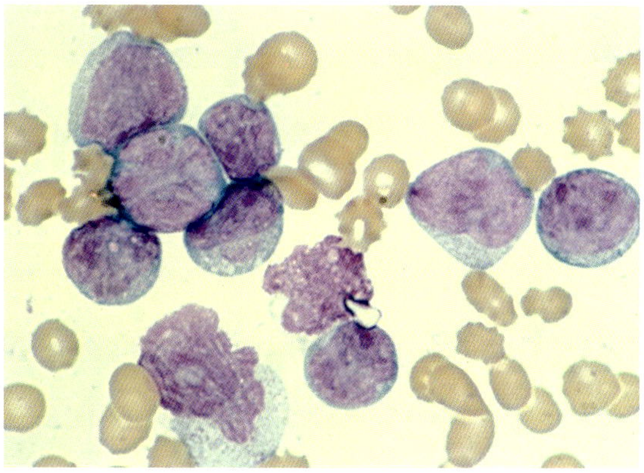

図 93　単球性白血病

免疫表現型分類法

臨床検査受託事業所によっては、犬および猫のモノクローナル抗体が使用可能であるため、白血病における免疫表現型分類法が有効である。臨床的な免疫表現型と予後の関連性の検討に関しては、現在確立しておらず不明であるが、ある特定の免疫表現型は予後に関連しているかもしれないと考えられている。

異なる表現型を区別できることができる（例：B あるいは T 細胞性）。

免疫表現型を検査する方法の１つにフローサイトメトリーがある。これは、細胞からの蛍光発色と光線の散乱を計測する細胞解析技術である。光線を通過する際に、細胞は散乱を誘導する（図 94 ～ 97）。細胞の前方回析では細胞の大きさが計測され、側方屈折光の計測では粒子の程度および複雑さが計測される。さらに、蛍光標識されたモノクローナル抗体と細胞を反応させることによって細胞のもつ抗原を解析することができる。

遺伝子検査

PCR 法によってクローナリティーを検査することができる。この検査では再構築された抗原受容体遺伝子のクローナリティーが検出できる。たとえば T 細胞受容体（TCR）あるいは免疫グロブリン重鎖（IgH）などである（図 98）。

図 94～97　フローサイトメトリーの結果例（Dra. Mary Jo Burkhard の厚意による）

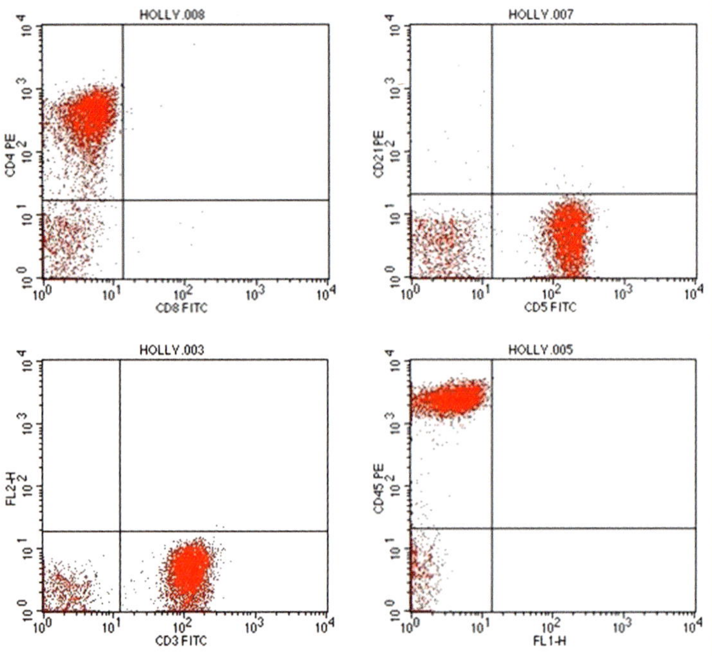

図 98　PCR 法によるクローナリティーの検出（Burnett R. C. *et. al.* Vet Pathol, 2003；40：32-41）

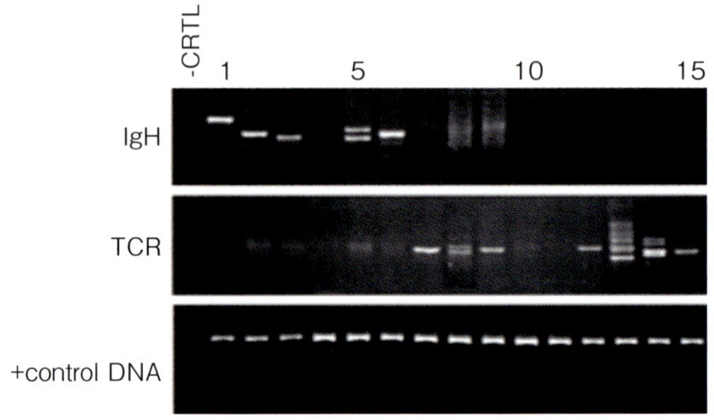

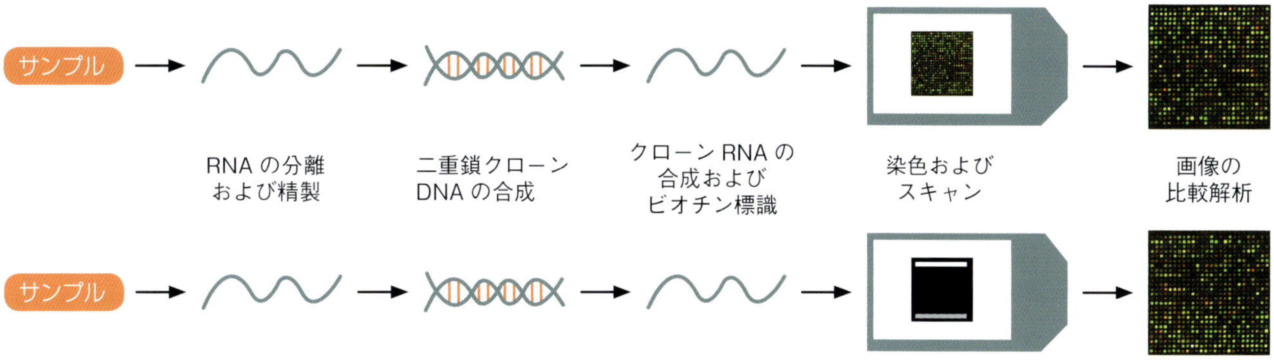

その他の方法は DNA チップ（マイクロアレイ）（上部の図を参照）を使用する方法がある。このチップには、DNA の遺伝子断片の集合体が表面に固定されている。この方法では、生体内のゲノムに存在するすべての遺伝子を瞬間的に観察することができる。正常細胞と疾病に罹患した細胞に発現した遺伝子の発現量を比較検討することで、疾病に関与する遺伝子を特定することに使用される。

DNA チップでは、アクティブな遺伝子が選抜され、クラスターと呼ばれる集団、あるいはそれぞれの遺伝子活動の類似性によって分類することができる。この方法により関連している染色体についての遺伝子地図を作成することができる。

急性白血病

本疾患は、特徴として短期間および劇的な病態を示す。診断後、治療が間に合わなかった場合、罹患動物は一般的に短期間で死亡してしまう。本疾患は、骨髄あるいは末梢血中に未分化の芽球が存在することも特徴的である。

臨床徴候は非特異的であるが、たいていは発熱、出血、肝脾腫大、眼および神経学的病変、そして血球減少が認められる。

積極的な化学療法を実施したとしても、治療は困難であり、対症療法を実施しても 2 ～ 4 カ月の生存期間しか得られない。

急性骨髄性白血病（AML）

AML の犬においては、間欠的な跛行、発熱および眼病変がもっとも一般的に見られる症状である。

AML の治療法は複数の薬剤を併用して実施される。シトシンアラビノシド（100 ～ 200 mg/m^2）を 1 ～ 2 日間かけて 24 時間毎に、ミトキサントロン（4 ～ 6 mg/m^2）を 3 週間毎に持続点滴する（これら薬剤は同じ生食バッグに混入させてもよい）。

急性リンパ性白血病（ALL）

犬のリンパ性白血病では神経症状がもっとも一般的な症状である。

この種類の白血病には、COP プロトコールが適用される。シクロフォスファミド 50 mg/m^2 を 1 週間に 4 日間あるいは 48 時間毎に経口投与、あるいは 300 mg/m^2 を 3 週間毎に経口投与する（治療期間は変更可能）。これに併用してビンクリスチン 0.5 mg/m^2 を週 1 回静脈内投与し、これを 8 週間継続する。さらに、プレドニゾンを第 1 週目は 40 ～ 50 mg/m^2 で 24 時間毎に経口投与し、その後 7 週間は 20 ～ 25 mg/m^2 で 48 時間毎に経口投与する。

慢性白血病

慢性白血病は、病態形成に数カ月かかる場合があるほど非常に経過が長く、通常は進行しない。症状は曖昧であるか無症状である（症例のうち約半数）。

慢性白血病において優勢に認められる細胞は急性白血病で見られるような幼若な芽球ではなく、すでに分化した細胞である（好中球あるいはリンパ球）（図 99 ～ 102）。

慢性リンパ性白血病（CLL）は慢性骨髄性白血病（CML）と比較するとよく遭遇する。CML は非常にまれな疾患であり、類白血病反応と誤診してはならない。

ヒト医療では、CML の診断のために複数のマーカーを使用して類白血病反応と区別することが可能であるが、犬の CML にはこのようなマーカーが存在しない。染色体解析は特異的異常を特定することが可能であり、CML 診断のために有用である。CML の診断は血液学的な所見を解析したのち、さらに炎症および好中球増加を誘導しうるその他の鑑別疾患を除外してから実施すべきである。

臨床徴候は肝臓および脾臓の腫大、発熱、可視粘膜蒼白、嘔吐および多飲多尿があげられる。

全血球計算（CBC）では、白血球増加と、ときには血球減少が見られる（80％の症例で貧血、50％の症例で血小板減少症が見られる）。

99
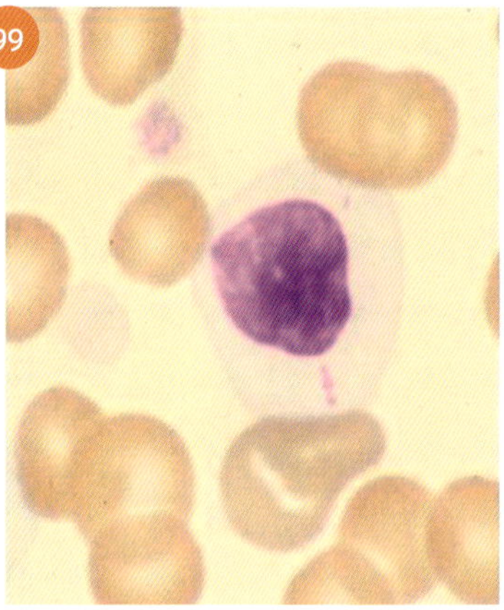

100
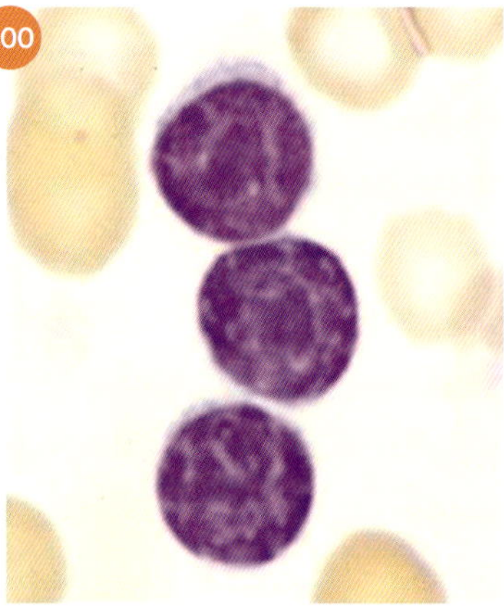

101
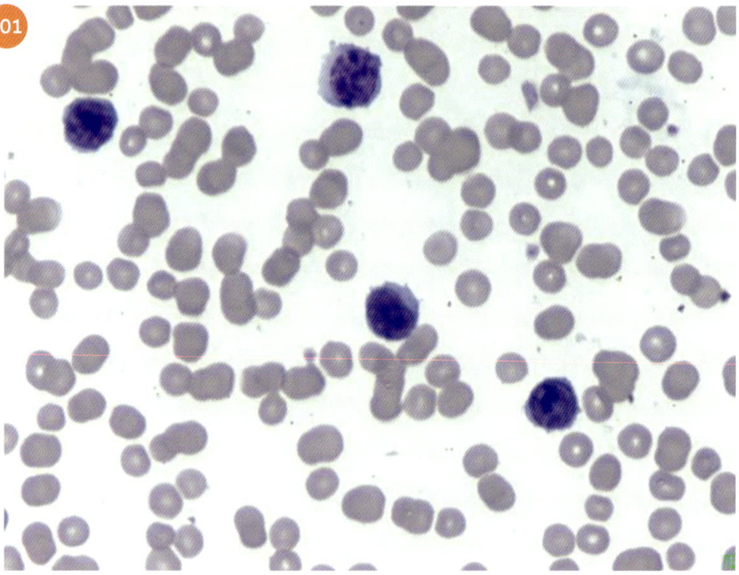

102
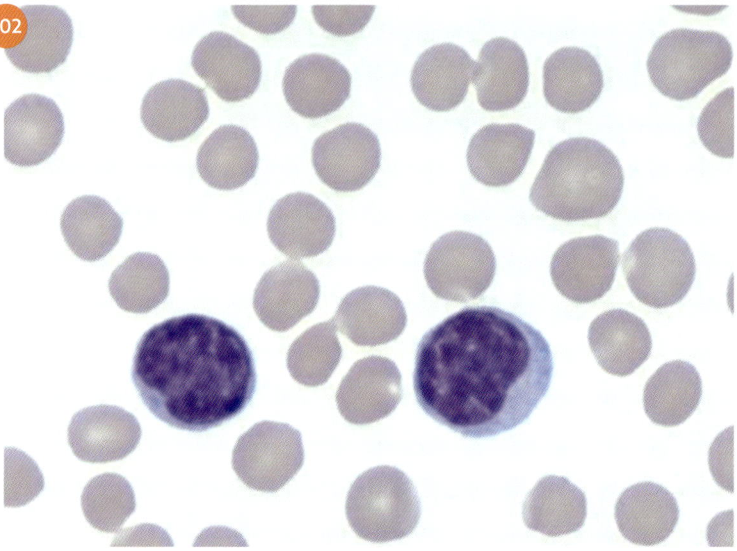

図 99 ～ 102　CLL の犬の血液塗抹所見。正常リンパ球が優勢である傾向が見られる。

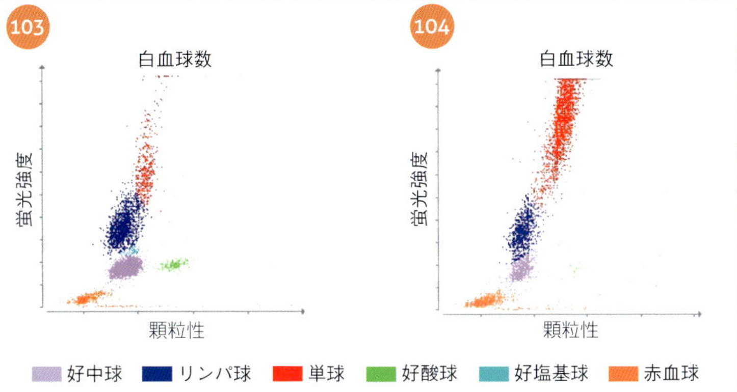

図 103　健康犬のドットプロット
図 104　急性骨髄性白血病の罹患犬のドットプロット。単球の集団が上に広がっていることに注目

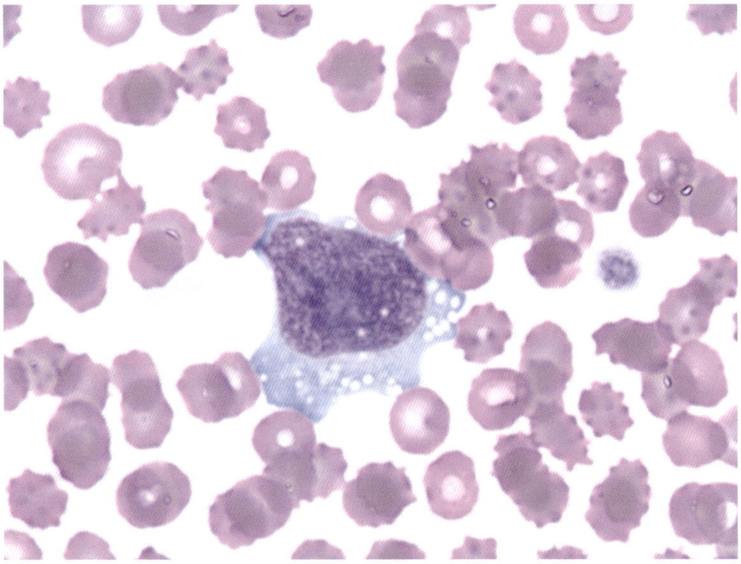

図 105　図 104 の症例から得られた末梢液中にみられた芽球

慢性リンパ性白血病（CLL）の治療

- クロラムブシル：20 mg/m^2 PO 2 週間毎
- プレドニゾン：1 ～ 3 mg/kg PO 24 ～ 48 時間毎
- 犬の CLL では長い生存期間が得られる。無治療であったとしても 1 年以上生存することは珍しくない。

慢性骨髄性白血病（CML）の治療

- ヒドロキシウレア：30 ～ 50 mg/kg PO 24 ～ 48 時間毎
- 6 カ月から 1 年の生存期間を得ることができる。

血液解析装置（ProCyte® など）を使用することも可能であり、これらはドットプロットを作成することができる。これらを解読することで、サンプル内の測定分布に関する視覚的な情報を得ることができる。ドットプロットは 2 つの異なるサンプルの測定分布を比較検討することを可能にする（図 103、104 および 105）。

治療は、血球減少、臨床徴候、臓器肥大あるいは免疫グロブリン異常症が認められる場合にのみ実施される。

骨髄異形成

前白血病および骨髄異形成症候群はさまざまな血液学的な変化（その大部分は骨髄過形成を伴う血球減少）および曖昧な臨床徴候を引き起こし、これは何カ月も、あるいは何年もかけて急性骨髄性白血病（AML）となる。この症候群は、犬および猫において報告されているが、より猫で一般的であると考えられている。

骨髄過形成の猫のうち、1/3 程度が急性白血病に進行する。

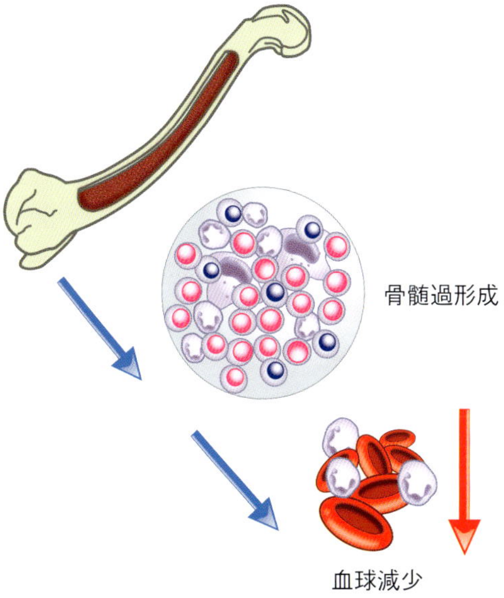

消化管腫瘍
GASTROINTESTINAL TUMOURS

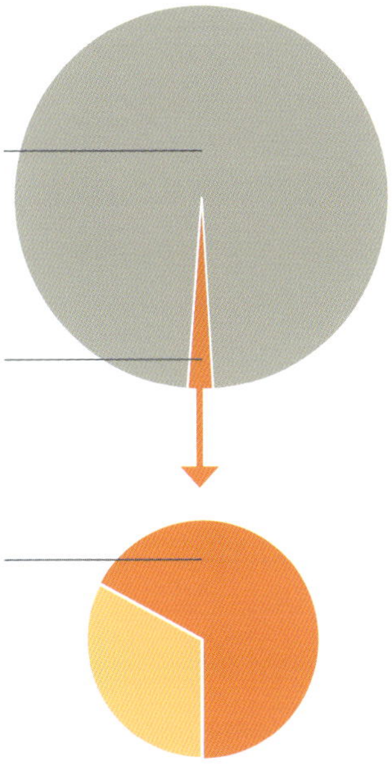

消化管腫瘍

疫学

消化管腫瘍はすべての腫瘍のうち約2%を占める。このうち約2/3が悪性であり、胃よりも腸管でより多く発生する。

消化管腫瘍は発生により分類され、腺癌がもっとも多く、次いでリンパ肉腫および肉腫が多い（オハイオ州立大学のデータによると腺癌よりもリンパ肉腫の方が多いとされている。）シャム猫は消化管腺癌に罹患しやすいとされている。

臨床徴候

典型的な慢性の症例では、急性の通過障害あるいは消化管の裂開が認められる。もっとも特徴的な症状は慢性的な出血による貧血である。

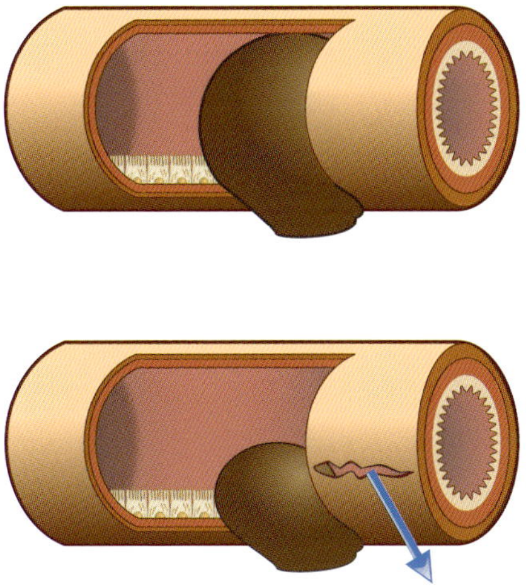
通常、消化管腫瘍は急性の通過障害あるいは消化管裂開を引き起こす

初期の臨床徴候として以下があげられる：嘔吐、吐血あるいはメレナ、体重減少、しぶり、衰弱、運動不耐性、貧血。猫では、食欲不振、体重減少、嘔吐および下痢（これらは猫でみられる多くの疾患と同様の症状である！）。

低タンパク血症による浮腫および腹部膨満が見られることもある。

身体検査

身体検査で以下の特徴が明らかに認められることがある。

■粘膜の蒼白化
■衰弱
■浮腫／滲出液
■腫瘤
■肝臓および脾臓の腫大
■下痢

粘膜の蒼白化

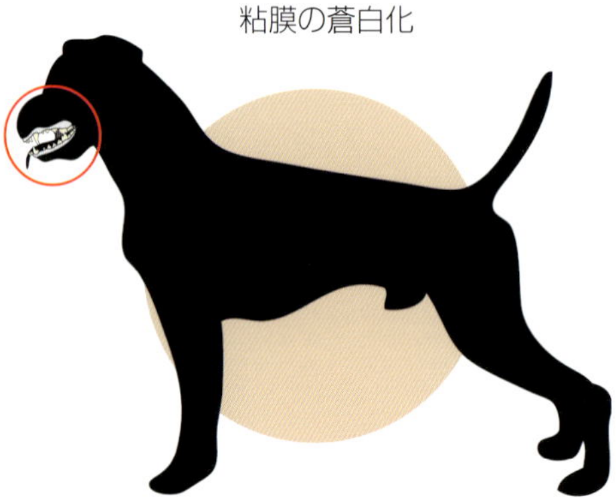

衰弱

浮腫／滲出液

腫瘤

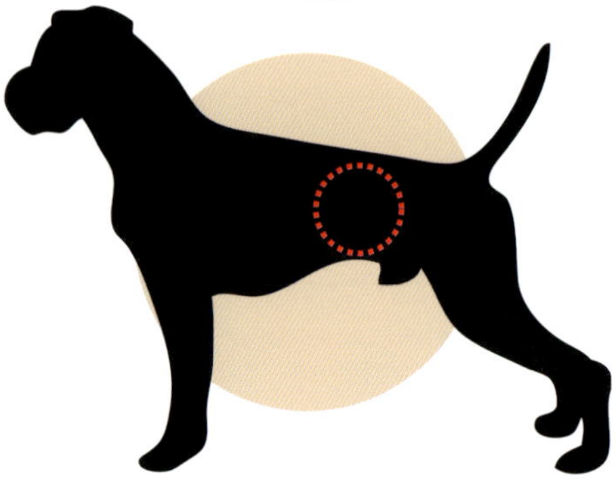

肝臓および脾臓の腫大

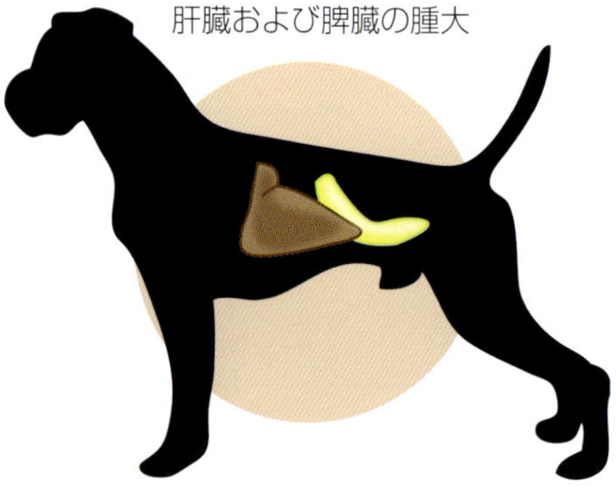

下痢

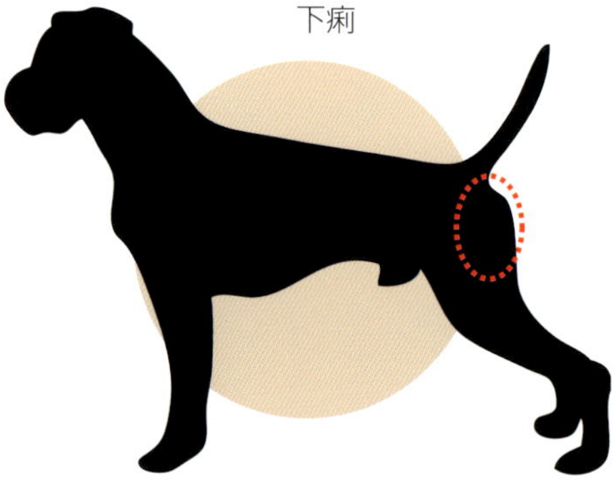

診断

これまで述べてきた臨床徴候を検出するには、病歴の正確な聴取と念入りな身体検査が不可欠である。次にあげる検査は鑑別診断のために実施することが必要である。優先順位に従ってあげると、血液像の観察、細胞学的検討、X 線検査（造影剤使用）、内視鏡検査、腹腔鏡検査そして最後の手段としての試験開腹である。

血液学的検査

消化管腫瘍では、血小板減少を伴い、網状赤血球が見られる小球性低色素性**貧血**が認められる。

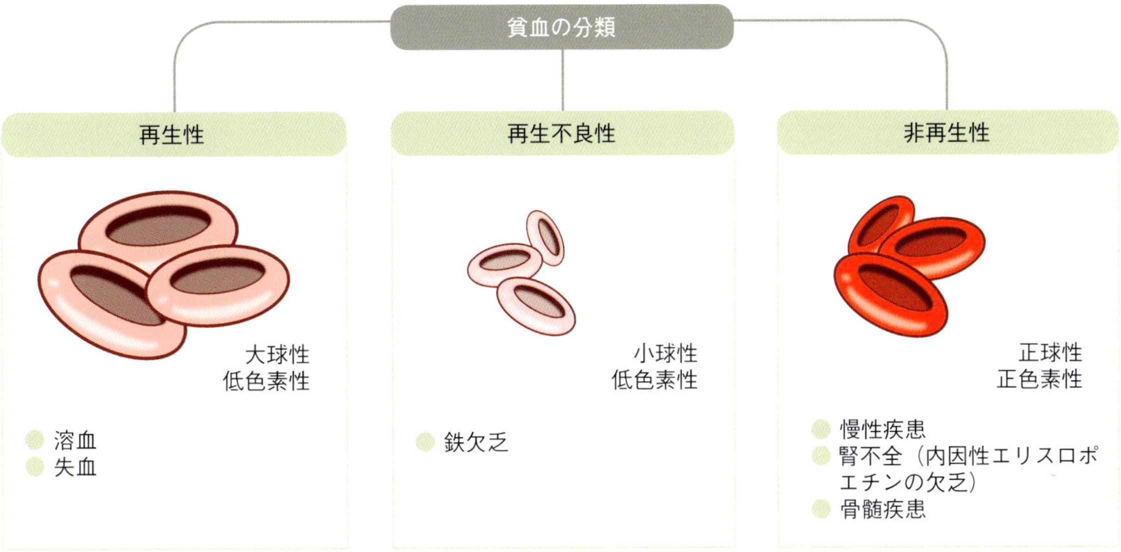

貧血が再生性か非再生性かは、ルーチンで実施される網状赤血球の計測あるいは血液塗抹での多染性赤血球の評価に基づいて判断する。貧血の病因に関する情報は、論理的な診断および治療方針につながる。

犬では、小球性低色素性再生不良性貧血は慢性失血に関連することがよく知られている。腫瘍から消化管への出血、胃潰瘍あるいは外部寄生虫感染、あるいは深刻なノミ感染がある犬では、これら慢性的な出血による鉄欠乏を呈していることが多い。泌尿生殖器の出血あるいは医原性出血など、その他の慢性的な血液の喪失はほとんどない。

溶血の場合とは異なり、血液の喪失は低タンパク血症の原因となるため、再生性貧血の症例における検討では、血清あるいは血漿中のタンパク濃度を測定しておくとよい。

鉄欠乏性貧血は、成猫では非常にまれであるが、この血球の基本的形態は消化器型のリンパ腫に罹患した猫における慢性的な血液喪失に関連している。

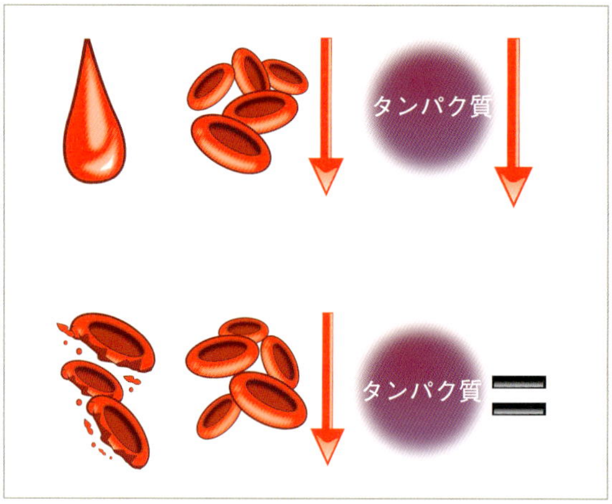

胃腺癌

犬および猫の胃腺癌では、雄の方が罹患しやすい。犬の胃に発生した腫瘍のうち、胃腺癌が約半数を占める。

病歴および身体検査

胃の腫瘍に罹患した犬および猫は、通常、腫瘍が大きくなるまで無症状で経過する。（嘔吐ではなく）食欲不振は通常最初に認められる症状である。

胃の腫瘍によって引き起こされる嘔吐は、通常、この疾患が進行しているか、あるいは幽門の閉塞が存在していることを示す。一般的に、腺癌は浸潤性であり、胃の運動性に影響したり、あるいは流出路を閉塞させることで胃からの内容物の流出を阻害する（図 106）。

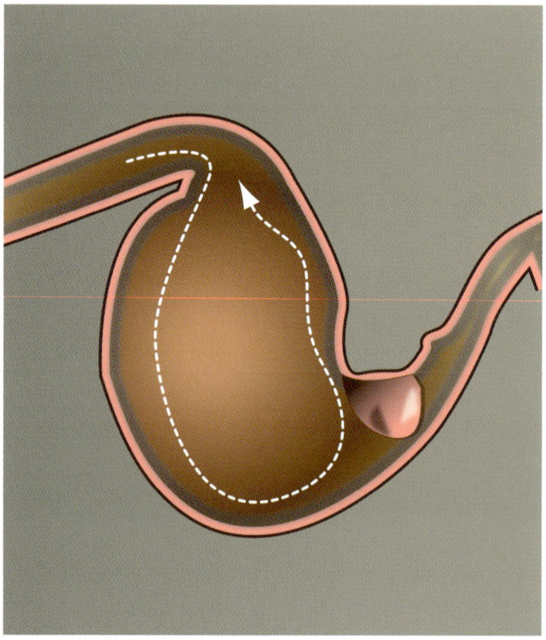

図 106　胃の腫瘍は、運動性を低下させ、また流出路を遮ることにより胃からの流出を障害することがある。

筋腫／肉腫および消化管間質腫瘍（GIST）は、より深刻で急性な上部消化管からの出血が発生するリスクが高いように思われるが、胃腺癌においても吐血は起こりうる症状である。たとえ明らかな血液喪失が認められない場合でも、胃腺癌ではその他の出血性胃腫瘍よりも鉄欠乏性貧血が引き起こされる。

栄養の不足あるいは腫瘍悪液質症候群による体重減少がみられることがある（図 107）。ポリープは幽門の通過障害の原因にならない限り臨床徴候を引き起こすことはほとんどない。一部の腹部腫瘤は触診により検出することが可能である。

図 107　胃腺癌に罹患した犬でみられた体重減少

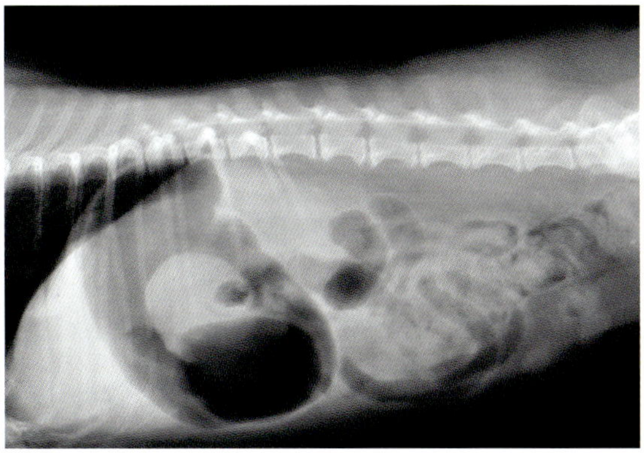

図 108
腹部 X 線検査所見

診断

胃腺癌の診断では以下の検査により実施される。

- 単純 X 線撮影（図 108）
- 上部消化管の造影 X 線検査
- 超音波検査
- 内視鏡検査（図 109 ～ 113）
- FNA 検査（図 114）
- 腹腔鏡検査

単純および造影 X 線検査では消化管壁の肥厚、運動性の低下あるいは粘膜の異常が認められる場合がある。粘膜下の腺癌では、局所の拡張程度しか検出できないことがある。

胃壁の炎症領域を超音波ガイド下で FNA を実施することは、腺癌およびリンパ腫の診断に有効であるかもしれない。

いくつかの腫瘍は内視鏡で検出できる。内視鏡を用いて病変部を生検する場合、粘膜下組織を含む深部まで採取することが必要である。

粘膜のリンパ腫およびスキルスでない胃腺癌では消化管潰瘍やびらんがみられ、内視鏡生検で得られた標本は通常診断に有用である。

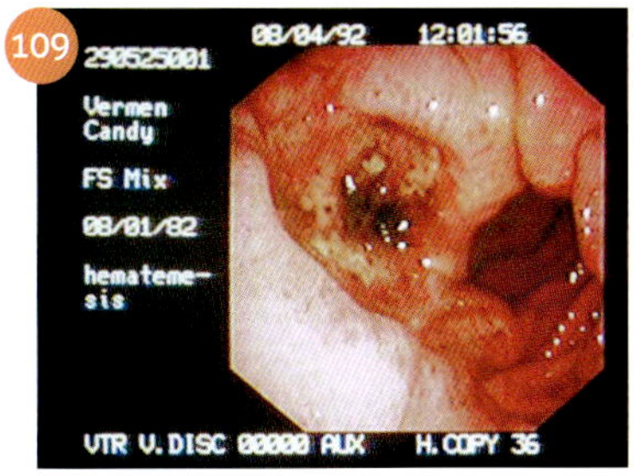

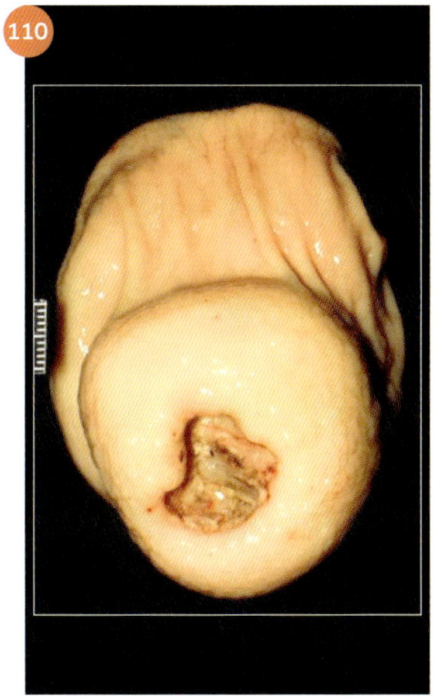

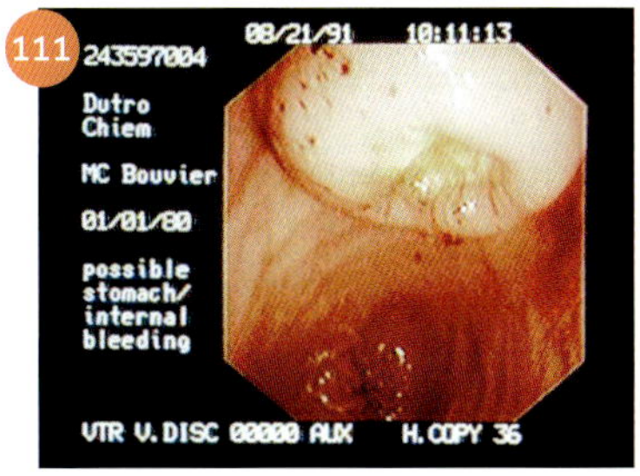

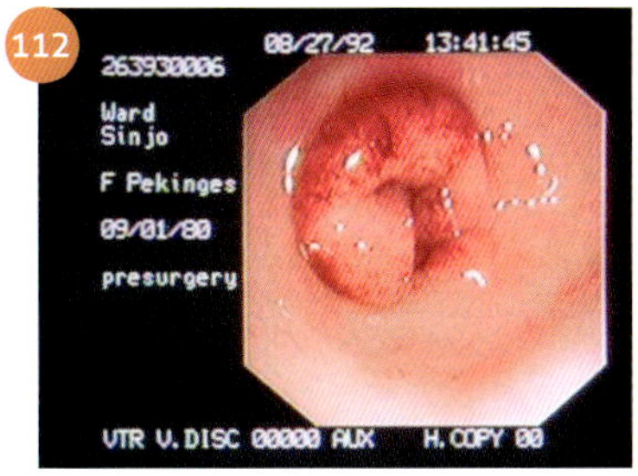

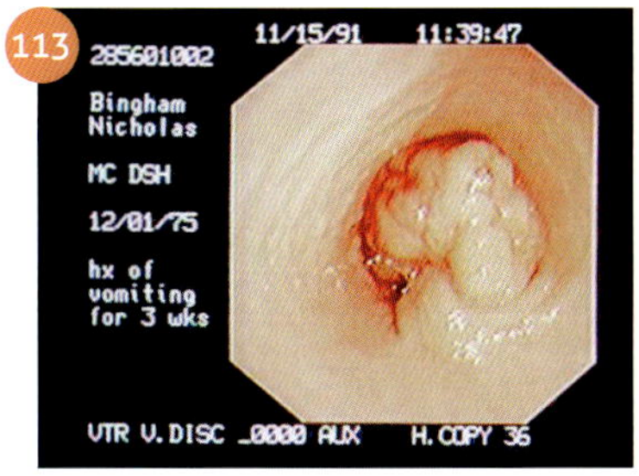

図 109 ～ 113　胃の腫瘤の内視鏡検査所見

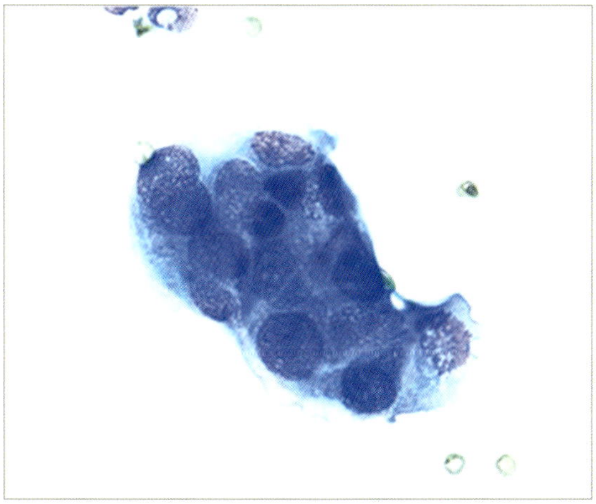

図 114　癌腫からの吸引標本

予後

腫瘍の転移の有無や転移部位が大きく予後に関連する（図115）。

一般的に、腫瘍を早期発見できたとしても腺癌およびリンパ腫の予後は悪い。

治療

腺癌の多くは症状が見られたときにはすでに進行しており、腫瘍の完全切除は困難かあるいは不可能である。平滑筋腫および平滑筋肉腫は腺癌と比較して切除が容易である。胃十二指腸吻合術は切除不可能な腫瘍による胃幽門部の閉塞を軽減するのに有効な場合もある。**放射線療法**は1つの選択肢である。

化学療法は、犬および猫のリンパ腫以外ではほとんど使用されない。プロトコール例は以下のとおり。

- CF：シクロフォスファミドおよび5-FU
- CMF：5-FU、シクロフォスファミドおよびメトトレキサート
- FAC：5-FU、ドキソルビシン、シクロフォスファミド、ST合剤（サルファ剤－トリメトプリム）
- AC：ドキソルビシン、シクロフォスファミド
- VAC：ビンクリスチン、ドキソルビシン、シクロフォスファミド
- MA：メルファラン、アクチノマイシンD
- MAC：メルファラン、アクチノマイシンD、シトシンアラビノシド

非リンパ系腸管腫瘍

これらの腫瘍はまれな疾患である。犬では、肉腫よりも腺癌の方が多く、猫では腺癌がほとんどである。

疫学、病歴および身体検査

統計学的に、腫瘍が発見される年齢の平均値は犬で9.2歳、猫では8.7歳である。シャム猫は消化管腺癌に特に罹患しやすいと思われる。

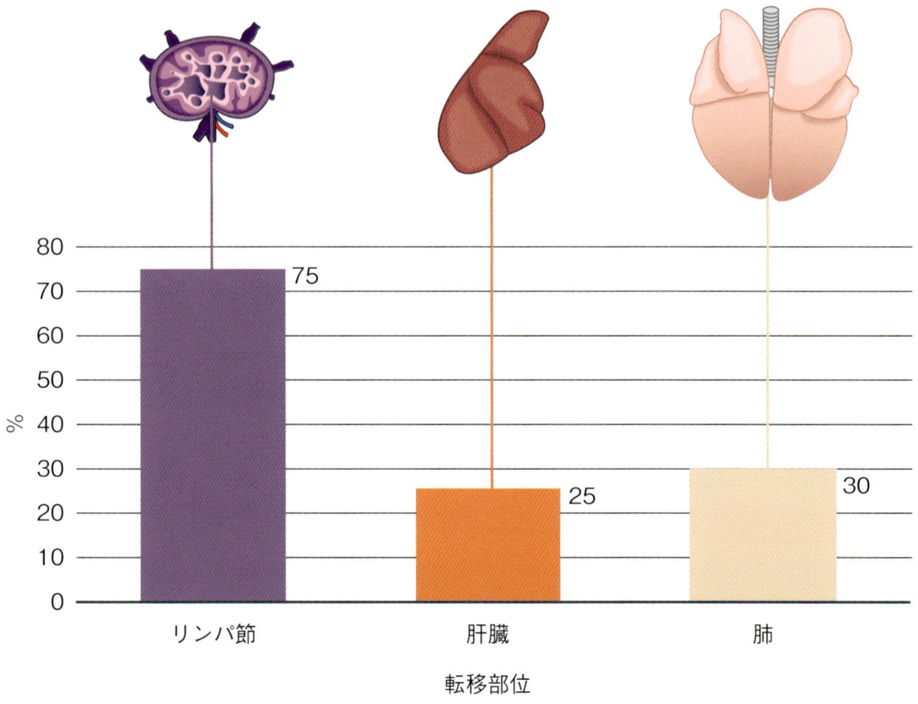

図115　胃腺癌の転移部位

通常、罹患症例は体重減少、嘔吐、下痢、食欲不振、しぶり、腹部腫瘤および貧血が認められる。

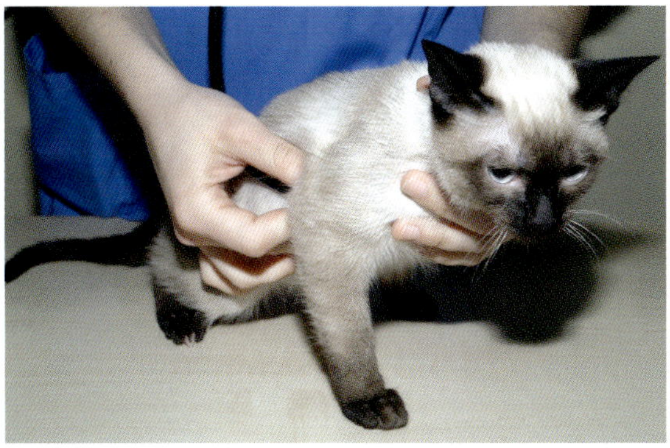

消化管腺癌は消化管壁全周に及ぶ局所的な腸管の肥厚を引き起こすことが多い。

腫瘍の転移する傾向を図 116 に示した。癌腫症および転移は猫よりも犬においてより多くみられる。

腸の癌腫症は、腹膜への粟状の播種病変を特徴とする。腹膜に播種するさまざまな腫瘍が存在するが、腸管および膵臓の腺癌は共通して癌腫症を引き起こす腫瘍であることが知られている。

研究結果

- 貧血：犬の 40% で慢性失血による鉄欠乏性貧血を呈する。猫では、70% が貧血を呈する。
- 白血球増加
- FeLV 陰性（100%）

診断

X 線検査上では、罹患した症例のうち犬では 43%、猫では 14% で腹部腫瘤が確認される。閉塞所見が認められるのは症例の 10% 以下である。

消化管腺癌の診断には、腫瘍性の上皮細胞が存在することを証明する必要がある。内視鏡、外科的手術および超音波ガイド下での FNA が診断の一助となる。

硬化性癌は、非常に密な結合組織をもつためにFNA あるいは内視鏡でのサンプル採取が困難である。そのため、外科的手術による生検が必要な場合がある。

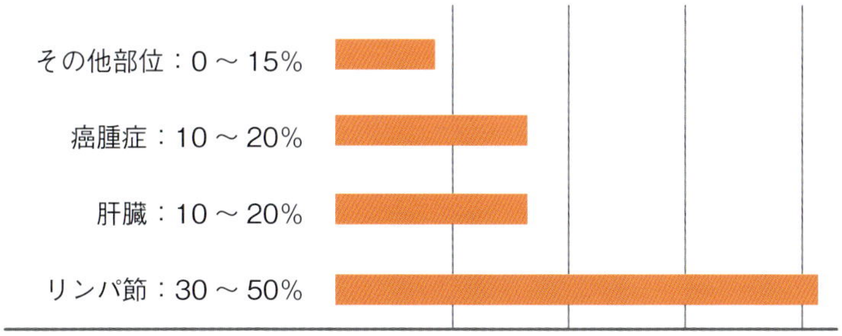

図 116　非リンパ性消化管腫瘍の転移率

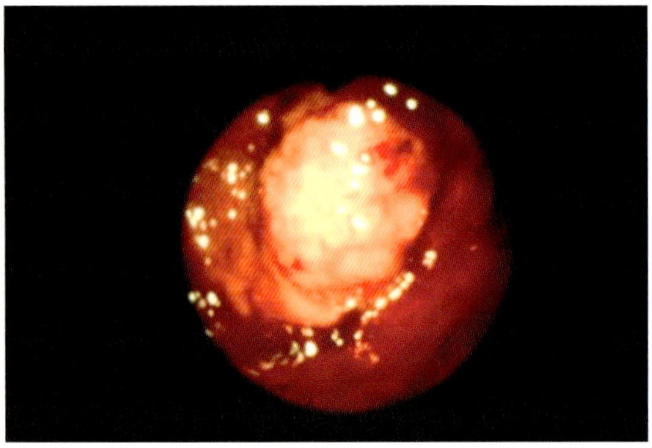

図 117　内視鏡所見

上部消化管における腫瘍のパターンは、閉塞性あるいは浸潤性のどちらかである（図 117 ～ 119）。

治療

診断時に所属リンパ節への転移が認められることが多いが、外科的に完全切除した場合の予後は良いとされている。化学療法の効果は証明されておらず、また、外科手術後の化学療法の効果に関しても不明である。

118

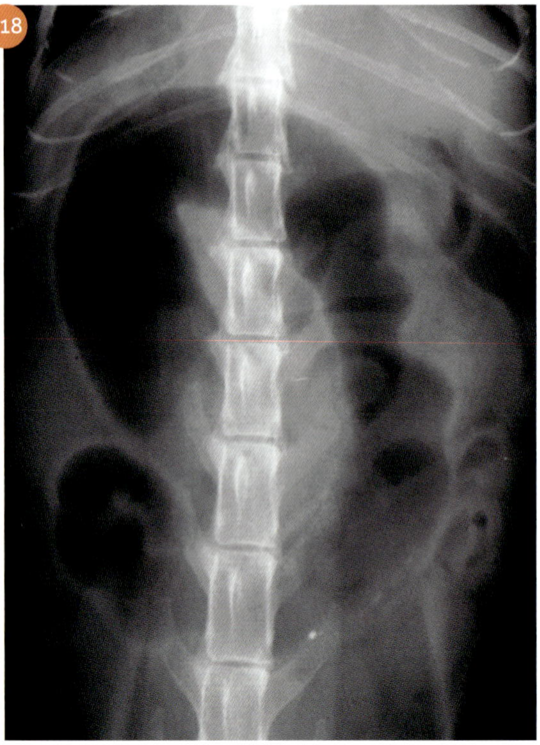

119

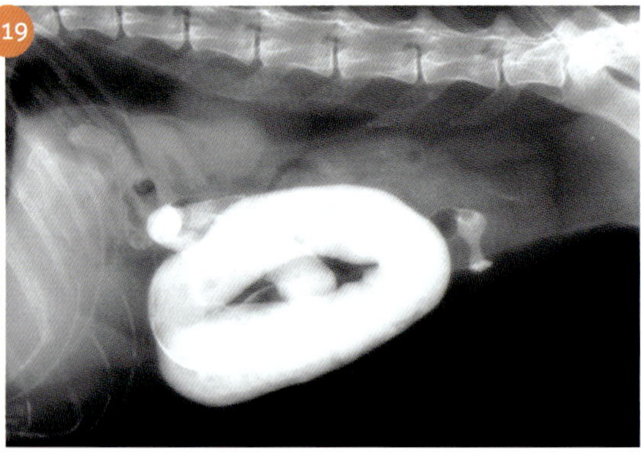

図 118 および 119　図 117 の症例における単純および造影 X 線検査所見

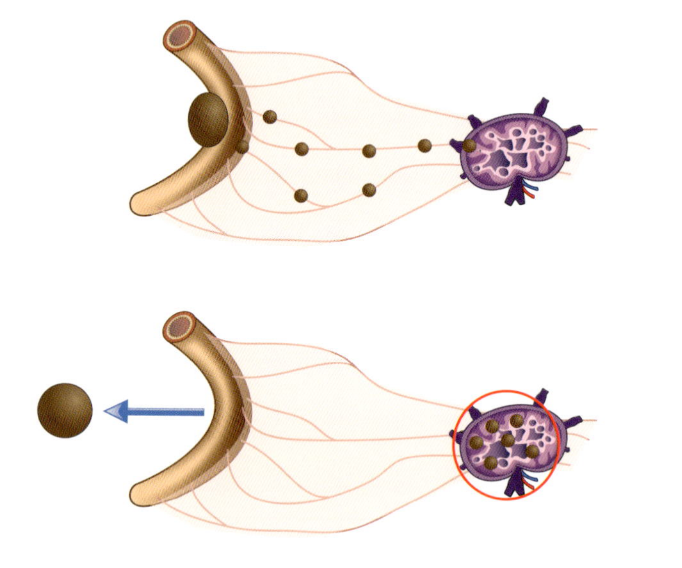

所属リンパ節への転移

消化管腫瘍の生物学的挙動

- 腺癌は局所浸潤性があり、遠隔転移も認められる。
- 肉腫は局所浸潤性があり、遠隔転移も認められる。
- リンパ腫では腹部あるいは全身性の播種が見られる。

消化器型リンパ腫

消化器型リンパ腫は、正球性正色素性あるいは低球性低色素性の貧血を起こす場合がある。白血球増加、好中球増加（左方移動を伴う、あるいは伴わない）、単球増加、末梢血中の非定型リンパ球出現（白血化したリンパ腫）、血小板減少、単一的あるいは複合的な血球減少および血液中の幼若な好中球前駆細胞および赤血球前駆細胞の出現が見られる場合がある。犬および猫のリンパ腫ではリンパ球増加症はあまりみられない。低タンパク血症も認められることがある。

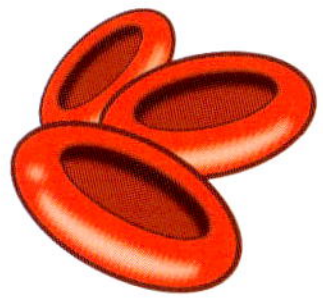

正球性正色素性貧血

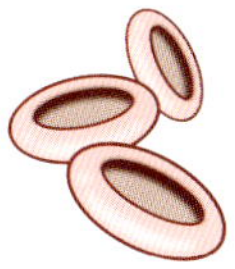

低球性低色素性貧血

発生部位はさまざまであり、単一性、多病巣性あるいはびまん性である。タンパク喪失性腸症は、猫ではまれであるが、犬では比較的よく認められる所見である。前腫瘍性のリンパ腸炎が存在する可能性がある。消化器型リンパ腫はFNAによる細胞診で容易に診断することが可能である。

消化器型リンパ腫の治療は、COAPあるいはCHOPプロトコールに従って実施される。

COAPプロトコール

- シクロフォスファミド：50 mg/m^2 PO 48時間毎
- ビンクリスチン：0.5 mg/m^2 IV 1週間に1回
- シトシンアラビノシド：100 mg/m^2/日 緩徐にIVあるいはSC 4日間毎日
- プレドニゾン：第1週目は50 mg/m^2 PO 24時間毎、第2週目は20 mg/m^2 PO 48時間毎

CHOPプロトコール

- シクロフォスファミド：10日目に200～300 mg/m^2 PO
- ドキソルビシン：1日目に30 mg/m^2（あるいは体重10 kg未満の犬では1 mg/kg）IV
- ビンクリスチン：8および15日目に0.75 mg/m^2 IV
- プレドニゾン：最初の1週間は40～50 mg/m^2 PO 24時間毎、8～21日目は20～25 mg/m^2 PO 48時間毎

消化管腫瘍のキーポイント

- 慢性的な胃腸管疾患の鑑別診断に含める。
- 鉄欠乏性貧血の症例では考慮する。
- 検査室診断および画像診断が必要
- 腺癌およびリンパ腫の場合ではFNAによる細胞診が診断に役立つ場合があるため、可能ならば実施する。平滑筋腫、平滑筋肉腫および胃腸上皮の腫瘍では、腺癌やリンパ腫などの腫瘍とは異なり超音波ガイド下でのFNAなどでは細胞が採取しにくいことがあるため、生検が必要なことが多い。
- 消化管腫瘍では外科手術の介入が必要である（化学療法で治療されるべきリンパ腫は除く）。
- 早期診断および切除手術が不可欠

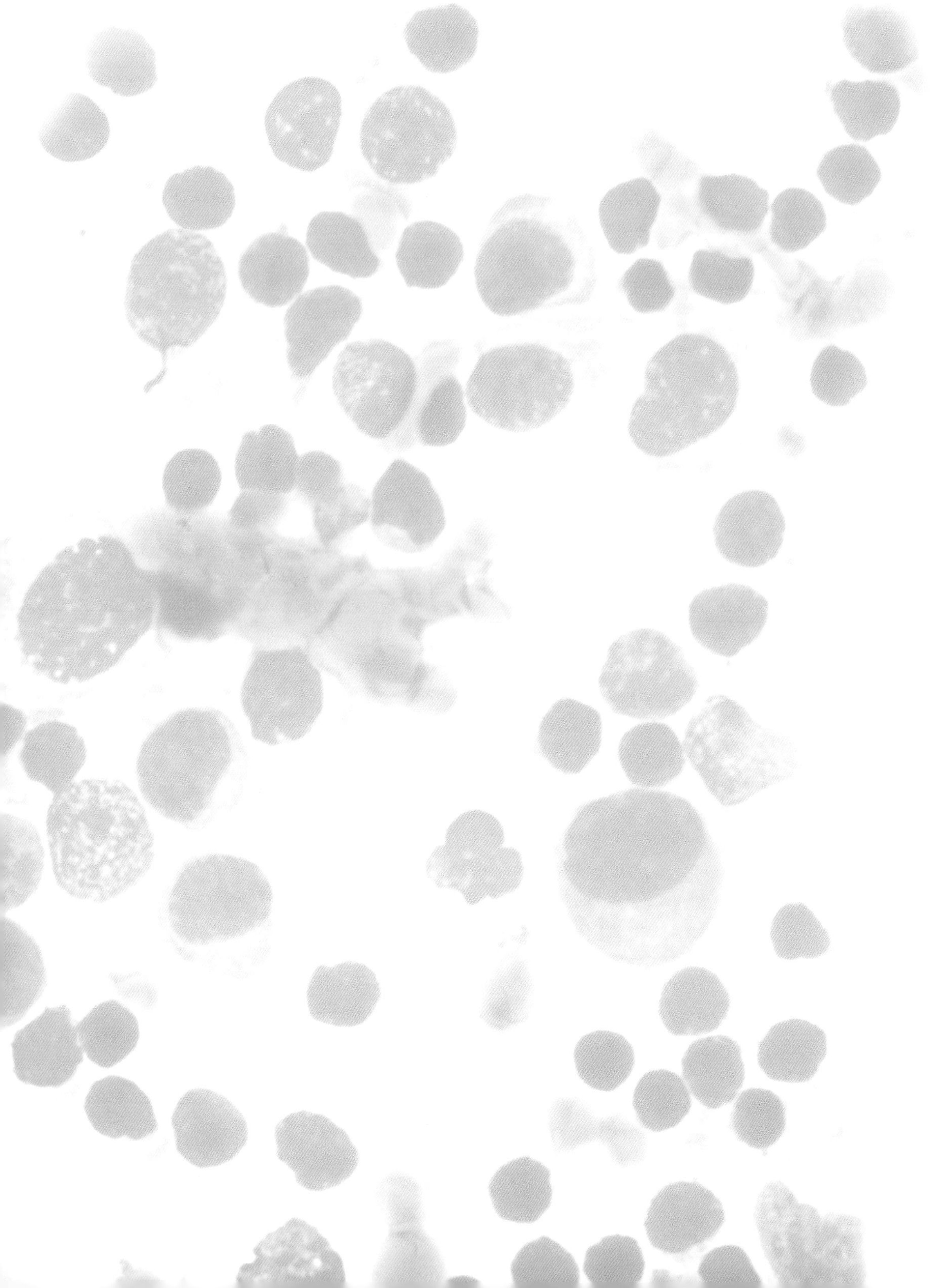

猫の腫瘍

TUMOURS IN CATS

猫の腫瘍

この章では、猫での一般的な腫瘍に関する概要を記述する。これら腫瘍は、臨床的特徴やその管理、アプローチが犬とは異なる場合がある。

下図は、猫での一般的な腫瘍と、それらの好発部位を示す。

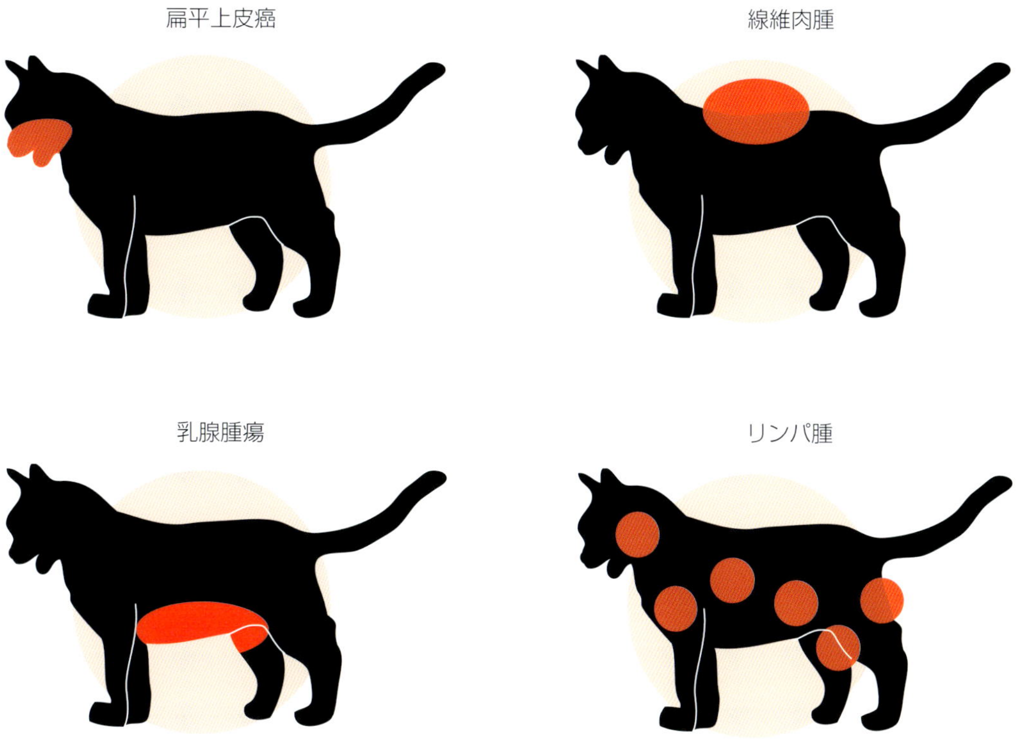

この10年で愛玩動物として飼育されている猫の数は格段に増加した。たとえば、米国では猫は現在、約7,000万頭飼育されており、もっとも一般的なペットである。

犬の場合と同様に、治療について話し合う際には飼い主とペットとの絆を考慮する必要がある。飼い主たちは、がんの診断および治療、さらには治癒の可能性をますます意識するようになっている。

腫瘍は猫において一般的であり、1 年間で 10 万頭あたり 156 ～ 470 頭の猫が、新たに腫瘍に罹患していると診断されている。米国では毎年 10 万～ 33 万頭の猫が腫瘍の診断を下されていると推測される。これらのほとんどは、悪性である。

次の項では、腫瘍が発見された部位による生物学的挙動について述べる。

猫の腫瘍に関する総説

- 発生部位：皮膚あるいは口腔咽頭部（図 120）
- 外観：潰瘍（慢性、悪性）（図 121）
- 増殖性 / 浸潤性：非常に高い局所浸潤性を有する（図 122）
- 転移性：低い。しかし例外が存在する（ときに扁桃および舌）

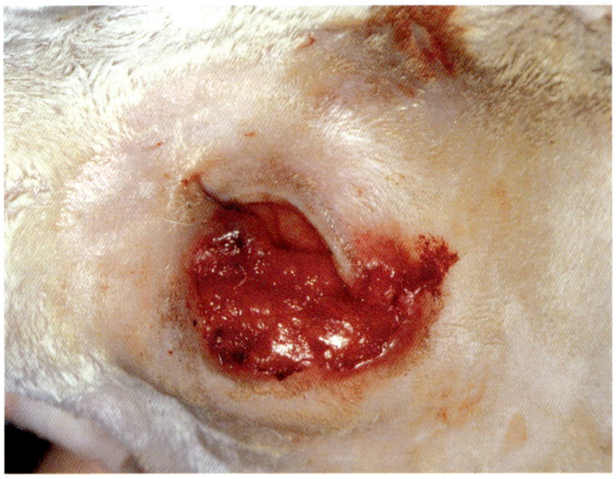

図 120　猫の眼瞼にみられた癌

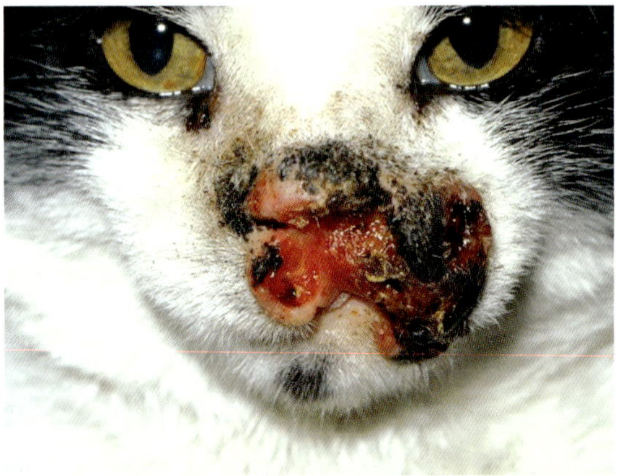

図 121　潰瘍を伴う癌

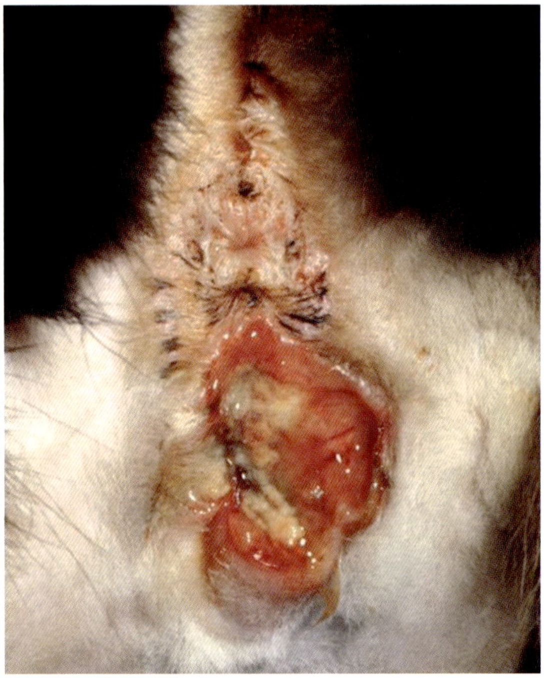

図 122
肛門周囲癌

図 123　猫の皮膚腫瘍が好発する領域

図 124
被毛の白い猫では日光皮膚炎が腫瘍の原因となることがある。

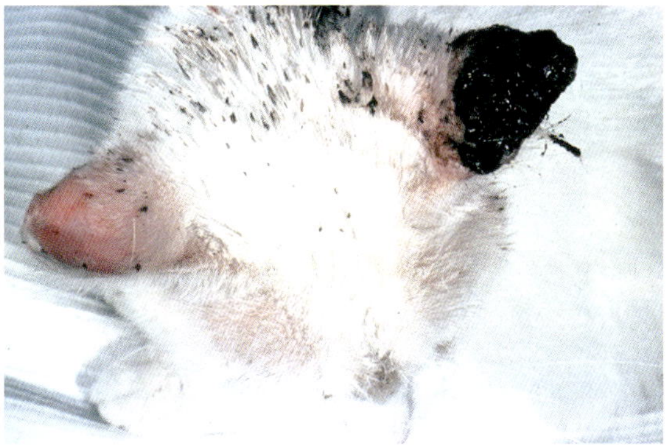

皮膚の腫瘍

もっとも発生の多い部位は、耳介、鼻および眼瞼である（図 123）。これらは治癒しない潰瘍として認められることがある。

日光皮膚炎（図 124）あるいは上皮内癌（非潰瘍性で一時的に切除可能）などの前腫瘍性変化が先行することが多い。

腫瘍の起源や発生部位によっては、治療の選択肢がいくつかある場合がある。外科的摘出は、ときに根治的に治癒することが可能である。放射線療法は外科手術の補助療法として、あるいは完全に切除しきれない腫瘍に対して実施される。皮膚に発生する種類の腫瘍は、ほとんど化学療法に反応しない。

猫の口腔咽頭部に発生する扁平上皮癌の特徴

場所	外観および典型的な発生部位	生物学的挙動	推奨される治療法
歯肉	● 新鮮あるいは潰瘍 ● 吻側歯肉	悪性、局所浸潤性を有する	● 吻側歯肉の広範切除 ± 放射線療法 ● NSAIDs はしばしば効果的
扁桃	● 新鮮あるいは潰瘍 ● 通常片側的（1 つの扁桃）	悪性、高率に所属リンパ節へ転移する	● なし ● 化学療法はわずかに効果がある場合がある ● NSAIDs はしばしば効果的
舌根	● 潰瘍 ● 舌の側面	悪性、局所浸潤性を有する	● なし ● 一時的な治療として、舌への放射線療法や化学療法が実施される

口腔咽頭部の腫瘍

口腔に発生する腫瘍は扁平上皮癌であることが多いが、犬と比較して猫ではあまりみられない。この腫瘍は口腔咽頭部のあらゆる場所に発生する（図 125 および 126）。

犬とは異なり、猫では舌下腺の扁平上皮癌および好酸球性肉芽腫が発生する。これらは腺癌に非常に類似した特徴をもつが、予後は腺癌よりも圧倒的に良好である。

異臭を放ち潰瘍を形成している場合は生検を必ず実施する。口腔内の常在菌の増殖により、潰瘍の形成および表層の壊死がみられることが多いため、解釈が困難なことがある。図 127 のように腫瘍が骨に及ぶことがある。

腫瘍に罹患した症例では、食欲不振、嚥下障害および体重減少が認められ、リンパ節症が検出される症例もある。

腫瘍の初期段階では、FNA はほとんど役に立たないが、所属リンパ節が正常のように見えたとしても FNA を実施すべきである。

最良の方法は切除生検を実施することである。正確な診断のために、広範囲かつ深部を十分に確保したサンプルを採取することは、悪性腫瘍と好酸球性肉芽腫とを見極めるのに非常に重要である。

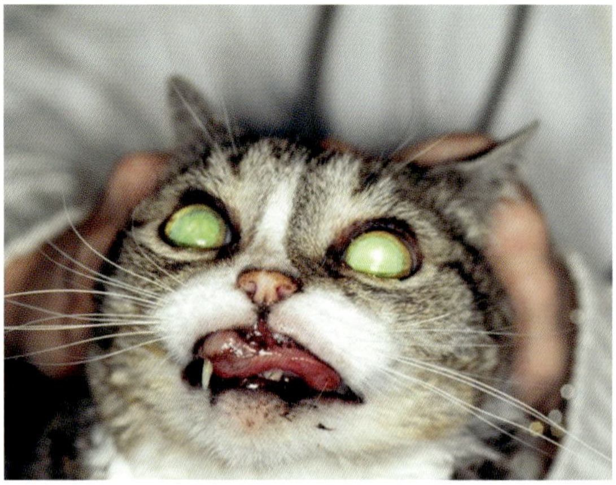

図 125　口腔内の線維肉腫

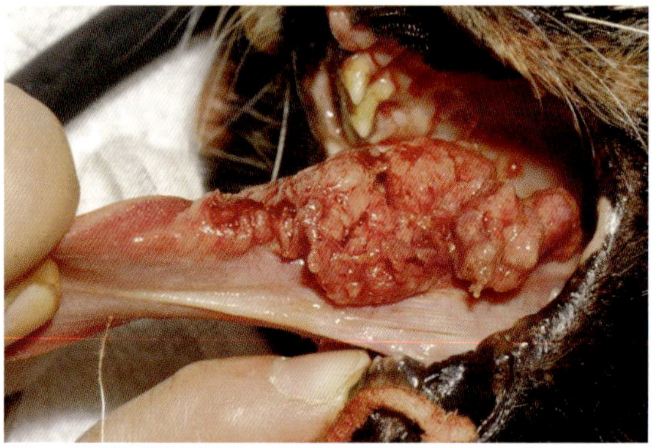

図 126　舌に発生した癌

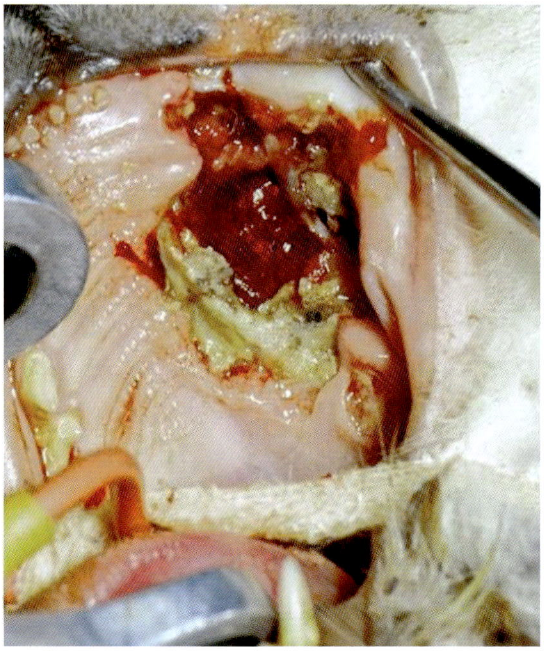

図 127　硬口蓋に発生した癌

腫瘍が悪性である可能性がある場合、転移病変を確認するため胸部X線検査は必ず実施すべきである（肺転移はまれであるが非常に予後が悪い）。同様に、上顎および下顎のX線検査を実施し、骨への浸潤性を評価すべきである（図128および129）。

この種類の腫瘍では、症例に応じて手術、放射線療法や化学療法を選択する必要がある。

外科手術は、転移が認められない口腔内の悪性腫瘍に対するもっとも効果的な治療法である。広範囲のマージンを確保して隣接組織を含み腫瘍を切除することが推奨され、下顎切除術や上顎切除術が選択されることが多い。たとえ細胞診で腫瘍細胞が認められなくても、腫大したリンパ節は切除して病理検査に供すべきである（図130）。

舌や扁桃とは離れた場所にあり、完全切除が不可能であった扁平上皮癌に対しては、放射線療法あるいは化学療法は効果的な場合がある。

報告されている化学療法のプロトコールは以下のとおり。

- カルボプラチン：10 mg/kg IV 3～4週毎
- ミトキサントロン：4～6 mg/m^2 IV 3週間毎、併せてシクロフォスファミドを3週間毎の10日目に200～300 mg/m^2 PO
- MBCプロトコール（21日サイクル）
  - ミトキサントロン：1日目に4～6時間かけて4～6 mg/m^2 を緩徐に点滴静注
  - ブレオマイシン：1から4、8、15および21日目に10 IU/m^2 SC
  - シクロフォスファミド：15日目に100～150 mg/m^2 を投与

口腔咽頭部に発生する扁平上皮癌の予後は悪く、3～4カ月と言われている。一般的に猫の舌あるいは扁桃に発生する扁平上皮癌の予後は悪いと考えられている。

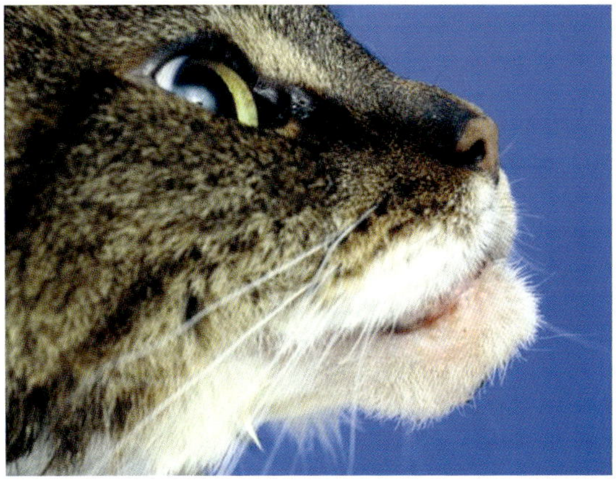

図128　下顎の腫瘍に罹患した猫

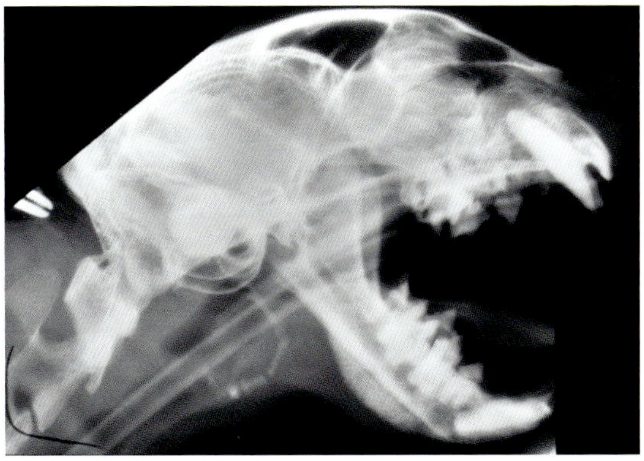

図129　図128の猫のX線検査所見

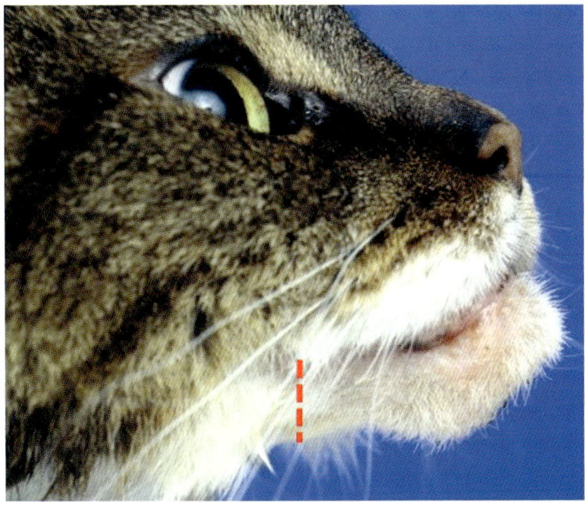

図130　この症例では腫瘍の影響が及ぶ領域および所属リンパ節を摘出する必要がある。

乳腺腫瘍

乳腺腫瘍は、雌猫全体において非常によくみられる腫瘍であるが、雄猫においても非常にまれではあるが発生する。乳腺部あるいは皮膚に発生し、通常は頭側の乳腺に多く発生する。ほとんどの場合で悪性で、癌あるいは腺癌であり、早期発見および早期治療が必要である。

臨床的な予後に関連する特徴

■成長速度 ①
■潰瘍形成 ②
■浸潤性 ③

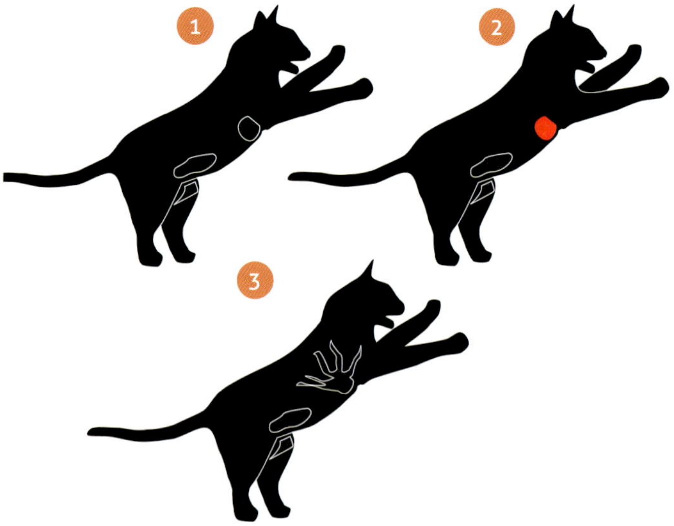

乳腺の排出路に応じてリンパ節摘出が実施される。

■第1～2乳腺は腋窩リンパ節 ④
■第3～4乳腺は鼠径リンパ節 ⑤

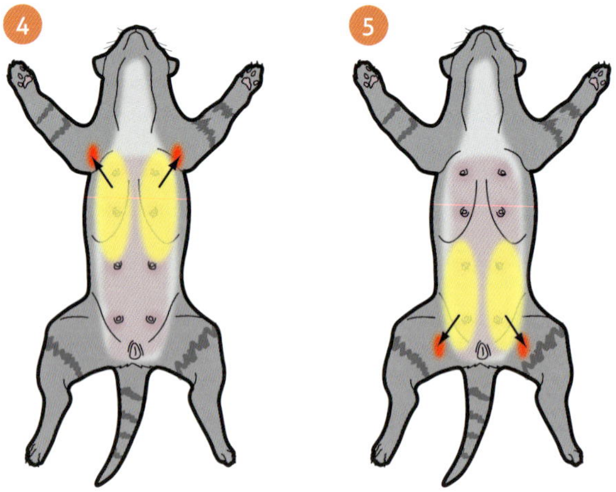

どのような腫瘤であっても乳腺付近に発生したものは腺癌であると疑うべきである。偽陰性あるいは偽陽性の場合があるが、必ずFNAを実施する。

切開あるいは切除生検により、より詳しい情報を得ることができる（図131）。

腫瘍の大きさが3cm以下であり転移が認められない場合、外科手術をすることで良好な予後が得られる。

切除不可能な腫瘍あるいは播種性の転移病変に対しては化学療法が実施される。使用される薬剤には以下のものがある。

■カルボプラチン
■ドキソルビシンとミトキサントロンの組み合わせ

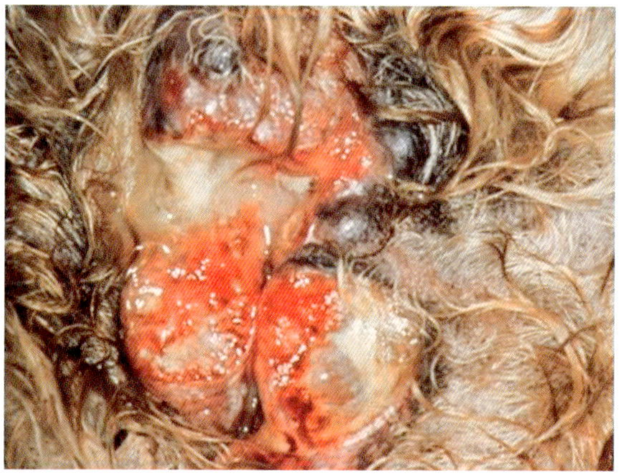

図131　猫の乳腺癌

5 臨床例
CLINICAL CASES

症例 1 Tini

病歴

Tiniは10歳、未避妊雌のチワワで、体重は3kgである。

ワクチン接種および内部、外部寄生虫予防は現在も行っている。3カ月ごとにプラジカンテルとフェンベンダゾールを投与されており、ノミ取り用首輪を着用している。

Tiniは前日からの食欲廃絶のために動物病院に来院した。与えたドッグフード、スナック、おやつをすべて拒絶していることを飼い主は心配している。ほとんどの時間を伏せて過ごしており、排便と排尿のときだけ起き上がっている。嘔吐、下痢、咳、いびき、鼻汁は認められない。

症例名：Tini	
症例番号：0042054	
品種：チワワ	
年齢：10歳	
性別：雌	
体重：3kg	
来院理由：食欲不振や運動不耐性	

臨床検査

臨床的観察には以下のものが含まれる。

- 全身的な印象として削痩している。肋骨、脊椎、骨盤骨が目立ち、腹部の脂肪はわずかである。ボディコンディションスコアは2/5である。
- 直腸温は38.5℃である。
- 腹部触診にてわずかに痛みを示す。
- 粘膜はわずかに蒼白だったが、毛細血管再充満時間は正常である。
- 皮膚つまみ試験では十分に水和している。
- 聴診ではわずかに頻脈であるが、それ以外に心音と肺音の異常はない。
- 大腿動脈の拍動は正常である。
- 追加検査を行う前の段階で、症例に上記以外の異常は認められない。

十分に身体検査を行った後、診断を絞り込むためにどのような検査を実施すべきか？

追加検査

この症例の場合、最初のステップとして完全血球計算（CBC）と生化学検査を行う。

- 生化学検査では血中尿素窒素（BUN）の軽度上昇以外は正常範囲内である。
- 完全血球計算の結果は下に示す。

表1　Tiniの血液像

	参照値	結果
HCT値（%）	38～53	18
Hb（g/dl）	14.2～19.2	5
HCV（fL）	65～80	38
MCHC（g/dl）	32～36	28.1
網状赤血球（%）	＜1.5	12

表2　Tiniの血球像

	参照値	結果
白血球数（×μl）	5500～19,500	21,500
分葉核好中球数（×μl）	2600～12,800	19,100
リンパ球数（×μl）	400～6800	1700
単球数（×μl）	150～1700	500
血小板数（1000/dl）	175～600	921

この血液像をどのように解釈するか？

■ヘマトクリット値が 18％であり、中等度の貧血を示している。
■MCHC 値が 28.1 g/dl であり、これは低色素性貧血を意味している。
■ MCV 値 38 は低球性貧血を示している
■網状赤血球が 12％であり、これは赤血球の再生を示している。
■Tini は重度の血小板増加症を呈している。

下の図は貧血の分類を示している。

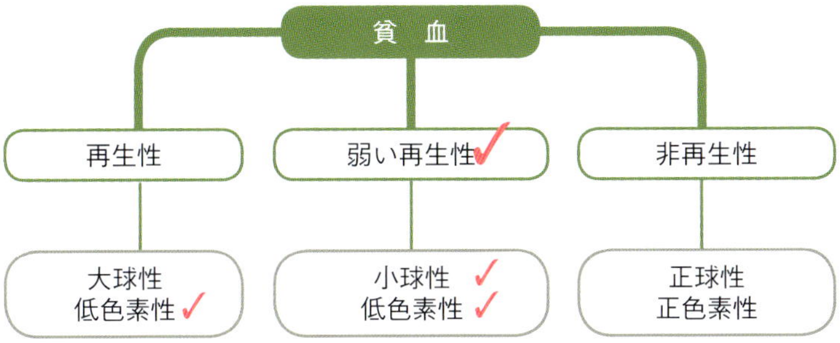

この図によると、この症例は弱い再生性を示す貧血であり、その主な原因は鉄欠乏である。犬における鉄欠乏性貧血のもっとも一般的な原因は慢性消化管出血である。

犬の鉄欠乏による貧血を示唆する 4 つの典型的な所見
■小球性
■血色素減少
■軽度の再生像
■血小板増加症

鉄欠乏に関連した貧血は通常慢性の血液喪失によって生じる。ノミとダニの感染については、この犬が最近直接的あるいは明らかな外部寄生虫との接触がなく、獣医師から推奨された外部寄生虫予防を行っているため除外できる。

追加検査

最初の診断的検査の後に確定診断を行うため追加検査を行うこととする。
血液培養：この時点では発熱は認められなかったものの、培養は陽性である。
腹部超音波検査：腹腔内出血の可能性を精査する目的で実施。胃内に腫瘤が認められ、膵臓に異常なエコー源性を有する部位を認める。その他の腹腔内臓器は正常であり、腹水の貯留はない。
内視鏡検査：超音波検査にて認められた胃の腫瘤を評価する目的で実施。内視鏡検査では胃粘膜から突出した直径約 1.5 cm の腫瘤を認める（図 1）。現在も続く出血が同様に観察される（図 2）。
細胞診と生検のために腫瘤を採材する。細胞診は診断的ではなかったが、病理組織により肥厚性胃疾患が明らかとなる。肥厚性胃疾患の主な原因の 1 つにガストリノーマがある。
ガストリンホルモン測定：262 ng/ml（正常範囲：65 ～ 190 ng/ml）。

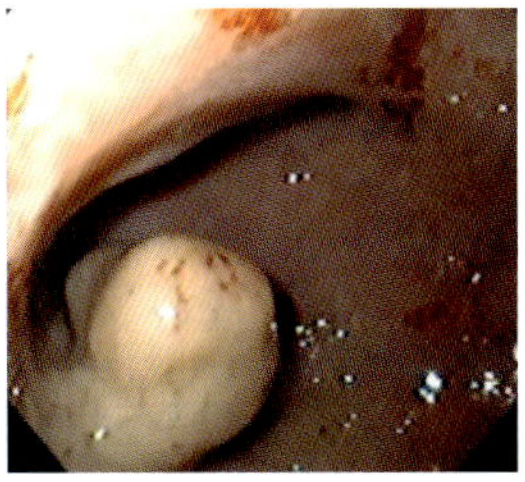
図 1　粘膜から突出する胃内腫瘤

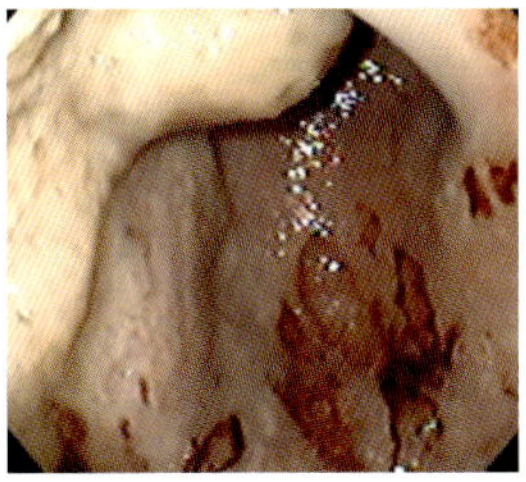
図 2　胃粘膜からの出血

この犬は肥厚性胃疾患か？　これらの情報で確定診断を行うことは可能か？

ガストリンホルモン濃度の上昇と臨床症状で診断を絞り込む。この症例の肥厚性胃疾患は通常膵臓に局在するガストリノーマによる二次性である可能性が極めて高く（ゾリンジャー・エリソン症候群）、鉄欠乏性貧血もこの症候群に関連している。

理論的背景

ガストリン分泌腫瘍（ガストリノーマ）は機能性悪性腫瘍であり、通常は膵臓に発生する。ガストリノーマは犬での発生は認められるが、猫ではまれである。ガストリノーマは過剰なガストリンホルモンを分泌し、それにより胃潰瘍や肥厚性胃疾患が生じる。転移が認められることもあり、肝臓や局所リンパ節、脾臓、腸間膜に転移するのが一般的である。より老齢の動物が罹患することが多い。

臨床症状

もっとも明らかな臨床症状は慢性の嘔吐や体重減少、食欲不振、下痢であり、多くの犬は鉄欠乏性貧血を呈する。これらの症状は腫瘍から分泌される高濃度のガストリンに反応した胃酸分泌に続発する。

治療管理

治療は腫瘍の外科的切除（可能な場合）と過剰な胃酸分泌のコントロールからなる。

肝臓や局所リンパ節、腸間膜への転移は一般的であるが、それでも腫瘍の外科的切除が推奨される。転移がある場合でも、腫瘍の切除により手術後の内科療法に良好な反応を示すことが多い。膵臓のガストリノーマは画像検査での検出が非常に困難であり、試験開腹においても腫瘤の同定が困難なことがままある。

消化管潰瘍を予防するために、過剰な胃酸分泌は抑制するべきであり、H2ブロッカー（ラニチジン、ファモチジン）やプロトンポンプ阻害薬（オメプラゾール）消化管粘膜保護剤（スクラルファート）を用いる。特に胃や腸に穿孔がある場合は外科的な潰瘍の切除が必要になることもある。

予後

ガストリノーマの長期的な予後は不良であろう。しかし、短期的な予後は胃酸過多を抑制する薬剤（ラニチジン、ファモチジン）や粘膜保護と潰瘍治癒促進薬剤（スクラルファート、ミソプロストール）により改善される。

生存期間は外科療法と内科療法のいずれか、もしくはその両方を同時に受けた犬と猫において、1週間〜18カ月（中央値4.8カ月）とさまざまである。

残念なことに、ガストリノーマは診断時点で、76％の犬と猫においてすでに転移しており、明らかに予後不良である。

Tiniは臨床症状と血液学的な改善が認められ、3カ月後まで診察した。この診察後に飼い主との連絡が途絶えた。

症例 2 Africa

病歴

Africaは7歳、雄のグレーハウンドで体重は32 kgである。前日から左後肢に負重しない跛行が続くことを主訴に来院した。飼い主がAfricaを散歩に連れ出した際に突然跛行が始まったとのことであった。

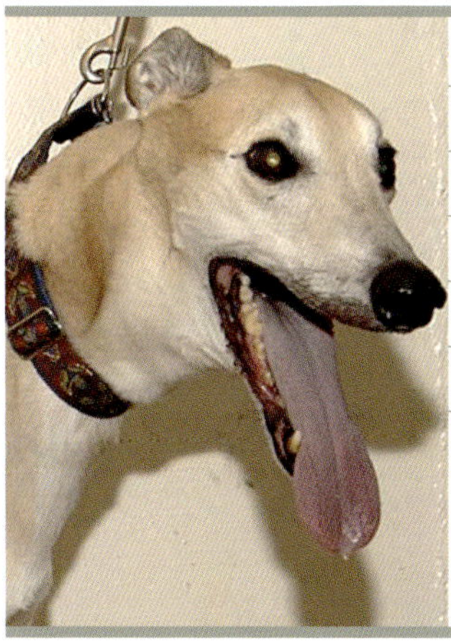

症例名：Aflica	
症例番号：0034156	
品種：グレーハウンド	
年齢：7歳	
性別：去勢雄	
体重：32kg	
来院理由：左後肢跛行	

臨床検査

骨折が明らかであり、それにより生じた左脛骨の腫脹と内出血が認められる。右の足根部がわずかに変形し、可動域の減少が認められる。両後肢の触診時に激しい痛みを示していた。

追加検査

両後肢のX線検査を実施した。左後肢のX線検査において脛骨と腓骨のらせん骨折が認められた（図1、2）。右後肢では踵骨の亜脱臼と右中手骨の不完全に治癒した古い骨折が認められた（図3､4）。レース用のグレーハウンドはレースで反時計回り方向で走り、何度も外傷を負うため、右の足根部に認められた病変は非常に一般的である。

結論として左後肢は病的骨折であり、右後肢は古い病変と考えられた。

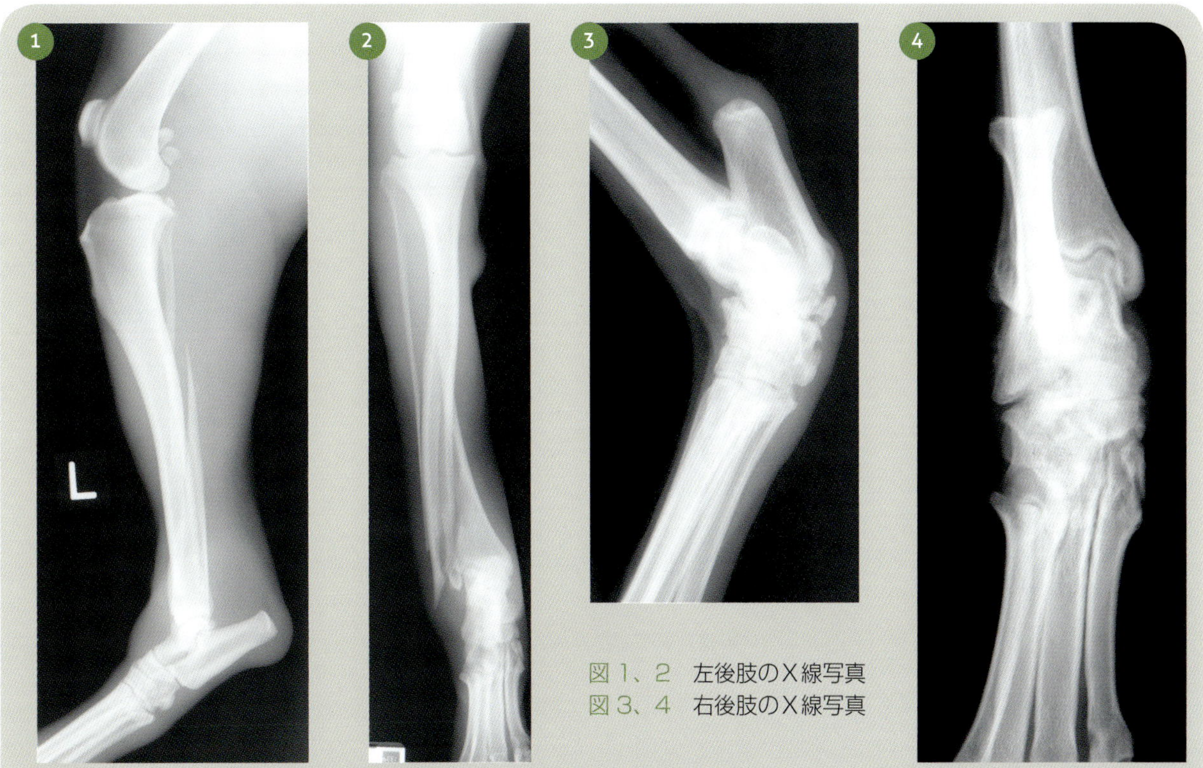

図1、2　左後肢のX線写真
図3、4　右後肢のX線写真

犬における病的骨折のもっとも一般的な原因は何かを次を読む前に少しの間考えてみよう。

治療管理

飼い主との話し合い後、外科的に骨折の治療を行うとともに、疼痛があるため中手骨の病変の生検を行うこととした。手術後、X線検査にて結果を確認した。これらのX線検査は今後の再診時の参考とすることとした（図5、6）。

脛骨骨折の原因が腫瘍から生じていると疑われるが、Africaは右足根部にも重大な問題があるため当分の間、断脚は検討しないこととした。

手術中に細胞診と病理組織学的検査のための検体を採取した。当初、細胞診で診断はできなかった。術後期間中に中分化型血管肉腫との病理組織学的検査の結果が届いた。そのため第4章図62に記述したVACプロトコールを用いた化学療法で治療を行った。

- ドキソルビシン：1日目30 mg/m^2　IVあるいは10kg以下の犬の場合1 mg/kg
- ビンクリスチン：8日目と15日目0.75 mg/m^2 IV
- シクロフォスファミド：10日目200～300 mg/m^2 PO
- トリメトプリム・スルファメトキサゾール：13～15 mg/kg　PO　12時間毎（ダルメシアンには使用しない）

化学療法終了後に右足根部の病変の治療のため再び手術を実施した（図7、8）。手術により期待された結果が得られ、症例の右後肢の機能は完全に回復した（図9）。

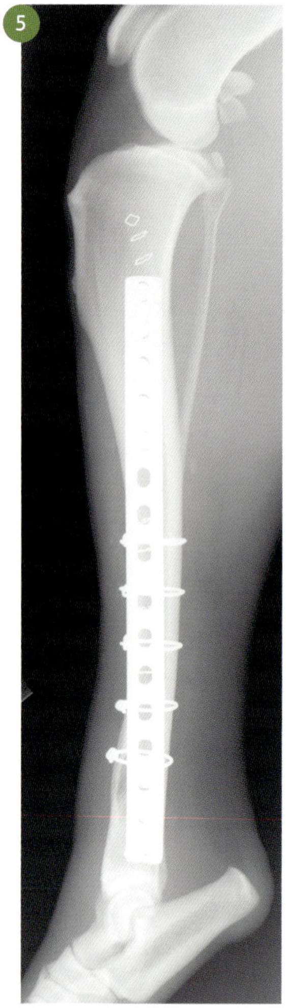
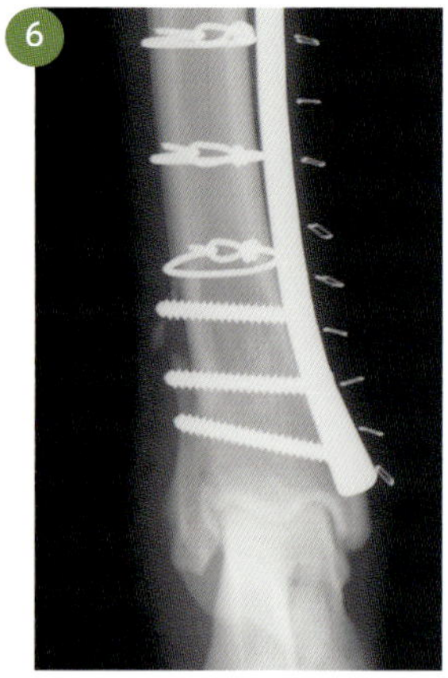

図5、6　左後肢手術後の基準となるX線写真

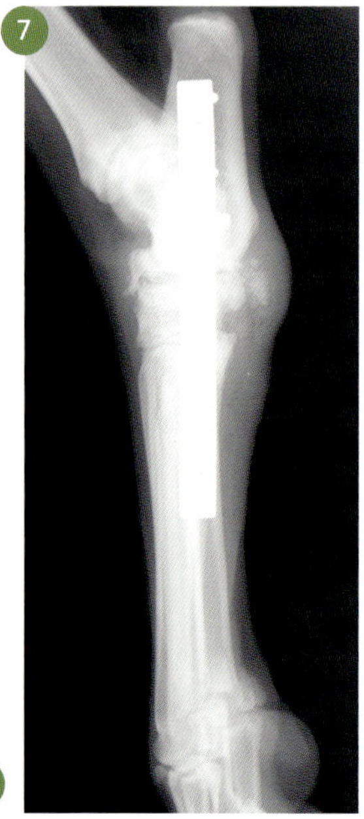
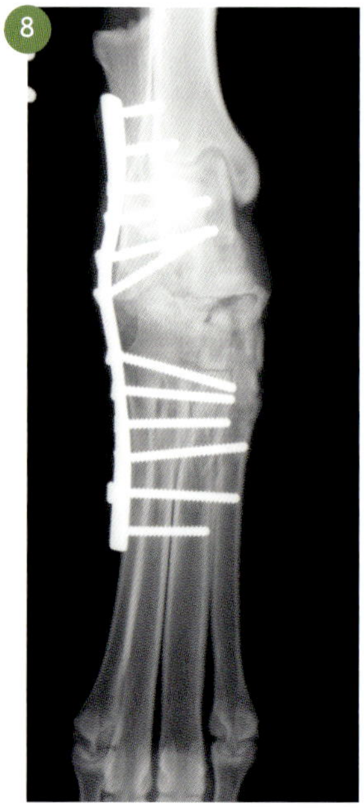

図7、8　右後肢手術後の基準となるX線写真

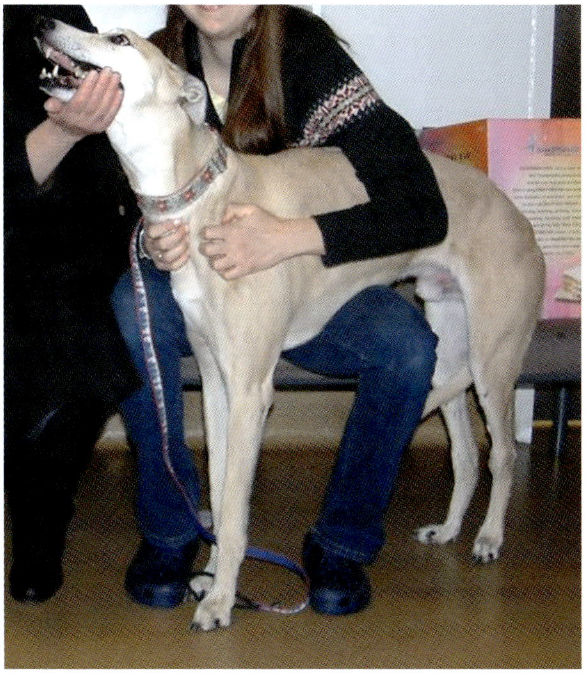

図 9　Africa は手術後良好に回復した。

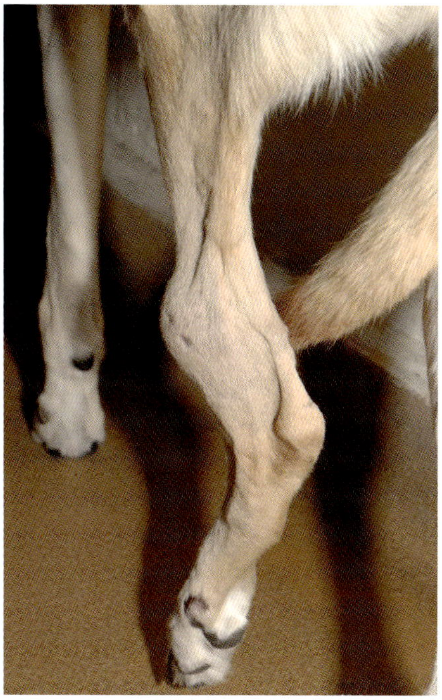

図 10　結節が認められた際の診察時の左後肢の外見

症例の経過

その後の診察では Africa の経過は良く、QOL も良好であった。

初期診断から 455 日目の定期検診時、初診時に脛骨の骨折が認められた左後肢に結節が見られた（図 10）。X 線検査を実施し（図 11、12）、腫脹部の FNA も行った。細胞診の結果により骨肉腫が示唆された。追加の胸部 X 線検査では異常は認められなかった。

現時点でどのような治療を勧めるか？

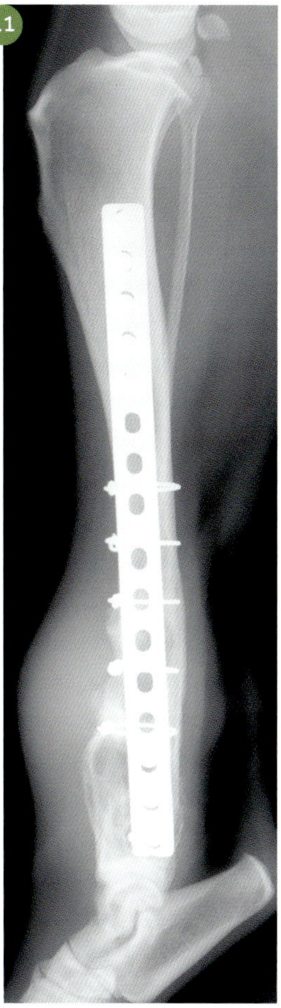

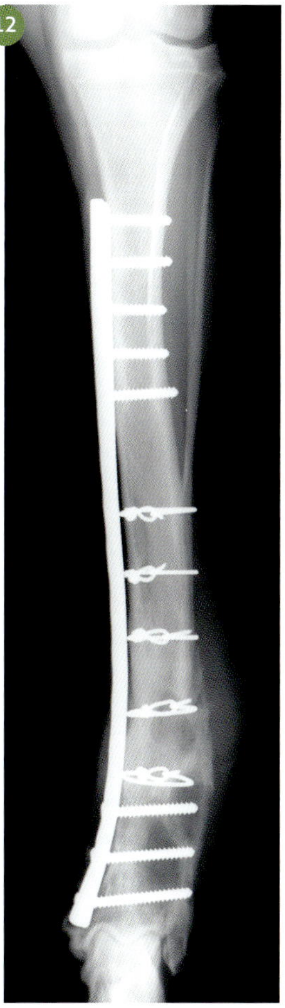

図 11、12　定期検診時の左後肢の X 線写真

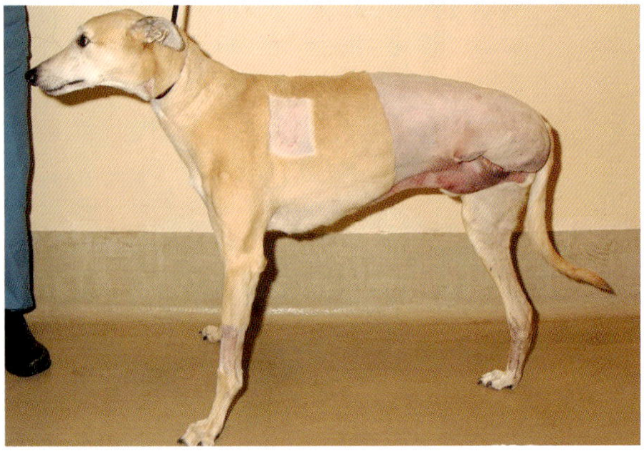

図 13　断脚後の Africa

腫瘍の播種を防ぐため早急に患肢を断脚することになった（図 13）。骨肉腫では、早期に治療を開始することで生存期間を非常に延長できる（図 14）。

この症例の場合、病理組織学的診断は造骨性骨肉腫であり、初めの診断の血管肉腫とは異なった。この症例を再考した場合、初めの検体は免疫組織化学染色にてフォン・ビレブランド因子（vWF）の発現を検討し、血管肉腫と確定した。しかし、2 つ目の腫瘍（骨肉腫）におけるフォン・ビレブランド因子は陰性であった。この骨肉腫は最初の手術時の骨折治療に使用した器具による二次性の腫瘍である可能性が高いと考えられた。

図 15　Africa は良好な生活の質を保っている。

飼い主は断脚後の化学療法を望まなかったが、治療開始からほぼ 40 カ月間、Africa は良好な QOL を保ったまま生存した。Africa のような場合、獣医師と飼い主の間に親密な協力が必要であった。また治療方針の決定に際し、多くの修正を行った。しかし、他の治療法もまた可能であっただろう（図 15）。

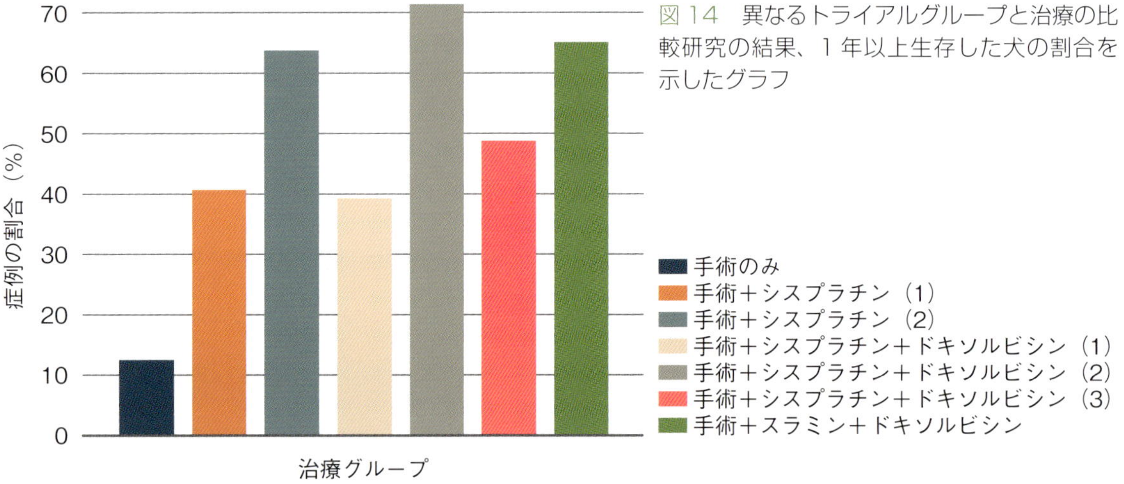

図 14　異なるトライアルグループと治療の比較研究の結果、1 年以上生存した犬の割合を示したグラフ

症例3 Brenda

症例名：Brenda	
症例番号：0042077	
品種：アメリカン・コッカー・スパニエル	
年齢：7歳	
性別：雌	
体重：15kg	
来院理由：化学療法についての紹介症例	

病歴

Brendaは7歳、雌のアメリカン・コッカー・スパニエルである。他院にて縦隔型リンパ腫と診断され、化学療法の相談のために筆者の病院に紹介された。先週診断されてからプレドニゾン5mg 1日1回で治療されていた。

検査

この犬はおとなしいが、警戒心が強い。もっとも顕著な臨床症状は呼吸速迫である。

聴診では心音が聴取できず、顔面と頚部腹側に浮腫を認めた（図1）。

補足検査

画像診断

浮腫の原因を詳細に調べるために胸部X線検査を実施した。X線検査では前縦隔の腫瘤と胸水が認められた。腹部超音波検査にて、肝臓に複数の結節があることが明らかとなり、画像検査を終了した（図2）。

図1　Brendaの顔面の浮腫

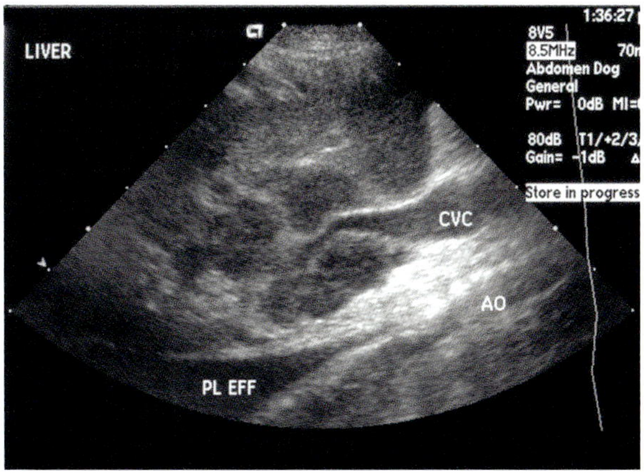

図2　Brendaの肝臓の超音波像
CVC：後大静脈
AO：大動脈
PL EFF：胸水

理論的背景

前大静脈の閉塞による頭部と頚部の浮腫は、前縦隔に腫瘤をもつ犬において一般的に認められる症状である。

胸部の腫瘤により数種類の滲出液が生じる（変性漏出液、滲出液、乳び性もしくは出血性滲出液）。腫瘍細胞が滲出液中に剥離するため、その細胞診によって早期の仮診断が可能な場合もある。これは縦隔型リンパ腫の症例を診断するための一般的な検査である。

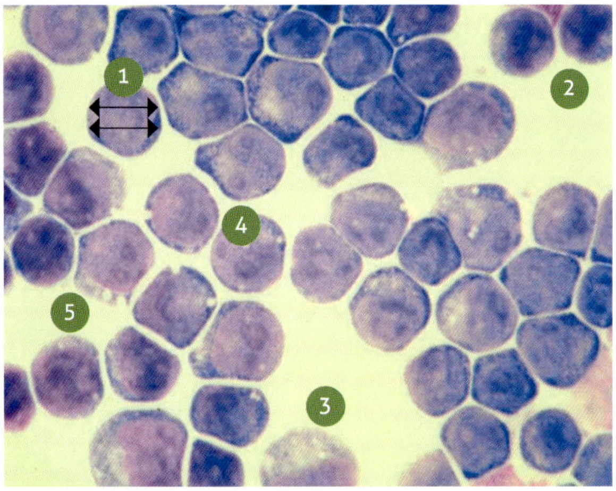

図３　症例の縦隔型リンパ腫の細胞診
1 核：細胞質比（N/C 比）は低い
2 好塩基性の細胞質
3 粗いクロマチンパターン
4 核小体が複数認められる
5 空胞を含んだ細胞が散見される

細胞診

前縦隔腫瘤の超音波ガイド下 FNA を行ったところ、細胞診によりリンパ腫であることが明らかとなった（図 3）。

理論的背景

胸部超音波検査は腫瘍の診断に有用なことがある。

■腫瘍のタイプについて仮診断を下せる可能性がある。前縦隔の腫瘤としては、リンパ腫と胸腺腫がもっとも一般的であることは覚えておく必要がある。
　■リンパ腫は、腫瘤中に支持組織が欠如するため、密度は低エコーから無エコーとなり、このため、広範性なシストと誤診されることがある。
　■胸腺腫の多くは低エコーから無エコー領域を伴う混合エコー源性腫瘤として存在し、これは真性嚢胞と一致した所見である。
■超音波検査により腫瘍が外科的に切除可能かについての情報が得られる。
■細胞診用の採材が容易に行える。

細胞診の観点から縦隔型リンパ腫（大細胞性リンパ腫）はほとんどが未熟な単一のリンパ球性細胞の集団から構成される。一方で、小細胞性および中細胞性リンパ腫は腫瘍細胞の集団が正常なリンパ球と類似しているため細胞診による診断が困難な場合がある。

治療管理

治療の最初のステップは症例を安定化することであり、乳び液の抜去により呼吸を容易にする。この症例の場合、胸腔穿刺により 370 ml の乳び液が採取された。この乳び液（乳び胸）は高脂肪の内容物が流れている胸管からの漏出によって生じる。乳びの白っぽい色や乳白色に混濁した外観は、主に消化管からの脂肪輸送に関与するカイロミクロンによるものである。乳び液が血様に染まっていることもあるが、これは胸腔穿刺の結果によるアーティファクトの可能性もある。貧血を呈している症例では、まれに胸水が無色透明なこともある。

呼吸状態が安定した後、COAP 化学療法プロトコールを開始した。

■シクロフォスファミド：50 mg/m^2 PO 48 時間毎
■ビンクリスチン：0.5 mg/m^2 IV 1 週間に 1 回
■シトシンアラビノシド：100 mg/m^2　緩徐に静脈内点滴もしくは SC 4 日連続投与
■プレドニゾン：50 mg/m^2 PO 24 時間毎 1 週間。その後 20 mg/m^2 48 時間毎

症例の経過

第1日 治療の導入期としてCOAP化学療法プロトコールの第1クールを開始した。

第7日 2回目のビンクリスチン（0.5 mg/m^2）を投与し、胸腔より450 mlの胸水を抜去した。

第9日 症例は依然として呼吸速迫を呈し、胸水の貯留が認められ、肝臓の結節に変化はなかった。強化療法としてL-アスパラギナーゼ（5000 IU、IM）を追加することとし、それにより呼吸速迫は改善された。導入期の最後に症例の完全寛解が得られなかった場合は維持期へ移行する前にL-アスパラギナーゼによる強化療法を開始することが推奨される。

第23日 飼い主に指示した在宅療法は正しく遵守されていた。超音波検査では病変に変化はなかったが、胸水の貯留がまだ認められた。したがって、シクロフォスファミドの投与は中断し、ドキソルビシンによる強化療法（30 mg/m^2 IV）を行い、続いてプレドニゾンで維持療法を行った。

第30日 Brendaは最後の来院から沈うつと食欲不振が続いていた。臨床検査にて体温が39℃であり、頚部腹側にわずかな浮腫を認めた。CBCを実施したところ、次のような結果であった。
■ヘマトクリット値：25％
■好中球数：100／μl
■血小板数：85,000／μl

Brendaの体温は2時間で40.2℃まで上昇し、さらに沈うつになっていった。明らかに治療中に全身性の感染症を合併していた。

Brendaは入院治療となった。静脈カテーテルを留置し、輸液療法（Plasmalyte 40 ml/h）を行い、ファモチジン（0.5 mg/kg IV 24時間毎）、抗生剤（エンロフロキサシン 5 mg/kg IV 12時間毎とアンピシリン22 mg/kg IV 8時間毎）を投与した。

この時点で何を行うか？

- 広域スペクトルの抗生物質を処方し、Brendaを退院させ、定期的な再診を計画するか？
- 感受性試験用に血液を採取し、その結果を待つか？
- 広域スペクトルの抗生物質の投与を継続して行うか？
- 解熱剤のみを投与し、注意して経過を観察する？

第31日 体温は正常に戻り、好中球数は2300／μlまで上昇した。良好な経過であると考え、ビンクリスチンを0.5 mg/m^2で静脈内投与し、維持期の化学療法も継続して行い、エンロフロキサシン（5 mg/kg、PO、12時間毎）、プレドニゾン、ファモチジンも同様に継続した。

第38～43日 好中球数は第38日の600／μlから第43日の1100／μlに上昇した。血小板数は200,000／μl以上であった。ヘマトクリット値も同様に上昇した。以上の所見より症例の状態が安定したと判断し、退院させた。第359日まで定期的に再診した。

第359日 第359日以降にBrendaは再発の徴候を示した。D-MAC化学療法プロトコールによる再導入を開始した。

■デキサメサゾン：1日目と8日目 1 mg/kg POもしくはSC
■メルファラン：8日目 20 mg/m^2 PO
■アクチノマイシンD：1日目 0.75 mg/m^2 IV
■シトシンアラビノシド：1日目 200～300 mg/m^2 4時間以上の静脈内点滴

この症例はさまざまな合併症が生じた際の管理を行うため、治療中に定期的な再診が必要であることを示した例である。

敗血症のリスクがある症例の管理

好中球数減少の症例の管理方法

どのような症例においても、まず直腸温の測定と身体検査を行う。

発熱がなく、臨床症状がない症例の場合

- 抗生剤の経口投与を行う。
- 敗血症を呈するリスクが高いため、広域スペクトルの殺菌性抗生剤を選択する。
- 消化管を保護している腸内嫌気性菌の割合が減少するため、嫌気性スペクトラムをもつ抗生剤は避けるべきである。

発熱がある症例の場合

- 内科的エマージェンシーであり、早急に治療を開始すべきである。
- 薬剤や輸液剤は静脈経路で投与する。
- 殺菌性抗生剤を使用する。

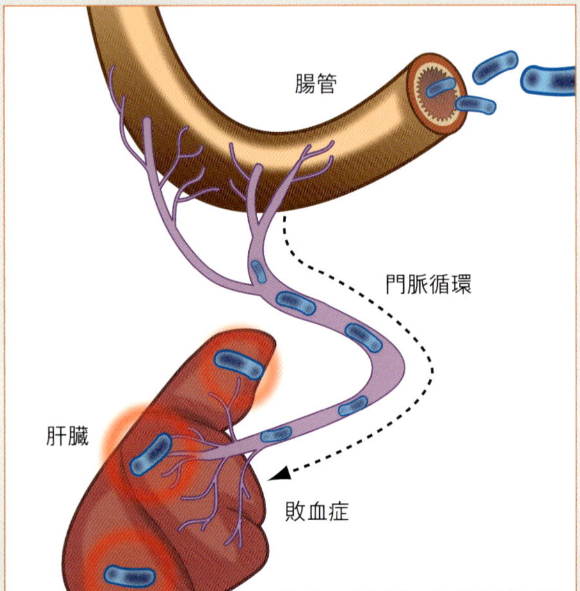

図4　感染巣から細菌が無菌の組織へ到達する経路の略図

免疫抑制症例への感染症の予防と治療

治療を開始するために好中球減少症を早期に発見することが重要である。外来症例における治療の成否は、飼い主が治療や投与すべき薬剤に関する獣医師からの指示を遵守しているかどうかにかかっている。体温は継続的に測定すべきである（家での体温測定の方法について飼い主に指示しなければならない）。

感染源

細菌や毒素は、消化管内容物などの感染源から、正常では無菌状態にある組織へ血行性（門脈循環）に到達し、感染や炎症反応のきっかけとなる。それにより臓器傷害や臓器不全を引き起こし、死に至ることもある（図4）。感染は腹膜（腹膜炎）や腸管（腸炎）、肝臓（肝炎）、腎臓（腎盂腎炎）などを侵す可能性がある。

敗血症菌

好中球減少症と敗血症の犬からもっとも一般的に分離される細菌。

グラム陰性	グラム陽性
Escherichia coli	*Staphylococcus*
Klebsiella pneumonia	*Enterococcus*
Pseudomonas aeruginosa	
Enterobacter 属	
Proteus 属	

初期治療

敗血症のリスクがある症例の治療に関して、症例は支持療法や次に示す抗生剤による治療を受けるべきである。

① ペニシリンおよびβラクタマーゼ阻害薬

これらの薬剤は高用量で頻回の投与を必要とする。

薬剤
アモキシシリン＋クラブラン酸
アンピシリン＋スルバクタム
チカルシリン＋クラブラン酸

これら薬剤の組み合わせは以下のβラクタマーゼ産生菌に対する広範囲な活性範囲によって区別する。

- *Staphylococcus*
- グラム陰性桿菌
- 嫌気性菌（*Bacteroides*）

② フルオロキノロン

これらの薬剤は低用量の１日１回の投与を必要とする。これらの有効性は濃度依存性である。以下の薬剤が経口投与で利用可能であり、通常は問題なく投与できる。

薬剤
エンロフロキサシン
オルビフロキサシン
マルボフロキサシン
ジフロキサシン

これらの薬剤は殺菌性であり、次の細菌に抗菌作用スペクトルがある。

- グラム陰性桿菌
- グラム陽性菌（弱活性）
- 嫌気性菌（弱活性）

ペニシリン結合タンパク（PBP）

PBP はペニシリンに不可逆的に結合することを特徴とする細菌由来タンパク質であり、結果として、ペニシリンは結合するタンパク質によって効果が異なる（図５）。

これらには以下の種類か含まれる。

- PBP 1a、1b：これらは即座に細胞壁を変性させることで、細菌を溶解する。
- PBP2：これらは桿状の細菌を球形に変化させ（スフェロブラスト）、生存能力を失わせるが、細胞壁には変化がないままである。
- PBP3：これらのタンパク質は細菌内で長い線維状成長を引き起こす。細菌の活性を制限する。

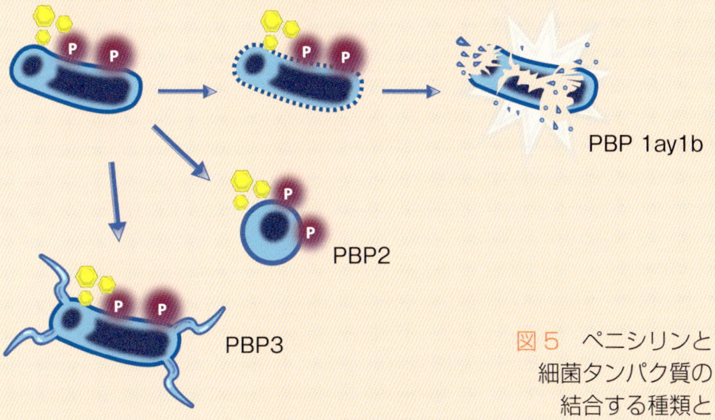

図５　ペニシリンと細菌タンパク質の結合する種類とその結果の略図

③ セファロスポリン：第二世代および第三世代はグラム陰性桿菌に対し広域スペクトル活性をもつ。

薬剤	
セファゾリンとセファロチン（非経口経路） セファドロキシルとセファレキシン（PO）	・*Staphylococcus* に対する優れた活性とグラム陰性桿菌に対する中等度の活性 ・よく許容される ・アミノグリコシド系抗生剤との相乗効果 ・静脈注射もしくは輸液で1日3回 ・筋肉注射は疼痛を引き起こすことがあり、経口では嘔吐することがある。
セフォタキシム、セフタジジム、セフォペラゾン	・グラム陰性 β ラクタマーゼ産生菌に対する優れた活性
セフタジジム	・*Pseudomonas aeruginosa* に対する非常に優れた活性

発熱を呈する好中球減少症の症例における抗生剤の使用

これらの症例では薬剤の併用が推奨される。その目的は片方の薬剤でグラム陽性嫌気性の病原体、もう片方の薬剤でグラム陰性の病原体に対する活性を得るためである。

抗生剤の併用療法の例

いくつかの抗生剤を組み合わせることで活性スペクトルや特定の種の細菌への有効性の向上が認められる。たとえば、β ラクタム系抗生物質とフルオロキノロン（図 6a、b）。

抗生剤の単剤療法の例

感染がグラム陰性菌のみであると事前にわかっている場合、フルオロキノロンの単剤療法を考慮する。他の広域スペクトルの薬剤

- カルバペネム：メロペネム、エルタペネム、イミペネム
- セフタジジム、セフェピム、セフォタキシムのような広域スペクトルのセファロスポリン
- チカルシリン＋クラブラン酸

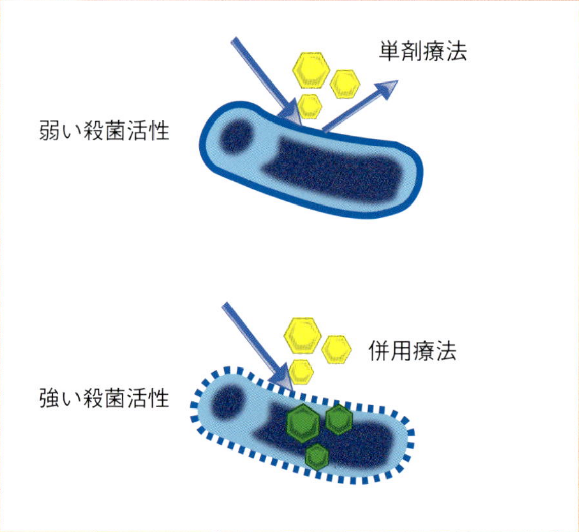

図 6a、b　単剤もしくは多剤併用抗生剤療法の殺菌活性の略図

抗生剤治療後の可能性

抗生剤の使用には細菌性エンドトキシンの放出による臨床的な結果をもたらす。エンドトキシンはグラム陰性細菌の細胞壁の外壁に局在するリポポリサッカライド複合体であり、細菌の溶解時や増殖中に放出される。これらのリポポリサッカライドはサイトカイン（TNF α、IL-1、IL-6）を刺激し、生体内で次のような作用を示す（図７）。

- 血管透過性の上昇
- 血管拡張
- 低血圧
- アシドーシス
- 播種性血管内凝固
- 臓器不全

結論として、菌血症や敗血症の症例における、抗生剤による治療によりグラム陰性細菌を排除することで、細菌から放出されるエンドトキシンによりエンドトキシン血症が誘発される可能性がある。しかし、β ラクタム系抗生物質がエンドトキシンの放出を増加させる可能性がある一方で、抗生物質併用療法（β ラクタム系抗生物質とフルオロキノロン）はエンドトキシン放出を減少させる。

重要な疑問点

好中球減少の早期発見とこれらの症例における体温のモニタリングは積極的な抗生剤の併用療法を始めるために重要であるが、エンドトキセミアのリスクがあることは気をつけなければならない。

細菌の薬剤耐性を防ぐには、合理的に抗生剤を選択し、投与量、投与頻度を決定する。飼い主の抗生剤治療へのコンプライアンスはきちんと確認すべきであり、院内での抗生剤の使用はモニタする必要がある。耐性株に直面した場合、可能なときには短期間の積極的な治療を行うことが推奨される。

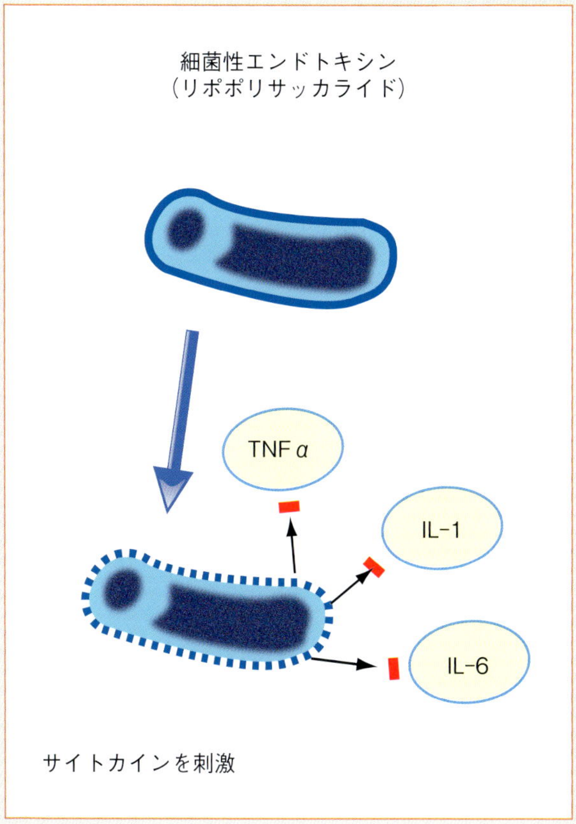

図７　細菌のエンドトキシンが放出されてからサイトカインを刺激するまでの略図

症例 4 Susie

病歴

Susie は、12 歳、雌のジャーマン・シェパードである。8 カ月前に第 3 度房室ブロックの治療でペースメーカーを移植し、ソタロールで治療している。

数日間の呼吸器症状とどことなく元気がないことを主訴に来院した。

検査

Susie の体重は 28.2kg でパンティングしており、聴診にて両側性に粗雑な肺音を聴取した。直腸温は正常（38.5℃）であり、動脈圧は 100mmHg であった。

症例名：Susie	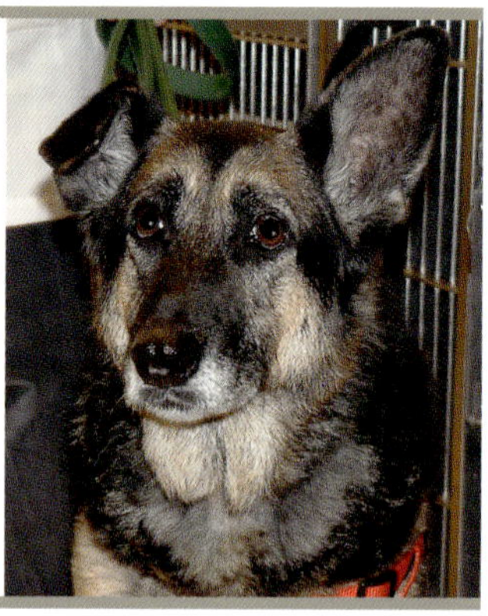
症例番号：0042088	
品種：ジャーマン・シェパード	
年齢：12 歳	
性別：雌	
体重：28.2kg	
来院理由：呼吸困難と嗜眠傾向	

補足検査

画像診断

診断を絞り込むために胸部 X 線検査を実施したところ、結節性間質パターンが明らかとなった（図 1 ～ 3）。

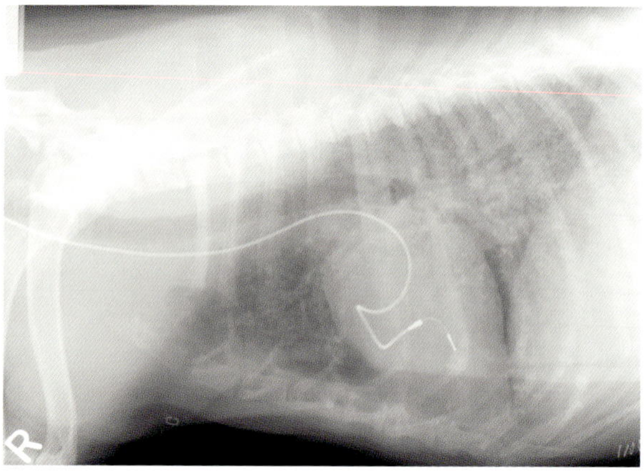

図 1　胸部 X 線写真右ラテラル像

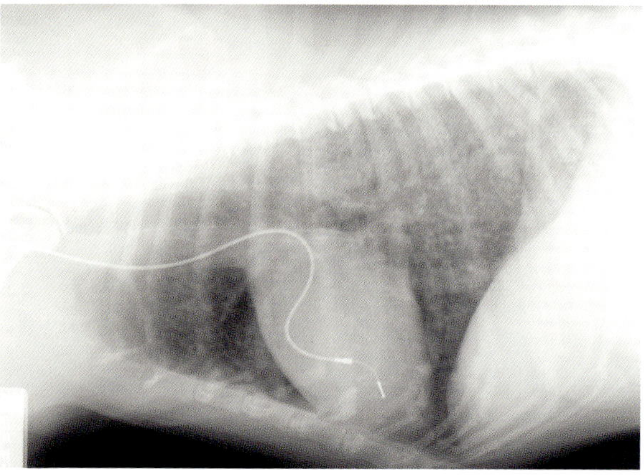

図 2　胸部 X 線写真左ラテラル像

理論的背景

完全もしくは第 3 度房室ブロックは心臓内の電気的インパルスの完全な伝導障害を意味する。これは心室へ向かう洞性（もしくは上室性）のインパルスがないことを意味する。定期的な洞性リズムや洞性不整脈はあるが、P 波と QRS 群には関連性がなく、QRS 群は心室性の定期的な補充収縮により始まる。

驚くべきことに、呼吸樹において近接した肺葉からの肺音の伝達が促進されるため、硬化肺葉と胸腔内腫瘤により聴診上で肺音の増強が誘発されることがある。異常肺音は増強された呼吸音や粗雑な肺音、捻髪音、歯擦音、ラッセル音として記述される。肺音の増強は非特異的な所見であるが、肺水腫や肺炎の動物では一般的である。

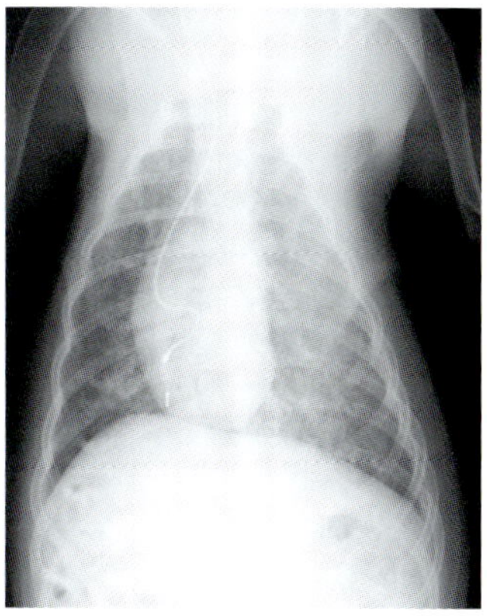

図 3　胸部X線写真 VD 像

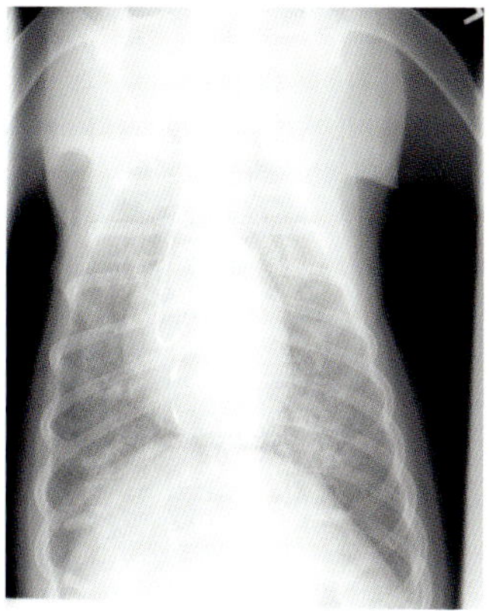

図 4　胸部X線写真 DV 像

理論的背景

結節性間質パターンは 1 つもしくはそれ以上の肺葉における液体密度を伴った不規則な円型の病変が特徴的である。X線検査で結節を検出するためには直径約 0.5cm（細胞数 10^8 個）が必要である。間質性の結節は、活動性もしくは非活動性の炎症病変や、腫瘍病変の可能性がある。たとえ胸部X線検査で陰性であっても、X線検査にて描出できるほど大きな病変になる前の腫瘍細胞は存在しうるため、肺実質の腫瘍は決して除外できない。腫瘍結節の検出感度は、VD（もしくは DV）像に加えて、右と左のラテラル像を撮影することで上昇する可能性がある。

追加検査

全身状態の把握と治療法の決定のために Susie の血液検査を実施した（表 1、2）。血液検査の結果では再生性貧血、血小板減少症、炎症性の白血球像が明らかとなった。生化学検査ではビリルビン値（0.78 mg/dl：参照値 0 ～ 0.3 mg/dl）以外は正常だった。尿検査は実施しなかった。将来的に輸血が必要になったときのためにSusie の血液型を調べた（DEA 1.1 陽性）。

表 1　Susie の血液像

	参照値	結果
Hct 値（%）	38 ～ 53	30
Hb（g/dl）	14.2 ～ 19.2	9.3
MCV（fL）	60 ～ 72	67
MCHC（g/dl）	32 ～ 36	31.2
網状赤血球（%）	＜ 1.5	19.4

表 2　Susie の血球像

	参照値	結果
白血球数（× μl）	5500 ～ 19,500	32,600
分葉核好中球数（× μl）	2600 ～ 12,800	28,700
リンパ球数（× μl）	400 ～ 6800	3300
単球数（× μl）	150 ～ 1700	700
血小板数（×1000/dl）	175 ～ 600	128

理論的背景

犬において、数種類の血液型が同定されている。これらには赤血球抗原 DEA1.1、1.2、DEA3 ～ 8 が含まれる。DEA1.1 陽性犬は一般的なレシピエントであり、DEA1.1 陰性犬は一般的なドナーである。

鑑別診断

ペースメーカー、呼吸困難を伴う結節性／間質パターンおよび軽度の血小板減少症を伴う再生性貧血の3つの主要な問題がSusieの臨床検査で明らかとなった。

病歴と身体検査、補足検査で得られた完全な情報により次の疾患が問題点の原因であると考えられた。

- 腫瘍
- 血栓塞栓症
- 心疾患
- 感染症

肺のX線パターン（おそらく転移）から、このパターンのもっとも一般的な原因である血管肉腫や転移性の上皮性悪性腫瘍が疑われた。一方で、再生性貧血と血小板減少症は上皮性悪性腫瘍よりも、犬では転移性血管肉腫によって生じることが多い。

肺に転移した腫瘍の原発巣を探索するために腹部超音波検査を実施した。脾臓に結節が認められた（図5）。確定診断を行うための次のステップは、脾臓の腫瘤の細胞診を行うことだが、この症例の場合、検体に血液が混入してしまった。Susieの病歴からは血管肉腫がもっとも疑わしいと考えられた。

すべての所見が、Susieの症状が腫瘍によるものを示しており、余命の延長とQOLの改善を治療目標として提案した。この症例の場合、飼い主がSusieのQOLを改善するためにあらゆる手段を行う準備があり、金銭面の問題はなかった。これはいかなる治療を提案する際においても、重要な情報である。

理論的背景

血管肉腫の約50%が脾臓原発であり、25%が右心房原発、13%が皮下組織原発、5%が肝臓原発、5%が肝臓・脾臓・右心房原発であり、1～2%がその他の臓器（腎臓、膀胱、骨、舌、前立腺）に自然発生する。

ほとんどの解剖学的型が浸潤性で疾患の早期でも転移を生じるため、この腫瘍の生物学的な挙動は非常に悪性である。

原発巣の位置やステージにかかわらず、貧血と出血傾向が血管肉腫の一般的な所見である。

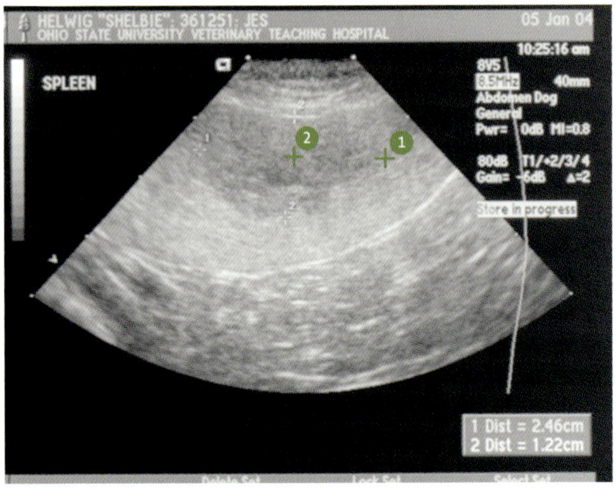

図5　超音波検査における脾臓の斑点状パターンと中央の2cm大の結節

治療管理と症例の経過

初期の 24 時間　Plasmalyte 148（pH7.4、295 mOsm/l、NaCl 5.26g/l、KCl 0.37g/dl、$MgCl_2$ 六水和物 0.30g/l、CH_3COONa 三水和物 3.68g/l、グルコン酸ナトリウム 5.02g/l）からなる輸液療法を行うために、筆者の病院の集中治療室に入院した。最初の治療とともにヘマトクリット値が 26％まで減少したため、末梢の酸素化を促進するためにペースメーカーの速度を分間 120 回まで上昇させた。症例の心エコー検査は正常であった。安定化させている間に手術と化学療法についての議論を飼い主と行った。

第 2 ～ 3 日　飼い主は Susie に手術することを決意した。手術の前に 220ml の DEA1.1 陰性の濃厚赤血球と 125ml のオキシグロビン（牛由来代用血液）による輸血を行った。手術中に脾臓を摘出し、経横隔膜的に肺の生検を行い、細胞診用の検体も採取した（図 6、7）。

手術後に重度の疼痛を管理するため、半合成モルヒネ誘導体の徐方剤であるヒドロモルフィンを投与し、抗生剤はセファゾリンを使用した。

理論的背景

急性の重度貧血の多くの犬と猫には酸素サポートが必要である。選択肢としては、濃厚赤血球もしくはヘモグロビン（オキシグロビン）のような酸素運搬物質の投与がある。

第 4 ～ 5 日　Susie の状態は安定していた。ヘマトクリット値、心調律および血圧は正常範囲内であった。生検の結果により血管肉腫と確定した。

第 5 日　腫瘍の種類が確定できたため、VAC プロトコールによる化学療法を開始した（第 4 章図 62）。

- ドキソルビシン：1 日目 30 mg/m^2 IV（10 kg 以下の犬の場合 1 mg/kg）
- ビンクリスチン：8 日目、15 日目 0.75 mg/m^2 IV
- シクロフォスファミド：10 日目 200 ～ 300 mg/m^2 PO
- トリメトプリム・サルファメソキサゾール：13 ～ 15 mg/kg　PO　12 時間毎（ダルメシアンにこの薬剤は使用しない）

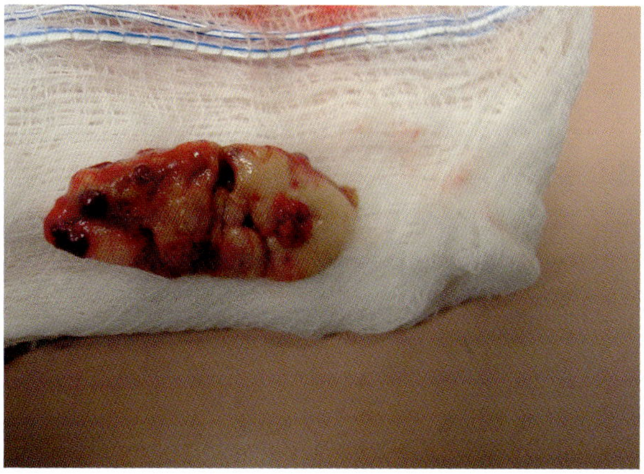

図 6　肺の生検サンプル

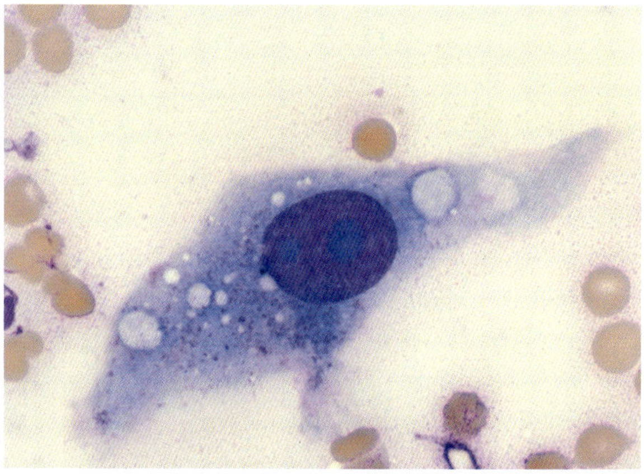

図 7　細胞診では肉腫と一致する所見が得られた。

第 11 日　臨床症状の再発が認められた。本症例は 2 日間の発咳発作を示し再来院した。また昨晩から虚弱・嗜眠傾向であり、明らかな可視粘膜の蒼白を呈していた。緊急検査を行ったところ、結果は次に示すとおりであった。

■血液塗抹の異常（図 8）
■CBC の異常（表 3）
■白血球像の異常（表 4）
■低タンパク（5g/dl）以外の生化学検査は正常
■凝固系の異常（表 5）。この結果より凝固亢進が疑われる。DIC の初期に多くの症例は凝固亢進を示す。

問題点を確定後、ヘパリン（75 IU/kg SC 8 時間毎）、ファモチジン（0.5 mg/kg IV 24 時間毎）の投与、輸液療法、1 単位の濃厚赤血球の輸血を行うこととする。必要なときのため新鮮血漿も準備した。

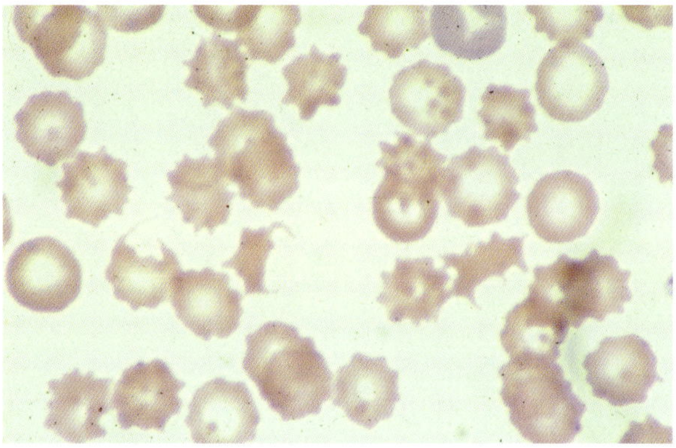

図 8　有棘赤血球と断片化赤血球が認められる血液塗抹像

表 3　Susie の血液像

	参照値	結果
Hct 値（%）	38 ～ 53	15
Hb（g/dl）	14.2 ～ 19.2	4.1
MCV（fL）	60 ～ 72	66
MCHC（g/dl）	32 ～ 36	33.7
網状赤血球（%）	＜ 1.5	0

表 4　Susie の血球像

	参照値	結果
白血球数（× μl）	5500～ 19,500	7100
分葉核好中球数（× μl）	2600 ～ 12,800	5600
リンパ球数（× μl）	400 ～ 6800	1500
単球数（× μl）	150 ～ 1700	0
血小板数（×1000/dl）	175 ～ 600	400

表 5　Susie の凝固系プロフィール

	参照値	結果
ワンステージプロトロンビン時間（PT）外因系経路の評価	6.9	7.5
活性化部分トロンボプラスチン時間（APTT）内因系経路の評価	14.3	7.5
フィブリノーゲン	100	211
フィブリン分解産物		陰性
アンチトロンビン / アンチトロンビンⅢ検査	69 ～ 115	70

理論的背景

凝固系の臨床病理学的評価は本来、自然出血もしくは出血時間の延長を示す症例や、一般的に出血傾向に関連する疾患をもつ症例（肝疾患、血液凝固因子欠損、脾臓の血管肉腫、DIC の犬）、先天性の凝固異常を疑う症例の術前検査として用いる。

凝固亢進が疑われる動物に対する抗凝固剤による治療は有効だとされているが、犬と猫において、抗凝固治療に対する反応についての報告はない。

第12日 症例の体温の上昇と血液検査における好中球減少症。血液塗抹で分葉核好中球（2000／μl）が認められるため、全身性の感染症を疑い、セファゾリンを再び投与した。

第13日 体温は正常まで回復した。症例の体調は改善しているように思われ、バイタルサインは安定し、好中球数は増加した。

第14日 心室頻拍の突然の発症。血圧は80 mmHgまで低下し、1日中そのままであった。この状況をコントロールするため輸液にリドカイン、$MgSO_4$およびKClを加えた。

第15日 心室頻拍はコントロールされた。ソタロールによる治療は継続した。白血球数は正常範囲内であった。

第16日 少量の胸水貯留

第17日 Susieは臨床症状が消失するまで注意深く観察した。体調が少し改善したためビンクリスチンを投与した。その後は継続治療（アモキシシリン＋クラブラン酸、ソタロールなど）を行うこととし、退院した。

理論的背景

胸水貯留の原因には肺もしくは前大動脈の血栓塞栓症が考えられる。この場合の胸水は通常少量であり、漏出液もしくは変性漏出液である。予期した（胸水の量に基づいて）よりも症例の呼吸器症状が悪化した場合は、胸水貯留の原因は肺血管血栓塞栓症がもっとも一般的である。

第67日 合併症もなく第3サイクル目のVACプロトコールを投与する。Susieの体重は2 kg増加し、調子も良好だった。病変のモニタリングのためにX線検査を実施した（図9、10）。

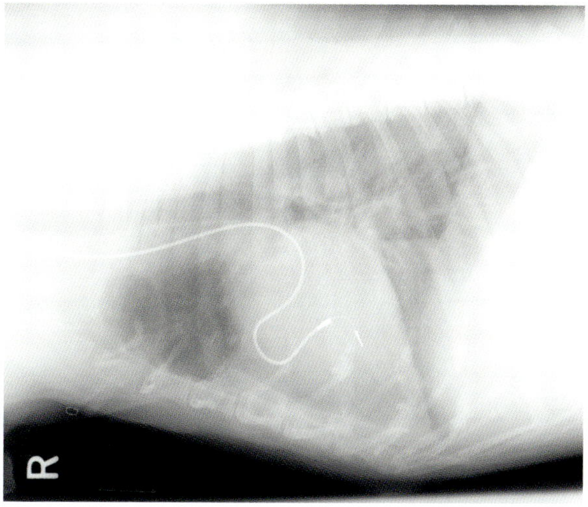

図9　治療前のX線写真

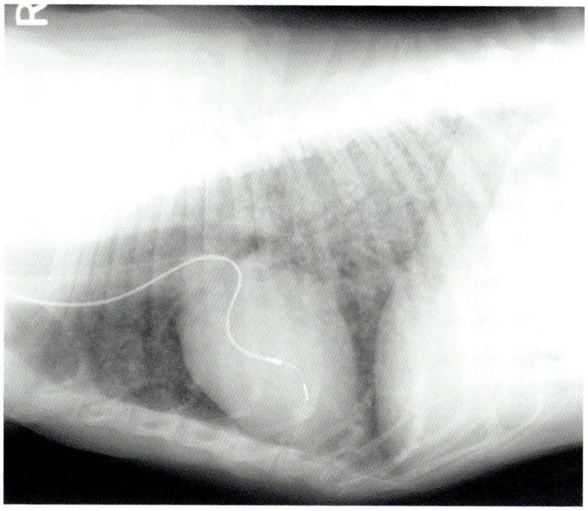

図10　治療後のX線写真

第 82 日 症例は第 4 サイクル目の VAC プロトコール化学療法を受けた。

定期的な超音波検査において、右心房に大静脈から発生する血栓が認められた（図 11）。治療は以下の通りである。

■ヘパリン：200 IU/kg SC 8 時間毎 2 日間
■クマリン：6 mg PO 24 時間毎

クマリン投与から 72 時間後、プロトロンビン時間が約 40％延長した。

理論的背景

大血管の血栓症は小血管の血栓症よりも臨床的により明らかである。前大動脈の血栓症は免疫介在性溶血性貧血や敗血症、腫瘍、蛋白漏出性腎症、真菌症、グルココルチコイド治療に関連している。犬においては特に全身性炎症性疾患の罹患に関係している。ほとんどの場合、1 つ以上の素因がある。

その後 3 カ月間 症例は耐性菌による腎盂腎炎を罹患し、これにより腎不全と貧血が進行した。

Susie は治療開始から約 5 カ月で死亡した。

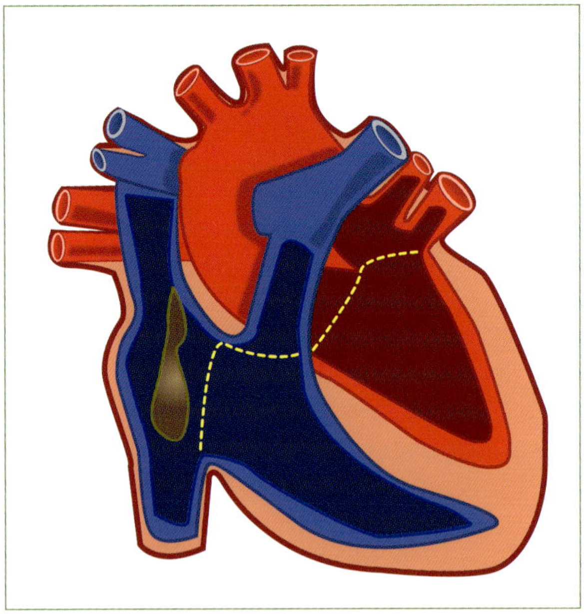

図 11　右心房の血栓の図

理論的背景

腎不全や尿毒症により症例のQOLが明らかに影響を受けている慢性腎不全の最終ステージにおいては対症療法が特に重要になる。リン摂取の制限はさておき、食事療法には塩分とタンパク質摂取の減量（生物価の高い低分子タンパク質を与えるべきである）、ω-3脂肪酸の補充、フードのアルカリ化が含まれる。

犬と猫の腎不全に伴う非再生性貧血はエリスロポエチン産生の減少や赤血球の寿命の短縮、消化管での血液喪失、尿毒素の影響、そしておそらく赤血球産生に対するパラソルモンの影響が組み合わさった結果生じる。加えて、栄養失調（ビタミンB6、B12、ナイアシン、葉酸）や鉄欠乏が慢性腎不全に関連した貧血の発症の一因となっている可能性がある。タンパク同化ステロイドによる治療はまれに効果があるが、ヒト合成エリスロポエチンの投与は慢性腎不全の犬や猫で成果をあげている。

この症例から学ぶことができることは何か？

治療をやめるタイミングを決定することは難しいが、症例のQOLが許容できる間は治療の継続は検討するべきである。

予後

古典的には、たとえ予後が良好ではないとしても、犬の血管肉腫の治療は手術である。血管肉腫の症例の生存期間は腫瘍の局在やステージに依存するが、約20～60日と非常に短い傾向にあり（皮膚と第三眼瞼の血管肉腫は除く）、1年以上生存する症例は10%以下である。

手術後のドキソルビシン、ACプロトコール（ドキソルビシンとシクロフォスファミド）、VACプロトコール（ビンクリスチン、ドキソルビシンおよびシクロフォスファミド）による手術と補助的な化学療法との併用は、手術単独よりも結果が良好である。これらの症例では生存期間の中央値は140～202日に及ぶ。

症例 5 Troy

病歴

Troy は、19 カ月齢のゴールデン・レトリーバーで、この数日間、嘔吐していることに飼い主が気づいたため、相談のために来院した。また、多飲多尿と全身性の疼痛を示していた。

症例：Troy	
症例番号：0042159	
品種：ゴールデン・レトリーバー	
年齢：19 カ月齢	
性別：雄	
体重：20 kg	
来院理由：嘔吐、全身性の疼痛、多喝多尿	

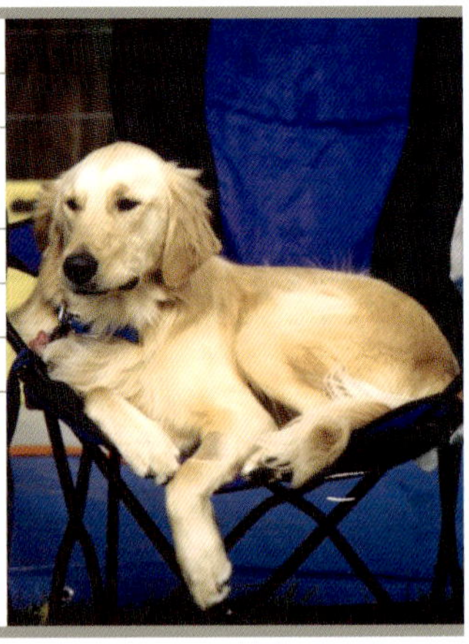

身体検査と追加検査

身体検査は次のような結果である。

- 体重は 20 kg であり、痩せ気味である。
- 8 ～ 10 %の脱水を呈している。
- 全身性の疼痛を呈している。
- リンパ節腫大や臓器腫大は認められない。
- 直腸検査は正常である。

診断の絞り込みために血液生化学検査と尿検査を実施し、次のパラメーターが異常であった（表 1）。

鑑別診断

表 1　血液検査と尿検査における異常値

生化学		
	参照値	結果
カルシウム（mg/dl）	9.6 ～ 11.3	19.2
イオン化カルシウム（mg/dl）	5 ～ 5.6	9.6
尿素（mg/dl）	＜ 25	48
クレアチニン（mg/dl）	＜ 1.5	3.6
尿検査		
尿スティック検査		陰性
比重		1.006

これまでに得られた情報から次のような鑑別診断が疑われる。

- **中毒**：ビタミン D やカルシポトリエン（人医領域において乾癬の治療にしばしば使用される）などの骨破壊活性やカルシウムの腎再吸収を促進する物質による。
- **原発性・二次性上皮小体機能亢進症**：上皮小体機能亢進症の臨床症状は Troy が示した症状と類似している。これらの症状は高カルシウム血症や下部尿路の結石、感染によって引き起こされる。
- もっとも一般的な高カルシウム血症の原因は特にリンパ腫、肛門嚢アポクリン腺癌、多発性骨髄腫といった腫瘍であるが、どんな組織学的タイプの腫瘍であっても最終的には高カルシウム血症を引き起こす可能性がある。
- **慢性腎不全**は二次性腎性上皮小体機能亢進症を引き起こす可能性がある。
- **副腎皮質機能低下症**：ミネラルコルチコイドの減少により重度の脱水とそれによる高カルシウム血症が生じ、これは輸液療法で補正することができる。

これらの鑑別診断リストは Troy に合致するものもある。Troy は尿毒症および高カルシウム血症を呈し、尿比重は 1.006 であった。

理論的背景

犬においては、血清タンパク質濃度が総血清カルシウム濃度に影響を与えるが、イオン化カルシウムは影響を受けない。これにより総血清カルシウム濃度の測定のためには血清アルブミン濃度や血清総タンパク濃度も同様に考慮しなければならない（第３章図 22）。

補正血清カルシウム濃度を算出するための計算式

補正カルシウム濃度（mg/dl）＝
血清カルシウム濃度（mg/dl）－
血清アルブミン濃度（g/dl）＋ 3.5

生化学的活性機能をもつイオン化カルシウム濃度を測定可能な測定機関や在宅測定器があり、これらにより血清タンパク質による血清総カルシウム濃度が受ける影響を避けることができる。しかし、イオン化カルシウムのみを測定するためには検体の取り扱い方と測定機器の両方が異なる。測定の正確性を保証するためには検体の pH も調整しておくべきである（pH の上昇によりイオン化カルシウム濃度は低下する）。

生化学的な血清カルシウム濃度と症例の臨床症状の間には関連がある

・12 ～ 13 mg/dl：通常臨床症状は示さない
・＞ 14 mg/dl：軽度な臨床症状
・＞ 18 ～ 20 mg/dl：心不整脈を含む重度な臨床症状

臨床症状はさまざまな臓器やシステムに影響を及ぼす。症状の発現と重症度は高カルシウム血症の程度や発症までのスピード、期間に依存する。

1 **腎臓の症状**：もっとも一般的な高カルシウム血症の症状は多喝多尿である。

腫瘍性の高カルシウム血症の臨床徴候は腎機能異常の結果生じる。高カルシウム血症は抗利尿ホルモンと集合管の受容体の相互作用を遮断するため、腎性の尿崩症を引き起こす。限外濾過による水の再吸収障害により低張尿が生じる（Troy の尿比重がわずか 1.006 だったことを思い出してほしい）。カルシウムの血管収縮作用により糸球体の血流と濾過量が減少し、腎上皮細胞の変性や壊死、石灰化が生じる。これにより、高カルシウム血症は初めに機能的な多尿を引き起こし、二次的に多喝が生じる。高カルシウム血症が重度もしくは持続性である場合には尿毒症や腎不全を引き起こす（Rosenthal, 2011；Ogilvie, 1996）。興味深いことに、腫瘍随伴性の高カルシウム血症の症例のほとんどはその程度にかかわらず、腎不全を発症することはまれである。ただ１つの例外は犬の多発性骨髄腫であり、免疫グロブリン軽鎖が重度な腎臓障害を引き起こす（myeloma cast nephropathy）。

2 **消化器症状**：食欲不振、嘔吐、便秘。高カルシウム血症は消化管運動性に影響を与え、それが消化管の低運動性やアトニーを引き起こす。

3 **心臓症状**：重度の高カルシウム血症（＞ 18mg/dl）において不整脈が現れるが、まれであり、長期間の高カルシウム血症により心電図において PR 間隔の延長と QT 間隔の短縮が生じる可能性がある。

4 **神経筋症状**：嗜眠、虚弱、時にはてんかん様発作。

高カルシウム血症は犬ではまれな徴候であり、通常は骨や腎臓からのカルシウム吸収量の増加や消化管のカルシウム吸収量の増加（まれ）のいずれかの結果生じる。

二次性の高カルシウム血症は腎不全によるものか？

犬において慢性もしくは急性の腎不全（あまり一般的ではないが）により二次性の高カルシウム血症が生じることがある。

カルシウムは集合管での抗利尿ホルモンの作用を阻害するため高カルシウム血症の犬での尿比重は腎機能を評価するのに通常有用ではない。高カルシウム血症の犬の尿比重は1.008以下（低張尿）であることが一般的である一方で、腎不全における尿比重は通常1.008～1.014の間（等張尿）である。そのため、低張尿を呈する症例ではその原因が腎不全である可能性は低い。この症例の場合、Troyは低い尿比重を呈している（1.006）。

高カルシウム血症の原因を二次性腎不全と他の可能性のあるものと鑑別するためにイオン化カルシウムは有用であろう。腎不全ではイオン化カルシウム濃度は正常値もしくは低値を示すが、Troyは高カルシウム血症を呈しているため、腎不全は原因から除外されるだろう。

原発性の高カルシウム血症が二次性の腎不全のきっかけとなったのでしょうか？

前述したように高カルシウム血症の結果、腎不全が生じるのは一般的ではない。

高カルシウム血症と腎前性の尿毒症が併発したのか？

多飲多尿を示す犬において、飼い主が飲水を制限することによって問題が解決されることは一般的である。高カルシウム血症の症例では、もし症例が脱水になる場合にも二次性腎性尿崩症が尿濃縮を妨げるだろう。その結果、低比重尿と尿毒症はしばしば誤って腎不全と診断され、安楽死が推奨される。しかし、適切な輸液療法を行った場合、尿毒症は改善し、問題の原因は前腎性だったことが示される。

理論的背景

1. 腫瘍の中には骨破壊活性や腎臓におけるカルシウムの再吸収を促進する物質を産生するものがある。
   - 副甲状腺ホルモン（PTH）
   - PTH関連ペプチド（PTH-rP）
   - 1,25 ジヒドロキシビタミンD
   - インターロイキン1や腫瘍壊死因子、プロスタグランジンのようなサイトカイン
   - 腎臓の1-α-ヒドロキシラーゼを刺激するホルモン因子
2. 腫瘍には骨転移後、局所の骨破壊活性による高カルシウム血症を引き起こすものがある（第3章図24）。これは非常にまれである。骨肉腫や骨転移のある症例のほとんどが血中カルシウム濃度は正常である。
3. 腫瘍には異常なカルシウム排泄（異常な糸球体濾過）や血漿量の減少（脱水）を誘発するものがある。これは3つの中でもっともまれな現象である（第3章図25）。

その他の補足検査

ホルモン検査を実施する前に、胸部X線検査を行う。

画像診断

ゴールデン・レトリーバーはリンパ腫の罹患率が高いことから胸部X線検査は優先的に行う。実際、末梢リンパ節の腫大を伴わなくても、前縦隔にT細胞性リンパ腫が存在する可能性がある。

胸部X線検査において、前縦隔に不透過性が認められたため（図1）、その部位の超音波検査を行うこととし、縦隔に腫瘤があることを確認した（図2）。

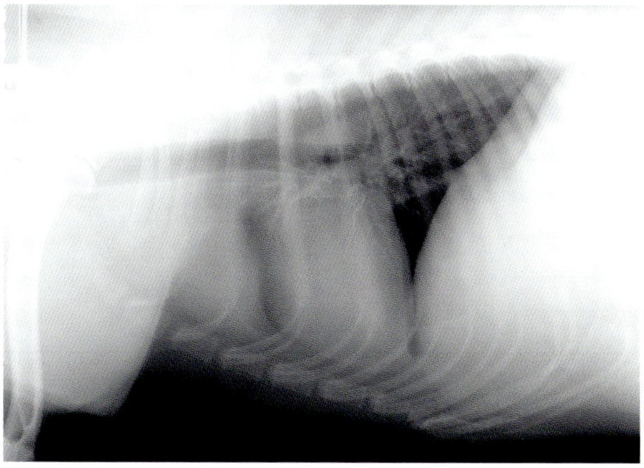

図1　Troyの胸部X線写真

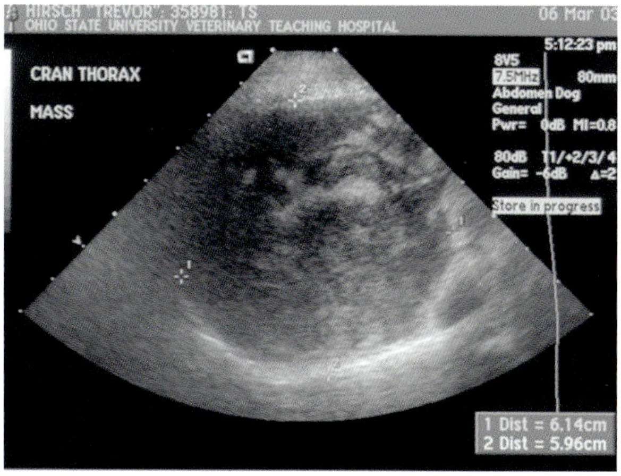

図2　X線不透過領域の胸部超音波像

理論的背景

腫瘍による高カルシウム血症が疑われる場合、胸部・腹部X線検査、腹部超音波検査が推奨される。

椎骨や腸骨に骨融解病変が認められる時や高タンパク血症、タンパク尿、骨髄における形質細胞の浸潤がある場合には多発性骨髄腫を疑うべきである。この症例の場合、骨の針生検や骨髄吸引によって確定診断を行うべきである。

細胞診

リンパ腫の除外を行うために、末梢リンパ節や骨髄、脾臓の細胞診を行うべきである。しかし、末梢リンパ節や骨髄、脾臓の細胞診が陰性であっても、リンパ腫は除外することはできない。

Troyの場合、末梢リンパ節と縦隔の腫瘤の細胞診を行った（図3）。最終的な診断は縦隔型リンパ芽球性リンパ腫となる。

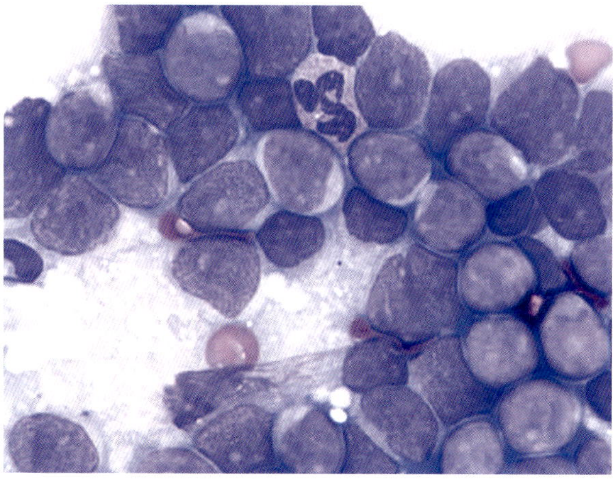

図3　Troyの縦隔腫瘤の細胞診

理論的背景

高カルシウム血症の原因が確定されていない症例では、血清カルシウム濃度が 16 mg/dl 以上で重度の臨床症状を伴う場合、もしくはカルシウムとリンの積が 60 もしくは 70 を超えている場合（軟部組織の石灰化する可能性がある）、高窒素血症を呈している場合は、初めにカルシウム濃度を低下させる特異的な治療を行ったほうがよい。

投与する薬剤（コルチコステロイド）によっては代謝異常の確定の妨げになり、状態を悪化させることがあるため治療を開始する前に高カルシウム血症の原因を特定することは重要である。

急性高カルシウム血症の治療

もっとも一般的な治療は水分喪失の改善と滅菌生理食塩水を用いた塩類利尿を誘発することである。フロセミドは症例が再水和される前に使用するべきではなく、脱水している高カルシウム血症の犬に利尿薬を使用することで腎石灰沈着症のリスクが上昇する。

原則として診断を妨げることなく、塩類利尿に続いて利尿剤を開始した方がよい。

高カルシウム血症の原因の 1 つにリンパ腫があり、グルココルチコイドはのちの化学療法と併用したほうがより効果が高いため、確定診断を行う前には使用しない方がよい。

慢性の高カルシウム血症の治療

切除不可能な肛門嚢癌など長期的な治療が必要な際にはパミドロネートを投与した方がよい（1mg/kg IV 3～6 週間毎)。ビスフォスフォネート（アレンドロネート）の経口投与はある程度高カルシウム血症に効果があるが、パミドロネートの静脈内投与ほどの効果はない。

治療管理

Troy の場合、治療の目的は動物の安定化とリンパ腫に対し化学療法プロトコールを行うことであるため入院させた。

最初の治療ステップは 0.9% NaCl の輸液療法により脱水の改善である。水分要求量は体重 20kg の維持量（1.2 リットル）と 8 ～ 10% の脱水の補正（2 リットル）に症例の水分喪失量に対する必要量を加え、輸液療法は 4 リットル / 日（160 ml/h）で開始したが、24 時間で犬の体重が 1.2 kg 減少したため、輸液量の調整を行い、220 ml/ 時間に上昇させた。

以下の投薬を行った。

- シトシンアラビノシドもしくはシタラビン：この薬剤はピリミジン類似体であり、主に白血病、特に急性非リンパ芽球性白血病の治療に使用する。またこの薬剤は抗腫瘍性代謝拮抗薬であり、DNA 合成を阻害する。細胞周期特異的に効果があり、抗ウイルス作用、免疫抑制作用もある。
- アスパラギナーゼ：腫瘍細胞が増殖する際に使うアスパラギンを消費する。
- デキサメサゾン：リンパ腫と高カルシウム血症の両方の治療。
- 疼痛緩和は癌症例では行うべきであり、利用可能な選択肢は以下のとおりである。
  - NSAIDs：カルプロフェン、デラコキシブ、メロキシカム、ピロキシカム。これらの薬剤はコルチコステロイドで治療中の症例には使用すべきではない。
  - 麻薬：フェンタニル（皮膚パッチ）、トラマドール（1 ～ 4 mg/kg PO 8 ～ 12 時間毎）

Troy の場合には麻薬を使用することとした。

経過

高カルシウム血症は 24 時間で補正され、カルシウム濃度は 10.2 mg/dl に安定した。

4 日後にリンパ腫の完全寛解が得られた。胸部 X 線検査の再検査にて、前縦隔の不透過性は消失していた（図 4）。

COP 化学療法プロトコールに関する指示を行い、Troy は退院した。

- ビンクリスチン：0.5 mg/m^2 IV 週に 1 回
- シクロフォスファミド：50 mg/m^2 PO 48 時間毎
- プレドニゾン：1 ～ 2 mg/kg PO 24 ～ 48 時間毎

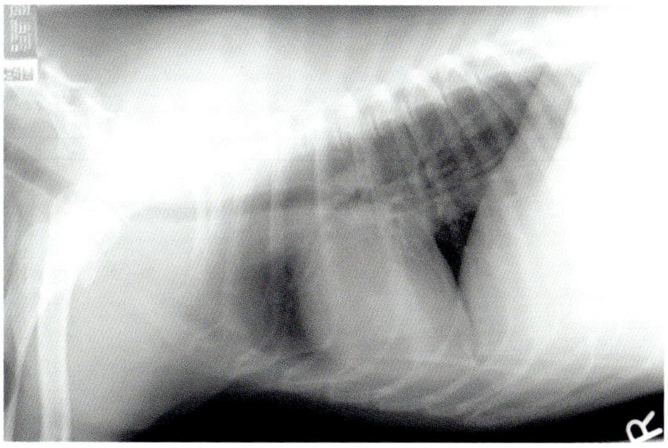

図 4 Troy の最新の X 線写真

Troy は縦隔内出血の再発があるまでの 7 カ月間は寛解している。

6 化学療法プロトコール集

APPENDICES

化学療法プロトコール集

オハイオ州立大学医療センターで使用

犬

リンパ腫

寛解導入

COAP プロトコール	
シクロフォスファミド	犬：50 mg/m² PO 1 週間に 4 日あるいは 48 時間毎、8 週間続ける
ビンクリスチン	0.5 mg/m² IV 1 週間に 1 回を 8 週間
シトシンアラビノシド	100 mg/m² SC もしくは IV で 12 時間毎に 2 回に分ける（50 mg/m²）4 日間
プレドニゾン	40 ～ 50 mg/m² PO 24 時間毎、1 週間 その後 20 ～ 25 mg/m² 48 時間毎、7 週間

このプロトコールには維持療法が必要である

COP プロトコール	
シクロフォスファミド	50 mg/m² PO 1 週間に 4 日あるいは 48 時間毎、あるいは 300 mg/m² PO 3 週間毎（治療期間はさまざま）
ビンクリスチン	0.5 mg/m² IV 1 週間に 1 回、8 週間
プレドニゾン	40 ～ 50 mg/m² PO 24 時間毎、1 週間 その後 20 ～ 25 mg/m² 48 時間毎、7 週間

CHOP プロトコール（21 日サイクル）	
シクロフォスファミド	10 日目　200 ～ 300 mg/m² PO
ドキソルビシン	1 日目　30 mg/m²（体重 10kg 以下の場合 1 mg/kg ）
ビンクリスチン	8 日目、15 日目　0.75 mg/m² IV
プレドニゾン	40 ～ 50 mg/m² PO 24 時間毎、1 週間 その後（8 ～ 21 日目）20 ～ 25 mg/m² 48 時間毎
トリメトプリム・サルファメソキサゾール	15 mg/kg PO 12 時間毎

ウィスコンシン大学プロトコール（UWM-19）	
第 1 週	ビンクリスチン 0.5 ～ 0.75 mg/m^2 IV、アスパラギナーゼ 400 IU/kg SC もしくは IM、プレドニゾン 2 mg/kg PO 24 時間毎
第 2 週	シクロフォスファミド 200 ～ 250 mg/m^2 PO もしくは IV、プレドニゾン 1.5 mg/kg PO 24 時間毎
第 3 週	ビンクリスチン 0.5 ～ 0.75 mg/m^2 IV とプレドニゾン 1 mg/kg PO 24 時間毎
第 4 週	ドキソルビシン 30 mg/m^2（10 kg 以下の場合 1 mg/kg）IV とプレドニゾン 0.5 mg/kg　PO　24 時間毎
第 5 週	無治療
第 6 週	ビンクリスチン 0.5 ～ 0.75 mg/m^2 IV
第 7 週	シクロフォスファミド 200 ～ 250 mg/m^2 IV
第 8 週	ビンクリスチン 0.5 ～ 0.75 mg/m^2 IV
第 9 週	ドキソルビシン 30 mg/m^2（10 kg 以下の場合 1 mg/kg）IV
第 10 週	無治療
第 11 週	ビンクリスチン 0.5 ～ 0.75 mg/m^2 IV
第 12 週	シクロフォスファミド 200 ～ 250 mg/m^2 IV
第 13 週	ビンクリスチン 0.5 ～ 0.75 mg/m^2 IV
第 14 週	ドキソルビシン 30 mg/m^2（10 kg 以下の場合 1 mg/kg）IV
第 15 週	無治療
第 16 週	ビンクリスチン 0.5 ～ 0.75 mg/m^2 IV
第 17 週	シクロフォスファミド 200 ～ 250 mg/m^2 IV
第 18 週	ビンクリスチン 0.5 ～ 0.75 mg/m^2 IV
第 19 週	ドキソルビシン 30 mg/m^2（10 kg 以下の場合 1 mg/kg）IV

このプロトコールに維持療法は必要ない

維持

LMP プロトコール	
クロラムブシル	20 mg/m^2 PO 2 週間毎
プレドニゾン	20 ～ 25 mg/m^2 PO 48 時間毎
メトトレキサート	2.5 ～ 5 mg/m^2 PO 1 週間に 2 ～ 3 回

LOMP プロトコール	
クロラムブシル	20 mg/m² PO 2 週間毎
プレドニゾン	20 ～ 25 mg/m² PO 48 時間毎
メトトレキサート	2.5 ～ 5 mg/m² PO 1 週間に 2 ～ 3 回
ビンクリスチン	0.5 mg/m² IV 2 週間毎（クロラムブシルと交互）

LAP プロトコール	
クロラムブシル	20 mg/m² PO 2 週間毎
プレドニゾン	20 ～ 25 mg/m² PO 48 時間毎
シトシンアラビノシド	200 ～ 400 mg/m² SC 2 週間毎（クロラムブシルと交互）

COP プロトコール

6 サイクル連続で行い、サイクル間で 2 週間休薬。その後 6 サイクル行い、サイクル間で 3 週間休薬。その後サイクル後ごとに 4 週間休薬

レスキュー療法

D-MAC プロトコール（10 ～ 16 週の間は繰り返し投与を行う）	
デキサメサゾン	1 日目、8 日目 1 mg/kg PO もしくは SC
アクチノマイシン D	1 日目 0.75 mg/m²
シトシンアラビノシド	1 日目 200 ～ 300 mg/m² 4 時間以上の静脈内点滴
メルファラン	8 日目 20 mg/m² PO（3 回投与後、同じ用量のクロラムブシルへ変更）

L-アスパラギナーゼ	10,000 ～ 30,000 IU/m² SC 2 ～ 3 週間毎

CHOP プロトコール

ロムスチン併用プロトコール

急性リンパ性白血病

COAP、CLOP もしくは COP プロトコールを使用

慢性リンパ性白血病

クロラムブシル	20 mg/m^2 PO 2 週間毎（プレドニゾン 20 mg/m^2 PO　48 時間毎を併用もしくは併用せず）

シクロフォスファミド	50 mg/m^2 PO 1 週間に 4 日あるいは 48 時間毎 あるいは 300 mg/m^2 PO 3 週間毎
プレドニゾン	20 mg/m^2 PO 48 時間毎

急性骨髄性白血病

シトシンアラビノシド	100 mg/m^2 SC 12 ～ 24 時間毎、あるいは 8 ～ 12 時間以上の静脈内点滴
6-チオグアニン	40 ～ 50 mg/m^2 PO 24 ～ 48 時間毎

シトシンアラビノシド	100 mg/m^2 SC 12 ～ 24 時間毎、あるいは 8 ～ 12 時間以上の静脈内点滴
6-チオグアニン	40 ～ 50 mg/m^2 PO 24 ～ 48 時間毎
ドキソルビシン	2 日目、4 日目 10 mg/m^2 IV

シトシンアラビノシド	100 ～ 200 mg/m^2 静脈内点滴 24 時間毎、1 ～ 2 日間
ミトキサントロン	4 ～ 6 mg/m^2　静脈内点滴（両薬剤を同じ生理食塩水に混ぜる）3 週間毎 シトシンアラビノシドは 2 日使用してもミトキサントロンは 1 日のみ使用

慢性骨髄性白血病

ヒドロキシウレア	50 mg/kg PO 日量を 2 回に分けて 24 ～ 48 時間毎

多発性骨髄腫

メルファラン	2 ～ 4 mg/m^2 PO 24 時間毎を 1 週間、その後 48 時間毎 また 6 ～ 8 mg/m^2 PO 5 日間 3 週間毎でも使用
プレドニゾン	40 ～ 50 mg/m^2 PO 24 時間毎 1 週間 その後 20 mg/m^2 PO 48 時間毎

シクロフォスファミド	50 mg/m² PO 1 週間に 4 日あるいは 48 時間毎 あるいは 300 mg/m² PO 3 週間毎
プレドニゾン	20 mg/m² PO 48 時間毎

CHOP プロトコール

肥満細胞腫

プレドニゾン	40 ～ 50 mg/m² PO 24 時間毎 1 週間 その後 20 ～ 25 mg/m² PO 48 時間毎

プレドニゾン	40 ～ 50 mg/m² PO 24 時間毎 1 週間 その後 20 ～ 25 mg/m² PO 48 時間毎
ファモチジン	0.5 mg/kg PO
ロムスチン（CCNU）	60 mg/m²　PO　3 ～ 6 週間毎

CVP プロトコール

ビンブラスチン	2 mg/m² IV 3 週間毎
ロムスチン（CCNU）との交互	60 mg/m² PO 3 週間毎
プレドニゾン	20 ～ 25 mg/m² PO 48 時間毎

トセラニブ併用プロトコール

トセラニブ	2 ～ 2.5 mg/kg PO 月曜日、水曜日、金曜日 プレドニゾンを火曜日、木曜日、土曜日に追加 消化管保護剤の投与が必要

軟部組織肉腫、血管肉腫

VAC プロトコール（21 日サイクル）

ビンクリスチン	8 日目、15 日目 0.75 mg/m² IV
ドキソルビシン	1 日目 30 mg/m²（10 kg 以下の場合 1 mg/kg）IV
シクロフォスファミド	10 日目 200 ～ 300 mg/m² PO
トリメトプリム・サルファメトキサゾール	15 mg/kg PO 12 時間毎

骨肉腫

カルボプラチン	300 mg/m^2 IV 3 週間毎を計 4 回

ドキソルビシン	30 mg/m^2（10kg 以下の場合 1 mg/kg）IV 2 週間毎を計 5 回

上皮性悪性腫瘍

カルボプラチン	300 mg/m^2 IV 3 週間毎を計 4 回

FAC プロトコール	
5-フルオロウラシル	8 日目、15 日目 150 mg/m^2 IV
ドキソルビシン	1 日目 30 mg/m^2（10 kg 以下の場合 1 mg/kg）IV
シクロフォスファミド	1 日目 100 ～ 200 mg/m^2 IV 、もしくは 10 日目 PO
トリメトプリム・サルファメトキサゾール	15 mg/kg PO 12 時間毎

ゲムシタビン	500 ～ 675 mg/m^2 IV 4 時間以上の静脈内点滴、2 週間毎に繰り返す

CMF プロトコール	
5-フルオロウラシル	150 mg/m^2 IV 1 週間に 1 回
シクロフォスファミド	50 mg/m^2 PO 1 週間に 4 日あるいは 48 時間毎
メトトレキサート	2.5 mg/m^2 PO 1 週間に 2 ～ 3 回

メトロノミック化学療法プロトコール

トセラニブ、ピロキシカム、シクロフォスファミド*	
トセラニブ	2 ～ 2.5 mg/kg PO 月曜日、水曜日、金曜日
ピロキシカム	0.3 mg/kg 火曜日、木曜日、土曜日
シクロフォスファミド	10 mg/m^2 PO 火曜日、木曜日、土曜日
ファモチジン	0.5 ～ 1 mg/kg PO 12 ～ 24 時間毎

トセラニブ、ピロキシカム、クロラムブシル*	
トセラニブ	2 ～ 2.5 mg/kg PO 月曜日、水曜日、金曜日
ピロキシカム	0.3 mg/kg PO 火曜日、木曜日、土曜日
クロラムブシル	2 ～ 4 mg/m^2 PO 火曜日、木曜日、土曜日
ファモチジン	0.5 ～ 1 mg/kg　PO　24 時間毎

*このプロトコールでは臨床医の判断でどのような NSAID も使用できる。トセラニブは除外することができる

猫

リンパ腫

COP（COD）プロトコール	
シクロフォスファミド	300 mg/m^2 PO 3 週間毎
ビンクリスチン	0.5 mg/m^2 IV 1 週間に 1 回を 8 週間
デキサメサゾン	4 mg/cat PO あるいは SC 1 週間に 1 回

LD プロトコール	
クロラムブシル	20 mg/m^2 PO 隔週
デキサメサゾン	4 mg（総量）PO あるいは SC 1 ～ 2 週間毎

LAD プロトコール	
クロラムブシル	20 mg/m^2 PO 隔週
デキサメサゾン	4 mg（総量）PO あるいは SC 1 ～ 2 週間毎
シトシンアラビノシド	200 ～ 400 mg/m^2 SC 隔週（クロラムブシルと交互）

MAD プロトコール*	
シトシンアラビノシド	100 ～ 200 mg/m^2 8 ～ 12 時間以上の静脈内点滴
ミトキサントロン	4 ～ 6 mg/m^2 IV シトシンアラビノシドと同じバックを用いて静脈内点滴
デキサメサゾン	4 mg（総量）PO もしくは SC 1 ～ 2 週間毎

*3 週間毎に繰り返す

軟部組織肉腫

AC プロトコール（21 日サイクル）	
ドキソルビシン	1 日目 1 mg/kg IV
シクロフォスファミド	10 日目 200 ～ 300 mg/m^2 PO（用量を 2 回に分けることを推奨している）

カルボプラチン	10 mg/kg IV 4 週間毎

上皮性悪性腫瘍

フルオロアシルとシスプラチンは猫に対する毒性が極めて高く、猫では使用すべきではない。

カルボプラチン	10 mg/kg IV 3 ～ 4 週間毎

AC プロトコール（21 日サイクル）	
ドキソルビシン	1 日目 1 mg/kg IV
シクロフォスファミド	10 日目 200 ～ 300 mg/m^2 PO（用量を 2 回に分ける）

VAC プロトコール（28 日サイクル）	
ビンクリスチン	8 日目、15 日目、22 日目 0.5 mg/m^2 IV
ドキソルビシン	1 日目 1 mg/kg IV
シクロフォスファミド	10 日目 200 ～ 300 mg/m^2 PO（用量を 2 回に分ける）

MiC プロトコール（21 日サイクル）	
ミトキサントロン	1 日目 4 ～ 6 mg/m^2 4 時間以上の静脈内点滴
シクロフォスファミド	10 日目 200 ～ 300 mg/m^2 PO

肥満細胞腫

LD プロトコール	
クロラムブシル	20 mg/m^2 PO 2 週間毎
デキサメサゾン	4 mg（総量）PO あるいは SC 1 ～ 2 週間毎

推薦文献．図書

Chapter 1

Cohen, M. et al. Evaluation of sensitivity and specificity of cytologic examination: 269 cases (1999-2000). *J Am Vet Med Assoc* 222: 964, 2003.

Couto, C.G.: Cytology. En: Nelson, R. and Couto, C.G. *Small Animal Internal Medicine* (4ª ed). Elsevier, St. Louis, 2009. pp: 1143-1149.

Cowell, R.L. et al. *Diagnostic cytology and hematology of the dog and cat.* 3ª ed., St Louis, Elsevier. 2007.

Ghisleni, G. et al. Correlation between fine-needle aspiration cytology and histopathology in the evaluation of cutaneous and subcutaneous masses from dogs and cats, *Vet Clin Pathol* 35: 24, 2006.

Kent, M.S. et al. Concurrence between clinical and pathologic diagnoses in a veterinary medical teaching hospital: 623 cases (1989 and 1999). *JAVMA*, feb 2004, Vol. 224 (3): 403-406.

Sharkey, L.C. et al. Maximizing the diagnostic value of cytology in small animal practice. *Vet Clin N Am Small Anim Pract* 37: 351, 2007.

Vignoli, M. et al. Computed tomography-guided fine-needle aspiration and tissue-core biopsy of bone lesions in small animals. *Vet Radiol Ultrasound* 45: 125, 2004.

Wang, K.Y. et al. Accuracy of ultrasound-guided fine-needle aspiration of the liver and cytologic findings in dogs and cats: 97 cases (1990-2000). *J Am Vet Med Assoc* 224: 71, 2004.

Chapter 2

Aiken, S.W. Principles of surgery for the cancer patient. *Clin Tech Small Anim Pract* 18: 75, 2003.

Argyle, D. J; Brearley, M. J.; Turek, M. M. and Roberts, L. Cancer treatment modalities. En: Argyle D. J.; Brearley, M. J. and Turek, M. M. (ed.) *Decision making in small animal oncology*. Wiley-Blackwell (USA), 2008. pp: 69-128.

Couto, C.G. Principles of cancer treatment. In Nelson, R. and Couto, C.G., editors: *Small animal internal medicine*, ed. 4, Elsevier, St. Louis, 1150; 2009.

Eisenhauer, E.A. et al. New response evaluation criteria in solid tumours: Revised RECIST guideline (version 1.1). *Europ J Cancer* 45: 228, 2009.

Gregory, K. y Ogilvie Anthony S. Moore. Manejo del paciente canino oncológico. Guía práctica para la atención práctica. En: Gregory, K. y Ogilvie, Anthony S. Moore (ed.) Pérdida de la mascota y sufrimiento. Inter-Médica 2008. pp: 31-35.

Lagoni, L. et al. *The human-animal bond and grief*, Philadelphia, 1994, W.B. Saunders.

LYNCH, S. et al. Development of a questionnaire assessing health-related quality-of-life in dogs and cats with cancer. *Vet Compar Oncol* 9: 172, 2011.

MANNING, A. M. Physical rehabilitation for geriatric and arthritic patients. En: MILLIS D. L.; LEVINE D. y TAYLOR R. A. (ed.). *Canine rehabilitation and physical therapy.* Saunders. Elsevier (USA), 2004. pp: 424.

MCENTEE, M.C. Veterinary radiation therapy: review and current state of the art. *J Am Anim Hosp Assoc* 42: 94, 2006.

VAIL, D.M. et al. Response evaluation criteria for peripheral nodal lymphoma in dogs (v1.0)- a veterinary cooperative oncology group (VCOG) consensus document. *Vet Compar Oncol* 8: 28, 2009.

WITHROW, S.J. The three rules of good oncology: biopsy! biopsy! biopsy! *J Am Anim Hosp Assoc* 27: 311, 1991.

Chapter 3

CHARNEY, S.C. et al. Risk factors for sterile hemorrhagic cystitis in dogs with lymphoma receiving cyclophosphamide with or without concurrent administration of furosemide: 216 cases (1990-1996). *J Am Vet Med Assoc* 222: 1388, 2003.

COUTO, C.G. Complications of cancer chemotherapy. En: NELSON, R. and COUTO, C.G. *Small Animal Internal Medicine* (4ª ed). Elsevier, St. Louis, 2009. pp: 1159-1168.

HOSOYA, K.; LORD, L.K.; LARA-GARCIA, A.; KISSEBERTH, W.C.; LONDON, C.A. and COUTO, C.G. Prevalence of elevated alanine transaminase activity in dogs treated with CCNU (Lomustine). *Vet Comp Oncol,* 2009 Dec; 7(4): 244-55.

KALAY, N. et al. Protective effects of carvedilol against anthracycline-induced cardiomyopathy. *J Am Coll Cardiol* 48: 2258, 2006.

KNAPP, D.W. et al. Cisplatin toxicity in cats. *J Vet Intern Med* 1: 29, 1988.

MEALEY, K.L. and MEURS, K.M. Breed distribution of the ABCB1-1Δ (multidrug sensitivity) polymorphism among dogs undergoing ABCB1 genotyping. *J Am Vet Med Assoc* 233: 921, 2008.

SKORUPSKI, K.A.; HAMMOND, G.M.; IRISH, A.M.; KENT, M.S.; GUERRERO, T.A.; RODRÍGUEZ, C.O. and GRIFFIN, D.W. Prospective randomized clinical trial assessing the efficacy of denamarin for prevention of CCNU-induced hepatopathy in tumor-bearing dogs. *J Vet Intern Med*, 2011 Jul-Aug; 25(4): 838-45.

SORENMO, K.U. et al. Case-control study to evaluate risk factors for the development of sepsis (neutropenia and fever) in dogs receiving chemotherapy. *J Am Vet Med Assoc* 236: 650, 2010.

THAMM, D.H. and VAIL, D.M. Aftershocks of cancer chemotherapy: managing adverse effects. *J Am Anim Hosp Assoc* 43:1, 2007.

VAIL, D.M. Supporting the Veterinary Cancer Patient on Chemotherapy: Neutropenia and Gastrointestinal Toxicity. *Top Comp Anim Med* 24: 133, 2009.

WELLER, R.E. Intravesical instillation of dilute formalin for treatment of cyclophosphamide-induced cystitis in two dogs. *J Am Vet Med Assoc* 172:1206, 1978.

Chapter 4

Alexander, K. et al. A comparison of computed tomography, computed radiography, and film-screen radiography for the detection of canine pulmonary nodules. *Vet Radiol Ultras* 53: 258, 2012.

Alvarez, F.J. et al. Dexamethasone, melphalan, actinomycin D, cytosine arabinoside (DMAC) protocol for dogs with relapsed lymphoma, *J Vet Intern Med* 20: 1178, 2006.

Alvarez. F.J. et al. Treatment of dogs with stage III hemangiosarcoma using the VAC protocol, *J Am Anim Hosp Assoc* 2013 (in press).

Carlsten, K.S. et al. Multicenter Prospective Trial of hypofractionated radiation treatment, toceranib, and prednisone for measurable canine mast cell tumors. *J Vet Intern Med* 26: 135; 2012.

Chun, R. et al. Toxicity and efficacy of cisplatin and doxorubicin combination chemotherapy for the treatment of canine osteosarcoma, *J Am Anim Hosp Assoc* 41: 382, 2005.

Chun, R. *Lymphoma: which chemotherapy protocol and why? Top Companion Anim Med 24:157; 2009.*

Comazzi, S. et al. Immunophenotype predicts survival time in dogs with chronic lymphocytic leukemia. *J Vet Intern Med* 25:100; 2011.

Couto, C.G. Clinicopathologic aspects of acute leukemias in the dog, *J Am Vet Med Assoc* 186:681, 1985.

Hahn, K.A. et al. Masitinib is safe and effective for the treatment of canine mast cell tumors. *J Vet Intern Med* 22:1301; 2008.

Hammer, A.S. et al. Efficacy and toxicity of VAC chemotherapy (vincristine, doxorubicin, and cyclophosphamide) in dogs with hemangiosarcoma, *J Vet Intern Med* 5:16, 1991.

Henry, C. and Herrera, C. Mast cell tumors in cats: Clinical update and possible new treatment avenues. *J Fel Med Surg* 15: 41; 2013.

Hershey, A. E. et al. Prognosis for presumed feline vaccine-associated sarcoma after excision: 61 cases (1986-1996). *J Am Vet Med Assoc,* 2000 Jan 1; 216(1): 58-61.

Hosoya, K. et al. COAP or UW-19 Treatment of dogs with multicentric lymphoma. *J Vet Intern Med,* 21: 1355, 2007.

Hosoya, K. et al. Adjuvant CCNU (lomustine) and prednisone chemotherapy for dogs with incompletely resected grade 2 mast cell tumors. *J Am Anim Hosp Assoc* 45:14; 2009.

Kiselow, M.A. et al. Outcome of cats with low-grade lymphocytic lymphoma: 41 cases (1995-2005). *J Am Vet Med Assoc* 232:405; 2008.

LaRue, S.M. et al. Limb-sparing treatment for osteosarcoma in dogs, *J Am Vet Med Assoc* 195:1734, 1989.

Lascelles, B.D. et al. Improved survival associated with postoperative wound infection in dogs treated with limb-salvage surgery for osteosarcoma, *Ann Surg Oncol* 12: 1073, 2005.

LONDON, C.A. et al. Multi-center, placebo-controlled, double-blind, randomized study of oral toceranib phosphate (SU11654), a receptor tyrosine kinase inhibitor, for the treatment of dogs with recurrent (either local or distant) mast cell tumor following surgical excision. *Clin Cancer Res* 15:3856, 2009.

LONDON, C.A. Kinase dysfunction and kinase inhibitors. *Vet Dermatol* 24: 181; 2013.

LOUWERENS, M. et al. Feline lymphoma in the post-feline leukemia virus era, *J Vet Intern Med* 19:329, 2005.

MCMAHON, M. et al. Adjuvant carboplatin and gemcitabine combination chemotherapy postamputation in canine appendicular osteosarcoma. *J Vet Intern Med* 25:511; 2011.

MODIANO, J.F. et al. Distinct B-cell and T-cell lymphoproliferative disease prevalence among dog breeds indicates heritable risk, *Cancer Res* 65: 5654, 2005.

O'BRIEN, M.G. et al. Resection of pulmonary metastases in canine osteosarcoma: 36 cases, *Vet Surg* 22:105, 1993.

PHELPS, H.A. et al. Radical excision with five-centimeter margins for treatment of feline injection-site sarcomas: 91 cases (1998-2002). *J Am Vet Med Assoc* 239:97; 2011.

ROSENBERGER, J.A.; PABLO, N.V. and CRAWFORD, P.C. Prevalence of and intrinsic risk factors for appendicular osteosarcoma in dogs: 179 cases (1996-2005). *J Am Vet Med Assoc* 231: 1076, 2007.

Rowell, J.L.; MCCARTHY, D.O. and ALVAREZ, C.E. Dog models of naturally occurring cancer. *Trends Molec Med*, 17: 380; 2011.

SHAW, S.C. et al. Temporal changes in characteristics of injection-site sarcomas in cats: 392 cases (1990-2006). *J Am Vet Med Assoc* 234: 376; 2009.

SHRIVASTAV, A. et al. Comparative vaccine-specific and other injectable-specific risks of injection-site sarcomas in cats. *J Am Vet Med Assoc* 241:595; 2012.

STEIN, T.J. et al. Treatment of feline gastrointestinal small-cell lymphoma with chlorambucil and glucocorticoids. *J Am Anim Hosp Assoc* 46: 413; 2010.

WILCOCK, B. et al. Feline postvaccinal sarcomas: 20 years later. *Can Vet J* 53:430, 2012.

WILLCOX, J.L. et al. Autologous peripheral blood hematopoietic cell transplantation in dogs with B-cell lymphoma. *J Vet Intern Med* 26: 1155; 2012.

WILLIAMS, M.J. et al. Canine lymphoproliferative disease characterized by lymphocytosis: immunophenotypic markers of prognosis. *J Vet Intern Med* 22: 506; 2008.

監訳者

瀬戸口 明日香 博士（獣医学）

東京大学大学院農学生命科学研究科獣医学専攻獣医内科学研究室、
鹿児島大学共同獣医学部獣医学科臨床獣医学講座伴侶動物内科学分野 准教授を経て、
現在、ベイサイドアニマルクリニック勤務

翻訳者

徳永 誠（山口県 / シートン動物病院 勤務医）
担当/pⅥ-Ⅸ 筆者、p1 略語用語集、p2 化学療法剤とプロトコール、p3-22 診断手順、
p61-87 腫瘍の症例：皮膚と皮下組織の腫瘍・肥満細胞腫・リンパ腫

十川 英（鹿児島大学共同獣医学部附属動物病院 特任助教）
担当/p23-35 がん症例の治療、p37-58 がん症例に起こりうる合併症

徳永 暁（Department of Environmental and Radiological Health Sciences,
College of Veterinary Medicine and Biomedical Sciences, Colorado State University）
担当/p89-119 腫瘍の症例：注射接種部位肉腫・血管肉腫・骨肉腫

須永 隆文（鹿児島大学共同獣医学部附属動物病院 特任助教）
担当/p121-152 腫瘍の症例：白血病・消化管腫瘍・猫の腫瘍）

立野 守洋（山口大学大学院連合獣医学研究科博士課程）
担当/p153-181 臨床例、p183-193 化学療法プロトコール集

（敬称略、担当項目初出順、所属は 2015 年 12 月現在）

犬・猫の腫瘍学 理論から臨床まで
Canine and Feline ONCOLOGY from theory to practice

2016 年 1 月 15 日　第 1 版第 1 刷発行 ©
定　価　本体価格　15,000 円＋税
監　訳　瀬戸口明日香
発行者　金山宗一
発　行　株式会社ファームプレス
〒 169-0075 東京都新宿区高田馬場 2-4-11
KSE ビル 2F
TEL03-5292-2723　FAX03-5292-2726

ISBN978-4-86382-070-8